The Elements of Reasoning (7th Edition)

推理的要素

（第七版）

【美】Ronald Munson, Andrew Black 著

孔 红 译

中国轻工业出版社

图书在版编目（CIP）数据

推理的要素：第七版 /（美）罗纳德·芒森（Ronald Munson），（美）安德鲁·布莱克（Andrew Black）著；孔红译. —北京：中国轻工业出版社，2018.8（2021.7重印）

ISBN 978-7-5184-1927-2

Ⅰ. ①推…　Ⅱ. ①罗… ②安… ③孔…　Ⅲ. ①推理
Ⅳ. ①B812.23

中国版本图书馆CIP数据核字（2018）第064445号

ISBN: 978-7-5184-1927-2

Cengage Learning Asia Pte. Ltd.
151 Lorong Chuan, #02-08 New Tech Park, Singapore 556741

总 策 划：石　铁
策划编辑：孔胜楠　　责任终审：杜文勇
责任编辑：孔胜楠　　责任监印：刘志颖

出版发行：中国轻工业出版社（北京东长安街6号，邮编：100740）
印　　刷：三河市鑫金马印装有限公司
经　　销：各地新华书店
版　　次：2021年7月第1版第3次印刷
开　　本：710×1000　1/16　印张：22.00
字　　数：176千字
书　　号：ISBN 978-7-5184-1927-2　定价：62.00元
读者热线：010-65181109，65262933
发行电话：010-85119832　传真：010-85113293
网　　址：http://www.chlip.com.cn　http://www.wqedu.com
电子信箱：1012305542@qq.com
如发现图书残缺请拨打读者热线联系调换
180107Y1X101ZYW

译　者　序

人之具有理性，主要体现在人会运用推理来决定该相信什么以及如何行动。但推理并不总是正确无误的，不同的人在进行推理与评估推理方面存在着明显的能力差异。本书的目标就在于，帮助读者自觉运用所提供的一套智力工具将本能反应转化为审慎思考，从而提高推理能力、增强思考的有效性。

本书前三章分别讲述如何识别论证、分析论证与评估论证。第四、五两章是为评估论证而提供的关于演绎推理的逻辑知识和方法。第六章至第十二章阐述因果、类比、定义等重要的思维方法，推理和表达中的谬误、含混与歧义，以及议论文的写作。

作者用极为简洁明晰的语言，举重若轻地处理了很多困难的理论问题，包括多结论论证的结构、语词的意义是什么等，使我们避免提出假问题并花费大量精力去做徒劳无益的探索。本书的另一精彩看点是其中的一些例子和习题。这些例子和习题直接取材于现实生活，呼应对当下一些重要社会问题的思考。比如，“流产是否是道德上可接受的”这个问题的实质是什么？为了回答这个问题，我们真正需要知道的是什么？在关乎信仰、审美、道德、政治的问题与生物学、物理学这些认知性质的科学问题之间，我们的见解有什么性质上的不同？前者是仅仅取决于个人意见吗？强权威专家为什么是“强”的，弱权威专家为什么是“弱”的？面对专家的说法，我们应当特别留意哪些方面的问题以保持必要的谨慎？本书还特别注重指明思维中常见的错误，从而使读者充分地注意到这一问题。如果对思维错误从类型上达到一定的自觉和敏感，我们就不太可能再犯这样的错误，也不会被他人隐含这些错误的思想所误导。

本书得以付梓，要感谢为之付出努力的朋友们。感谢中国社会科学院的刘新文研究员，他对全稿进行了校对，提出了许多有价值的建议。感谢我的学生赵飞和侯雪峰，赵飞在第八、九两章的习题及答案的翻译上提供了帮助，并且他和侯雪峰一起通读了译稿，指出了其中的打字错误。

一般来说，译书比著书需要更加认真负责的态度，尤其是当译者面对的是一部精品的时候。译者须努力使自己的思想表达乃至语言风格贴近原作，时刻小心不要因自己的疏忽大意而误述作者的原意、损害原作的价值。但限于译者的能力，难免会有疏漏、不当之处，敬请读者给予批评、指正。

孔红

2018 年 4 月

前　　言

推理是一个古老的话题，也是一种日常的活动。每个人都能推理。完全没有能力评估断言并做出结论的人什么事都会相信，什么狂热、武断的举动都能做得出来。人们通常不以这种方式行为，这就表明我们在指导行动、树立信念时是依赖推理的。

本书的目的在于提高推理技能、强化有效思考。尽管每个人都能推理，但这不意味着我们总能正确地进行推理。推理技能可以通过实践经验得以提高，也可以借助于范例和指导得到提高（一个有天赋、有经验的乒乓球运动员也能通过教练指导而变得更强）。本书主要讨论如何正确地进行推理、怎么做可能会出错，也讨论怎样才能理解和评估别人的推理。（如何识别论证？如何评价论证的价值？）

本书提供了在理解、支持及测试断言的过程中运用的一套智力工具。这套工具包括一些原则、区别以及由一代代哲学家、逻辑学家、作家、科学家、评论家和思想家所发展起来的方法。

本书虽少有新见，却大有助益。

基本假定

本书的写作是基于以下五条基本假定的指导完成的：

- 每个人都具备一定的分析、辩护与评估断言的理性操作技能。
- 通过了解这些技能背后的原则，通过把不假思索转变为认真思考，任何人都能提高自己的技能。

- 这些原则不是从外部强加于人的，而是隐含在辩护、评估断言的日常活动中的。人是理性动物，即便并不总是能理性地行动。我们发现，服从这些原则最终会导向最好的结果。
- 掌握一些辩护、分析、评估断言的一般性指导原则是有益的——即使这些指导原则并不总是严格精确和可靠的。
- 这些指导原则能够以简短却有用的方式表示出来。

新版变化

这一版的变化并不大，但很重要。最重要的修订是将第六版第五章不小心漏掉的一页补了进来。

其他重要的变化包括：

- 在第四章，我们修订了一些符号以及一些规则的形式，特别是构成式二难推理。这些变化是为了方便读者更好地利用在线资源来构造、检验证明，同时也保持了符号的一致。
- 第六章中的材料做了适度调整，为了简明而删除了一些材料。
- 像前一版一样，我们致力于补充和更新各章练习，以保持例子的相关性和时代感。我们尽力维持了引入更新的练习与保留相当数量原有练习之间的平衡。

在线资源

这一版新增了《推理的要素》一书的网上学习资源（MindTap）。基于圣智学习出版公司的内容建立的完全在线的个性化学习体验，MindTap 整合了学生的多种学习工具——阅读、多媒体、活动和评价——形成了指导学生课程学习的单一路径。每一章都包括大量旨在提升学习效果的活动，如习题、讨论板、现实生活实例的视频。MindTap 为学生提供了大量检查理解情况的机会，为教师和学生提供了衡量、评价学生进步的清晰的办法。指导教师可以按照所提供的形式使用MindTap，也可以把它加到Youtube视频、教师自己的电子书文档或其他学习路径中去。MindTap可以完全在线地与《推理的要素》的电子书交互使用，也可以和印刷版的教材结合起来使用。

用书指南

本书可以直接通读，也可以每章独立阅读。对技术性内容不感兴趣的读者可以跳过有效论证形式的章节，而主要关注理性论证的读者可能愿意忽略关于定义、含混与歧义的各章。本书不预设任何专业知识。本书每一个话题都可以被任何人理解，只是某些话题由于内在的困难要求比别的部分花费更多的努力才能理解。本书力求尽量少用技术性术语，并总是按最初引入的方式加以解释。话题的补充讨论资料散见于全书。

本书篇幅紧凑，使读者得以快速把握与理性分析和论证有关的广泛话题。本书力求精确、简洁。需要注意的是，其中的每一个话题都已经作为整本书的单独主题被不止一位学者探讨过，一些重要的区别和限制在本书中被悄悄地略掉了。

这种写法的合理性是显然而有力的：本书的意图是以快速而实用的方式提供帮助。它更像是一本手册，而不是一部百科全书。

作 者 简 介

罗纳德·芒森（Ronald Munson） 蜚声全美的生物伦理学家，美国密苏里大学圣路易斯分校科学与医学哲学荣休教授。他于哥伦比亚大学获得哲学博士学位，也是哈佛大学生物学博士后以及哈佛医学院研究员。他的主要著作有：《干预与反思：医学伦理学基本问题》（*Intervention and Reflection: Basic Issues in Medical Ethics*），该书已出至第10版，是全美最畅销的生物伦理学著作；《提升死者：器官移植、伦理与社会》（*Raising the Dead: Organ Transplants, Ethics, and Society*），该书被美国图书馆协会列为科学和医学领域最佳图书；《决意死去的女人：医学边缘的挑战和选择》（*The Woman Who Decided to Die: Challenges and Choices at the Edges of Medicine*）是他的最新著作，以其清晰、准确和生动的描写而著称。芒森还著有小说《毫无人性》（*Nothing Human*）、《粉丝邮件》（*Fan Mail*）、《夜视》（*Night Vision*）及《哈佛游戏》（*The Harvard Game*）等。

安德鲁·布莱克（Andrew Black） 受教于英国伦敦大学学院和美国马萨诸塞大学安姆斯特分校，并在马萨诸塞大学安姆斯特分校获得哲学博士学位。他曾在美国达特茅斯学院和南伊利诺伊大学卡本代尔分校任教。目前他是美国密苏里大学圣路易斯分校的教授，自1999年起一直在此任教。他在哲学史和认识论领域出版有著作，也是教育电视系列片《伟大的哲学家们》（*Great Philosophers*）的撰稿人和主持人。

目　　录

第一章

识别论证

论证是人们进行理性说服时所运用的工具。每当我们想说服别人、使其相信我们认为正确的一个立场确实是合理的，我们就会给出支持这一立场的论证。即使无意说服他人，我们也会使用论证来表达推理。在这一章，我们要给论证这个概念下定义，解释如何识别一个论证，还要引入一些用来讨论论证的标准术语。

什么是论证

给出一个论证，就是做出一个断言并提供其他一些断言作为接受该断言的理由。因此，一个**论证**（argument）是一个断言的集合，其中的一个断言为另一些断言所支持。下面这段话并不是一个论证：

> 九月末的新英格兰，树叶已经变成了美丽的棕色和红色。夜间凉爽起来，你能感觉到白天在变短。住在这儿的一些人想到漫长的冬天将至，不免感到一丝忧惧。

这段话做出了几个断言，但由于没有一个断言是作为其他断言的理由给出的，所以这里并不存在论证。但下面这段话是一个论证：

> 除了美国，这个世界上唯一可能的超级大国就是联合欧洲（unified

Europe）。但是，几个世纪以来的分裂和嫉妒使得欧洲永远不可能形成一个真正的联合战线。所以，显而易见的是，美国将仍旧是这个世界上唯一的超级大国。

下面这段话也是一个论证：

她有武器，所以她是危险的。

在后面这两段话中，一些断言被用于支持另一个断言，这就表明其中包含着论证。

结论（conclusion）是论证中被理由支持的那个断言。**前提**（premise）是被提出来作为结论理由的断言。运用这些术语，我们就可以说，一个论证是一个断言的集合，这个集合里的断言可以被区分为一个结论、一个或多个前提（论证 = 结论 + 前提）。

上面的两个论证是以下列方式由前提和结论组成的：

前提 1：除了美国，这个世界上唯一可能的超级大国就是联合欧洲。

前提 2：几个世纪以来的分裂和嫉妒使得欧洲永远不可能形成一个真正的联合战线。

结 论：美国将仍旧是这个世界上唯一的超级大国。

前提：她有武器。

结论：她是危险的。

这里给出的两个论证所具有的形式能让人一眼看出哪些断言是前提、哪个断言是结论。在第二章，我们将考查以这种清楚的方式表达论证的程序，这种清楚的表达方式称为“标准形式”。每次从一个或一组前提推到一个结论，我们都是在进行推论，或者说，做出了一个**推论**（inference）。（从前提到结论的过程就是推论。）上面的第三个例子，我们做出了到达结论“她是危险的”的推论（过程）。在第二个例子中，我们从前提 1 和 2 推论出“美国将仍旧是这个世界上唯一的超级大国”。这两个论证每个都包含了一个推论。

“蕴涵”（imply）与“推论”是不同的，尽管两者的意思常被混为一谈。蕴涵是两个陈述之间的关系。“今年是闰年”蕴涵着“今年是一个偶数年”。推论是听者从陈述出发做出的解释。知道了某一年是闰年，一个人可以正确地推论出这一年是偶数年（或者他可能不正确地推出一些错误的东西，比如，这一年是奇数年）。

有时，我们的确会说到一个人隐含（imply）着某种意思：老板将比尔叫到她的办公室，告诉他由于他一贯的拖拉，他在公司的地位已经如履薄冰般岌岌可危。回到家，比尔悲哀地汇报说：“老板没把话挑明，但她隐含的意思是，如果我继续上班迟到，我就会被开除。”这是表达老板的话隐含着比尔处于被解雇的危险状况的一种方式。比尔由此推论出他有丢掉工作的危险。陈述会隐含，人则做推论。

三个一般性的说明

论证的长度

我们前面举的论证的例子都很短，实际上，论证可长可短。有的书最好是看作对某个结论的详细论证。例如，有的书总体上是要主张地球在数千年前被来自外太空的生物光顾过；另外一些书论证资本主义是邪恶的经济体制或者吃肉是不道德的。“她有武器，所以她是危险的”尽管简短，但它和一本书的论证一样，也是一个论证。

论证可能发生于任何语境，涉及任意题材。在数学论文中，在报纸专栏中，在社会学、哲学、文学杂志中，还有咖啡馆里的谈话，体育迷们交换意见，家庭里关于如何对有限的收入做预算以及其他日常情境中，我们都能发现论证。而且，论证的题材既可能很琐碎，如“你最好把你的脚从咖啡桌上移开，妈妈过来了”；也可能很深奥，如“在这个世界上，每天都有无辜的孩子受苦、死去。这表明生命没有任何意义”。

论证与争论

从我们赋予“论证”这个词的意义来说，论证不是争论。就像“由于这对新婚夫妇争论得太激烈，邻居打电话叫来了警察”。毋宁说，进行争论的人可能会使用论证来达成一致意见（也有可能他们仅仅是喊叫），但是他们所提供的论证与他们正在进行的争论是不同的两件事情。

论证与坏的论证

有几个原因会导致一个论证失败。可能其前提是假的，也可能前提与结论不相关或者前提没有为结论提供充分支持。例如，下面这个论证的前提几乎没给结论提供什么支持，或者说完全没给结论提供支持：

> 多年来我一直买彩票却从未赢得过大奖，所以，我得大奖的机会一定很快就要来了。

在后面几章，我们将讨论论证出现瑕疵的几种情况。现在我们只是想强调一点，只要给出的断言集里有一个是被其他断言支持的，就相当于给出了一个论证。如果用来起支持作用的断言是假的或者它们不能很好地支持要做出的那个结论，该论证就是一个坏的论证。一个论证可能坏到令人脱口惊呼：“这压根儿就不能算是一个论证！”然而，正如一个坏鸡蛋是鸡蛋一样，一个坏的论证也依然是一个论证。

识别论证

在这一节，我们首先来看一些能帮助我们找出前提和结论的有用的标记。

这些标记既有助于识别论证，也有助于分析论证。接着，我们说明论证的成分如何能被隐含——隐含是指尽管未做明确陈述，却被意味着的成分。最后，我们将考查问题、命令以及其他非陈述性语句在论证中的作用。

推论指示词

我们就“论证”所下的定义告诉我们，构成前提的断言是用来支持结论的。这意味着，论证是有意做的一件事。单看断言本身，是否存在这样的意图不一定是清楚的。看下面这个例子：

今天是 5 号。昨天是 4 号。

这是不是一个论证？如果是论证，哪个是前提，哪个是结论？由于这句话可以按照以下三种不同的方式去理解，所以这两个问题不可能有直接的答案。

（1）第一句话可能被用作前提，第二句是结论：

前提：今天是 5 号。
结论：昨天是 4 号。

（2）第一句话可能被用作结论，第二句是前提：

前提：昨天是 4 号。
结论：今天是 5 号。

（3）这两句话可能表示两个关联着的观察，并没有意图给出推论：

今天是 5 号，而昨天是 4 号。

很多情况都是如此。这里有一个更值得认真对待的例子：“就本性而言，所有人都是道德败坏的。我周围的每一个人都是道德败坏的。”第一个断言是作为第二个断言的理由，抑或第二个断言是第一个断言的理由？也可能这里根本没有论证，没有哪个断言被用作另一个断言的理由。

在这两个例子中，除非再告诉我们一些额外的信息，否则没有任何根据让我们在各种可能的解释之间做出选择。我们所能做的，就是注意到各种可能的解释并满足于此。

假设第一个例子是这样说的："今天是 5 号，所以昨天是 4 号。"或者："由于今天是 5 号，昨天就是 4 号。"所增加的两种表述成分都能澄清所给的论证，其中，"昨天是 4 号"是结论。

与此类似，第二段话如果这样表述，我们就不会感到拿不准（困惑）："就本性而言，所有人都是道德败坏的。因此，我周围的每一个人都是道德败坏的。"或者，这么说也没问题："因为从本性上说，所有人都是道德败坏的，我周围的每一个人都是道德败坏的。"同样，这里增加的语词消除了模糊性，它们的确就是论证，其中，第一个句子是前提，第二个句子是结论。

增加的语词之所以有用，是因为它们给前提和结论插上了"小旗子"。具有这种作用的词或短语称为**推论指示词**（inference indicator）。有两种推论指示词，其中，**结论指示词**（conclusion indicator）是用来指示所得出的结论的语词。在上面的两段话中，"所以""因此"就是起这个作用的。**前提指示词**（premise indicator）是用来指示所给出的前提的语词。在上面的例子中，"由于""因为"就是前提指示词。

其他常见的**结论指示词**有：

因而（therefore）　　于是（hence）

结果（consequently）　　可以得出结论（we may conclude）

由此得出（it follows that）　　这导致了（this entails that）

它表明（which shows that）

这就是为什么……的原因（here are some reasons why）

其他常见的**前提指示词**有：

鉴于（since）　　因为（because）

由于（for）　　出于这个原因（for that reason）

既然（seeing as）　　就像……所蕴涵的（as is implied by）

原因是（the reason is that）

由于这样的事实（on account of the fact that）

很多词和短语只是起连接句子的作用，不要把它们与推论指示词弄混了。例如：

且（and）　　但是（but）

也（also）　　然而（nevertheless）

此外（besides）　　还有（in addition）

这些语词同样能引入作为前提、结论的断言，也可能引入的断言根本不是论证的成分。

这里列出的清单并不完整，通常，要识别出是否有其他的推论指示词出现，我们必须依赖我们的语言知识。

需要注意的是，出现了清单中的某个语词并不都表示做出了一个推论。[1] 例如：

> 自从（since）雷电击中了他的卧室，他的举动就变得不正常了。
>
> 一开始打出一张 A，接着出了一张 K，然后出了一张 Q。就这样（thus），她以整套同花顺追平了对手并赢了这场游戏。

[1] “出现了清单中的某个语词”在下面的例子中指英文单词 since、thus。由于用法不同、意义不同，例句中译出的汉语词在上面的方框中没有对应的词。——译者注

在这两个例子里，“自从”和“就这样”不是用作推论指示词。这里，“自从”的意思是“从那时起”，它告诉我们一个时间关系。第二个例子中的“就这样”的意思相当于“以这种方式”，而不是“因而”。指示词是有用的，但为了识别一个有意做出的论证，对语言和语境的敏感总是必不可少的。

隐含的前提与结论

当指示词不出现时，论证出现的那个语境常常有助于澄清什么被用作前提、什么是结论，或者，是否给出了论证。例如下面这段话：

> 被害人的车最后一次被看见是在晚上10点，当时这辆车正沿着格林大街行驶；史密斯差不多就是在那个时间离开了游泳大厅；谋杀发生在那个时间之后。

一个记者陈述这些事实可能仅仅是作为对一个事件的报道，他并不试图建立任何结论。与之不同，如果陈述这些事实的是一个想让别人相信史密斯罪行的侦探，他可能用前两个断言来支持第三个断言。又或者，一个律师可能用所有这三个断言作为支持“史密斯是凶手”这个新的结论的证据。

第三种可能性也表明，语境以及我们的语言知识在另一个问题上是有用的——帮助我们识别论证。论证的前提或结论可能是被隐含的——就是说，没有公开或明确地陈述出来。如果很明显正在做论证的人的意思是（meant）它应当理解为被隐含着的，那么被隐含的前提或结论就是一个论证真正的组成部分。带有隐含的前提或结论的论证称为**省略三段论**（enthymeme）。

意识到一个句子是隐含的通常没有什么难度。我们来看下面这则广告：

> 汉堡越大越好。
>
> 汉堡王的汉堡比别的汉堡都大。

所暗示但未陈述的结论是显然的：

汉堡王的汉堡比别的汉堡都好。

编写广告词的人指望我们有看出未明确陈述的结论的能力，他们这么做是正确的。与此类似，假设有人这样论证：

赫尔曼不可能是抢劫酒类商店的那个人，因为赫尔曼左臂上没有蛇图案纹身。

我们可以确信，未陈述的前提是：

抢劫酒类商店的那个人左臂上有蛇图案纹身。

有时候，我们不能确信是否存在着未陈述的前提或结论。还有时候，我们确信某些东西被暗示了，却无法确信被暗示的东西是什么。在这两种情况下，我们只能简单地将论证理解为它明确陈述出来的样子。进行论证的人的任务是使其暗示的清晰性保持在我们能接受的限度内。

问题、命令、感叹与劝说

论证是断言的集合，因此，作为一个规则（rule），问题、命令、感叹与劝说不能成为论证的成分，因为它们不做断言。一个断言是对于事实的一个断定，通常我们通过说出一个陈述句——陈述句是有真假的那类句子——来表达断言。“现在是两点”就是一个表达断言的陈述句。你能轻而易举地核实这个句子是真的还是假的。而句子“现在几点了？”表述了一个问题，它既不为真，也不为假。但是，我们应该知道，日常语言中一些从语法上看起来是问题、命令等的句子可能也有做出断言的能力。如果你让一个朋友凌晨 3 点在海滩和你见面，一起观看水下潜艇比赛，这位朋友愤然回答：“你当我是个傻瓜吗？”这句话并不真的是一个问题。（如果你试着给出一个认真的回答，那你看起来就像个傻瓜了。）朋友的那句话是一个陈述，意思是否认自己是个傻瓜，或者说否认自己是会对这样一个建议上当的那种傻瓜。当一个橄榄球运动员做出一个又一个令人难以置信的跑位时，一个球迷高喊：“多么了不起的四分卫！”这个球迷是说那个运动员是一个了不起的四分卫。这意味着如下的一段话可以看成一个论证：

乌云滚滚，风刮起来了，快去检查一下船！

你难道不知道吗？自从 T.S. 艾略特死后就没有好诗问世了，而即使是艾略特也不能与叶芝比肩。你怎么能说诗歌的水平在提高呢？

在任意日常情境中，这两段话都会被理解为在为一个断言提供理由。将其表述为以下形式是自然而正确的：

前提 1：乌云滚滚。

前提 2：风刮起来了。

结　论：你应当快去检查一下船。

前提 1：自从 T.S. 艾略特死后没有好诗问世了。

前提 2：T.S. 艾略特不能与叶芝比肩。

结　论：诗歌的水平并非在提高。

有时候，我们必须超越字面形式来理解语句。如果一个人所说的话的真实意思是做出断言并且希望此断言被理解为前提或结论，那就应该认为是给出了一个论证。

多个结论与复杂论证

有时候，论证看起来不止有一个结论。而且，一些长论证里面似乎又包含着小论证作为它的成分。如何能将这些特征与“一个论证包含一个结论、一个或多个前提”的刻画协调起来？我们先来考虑多结论的问题，然后去看一下简单论证与复杂论证之间的区别。

单个结论还是多个结论

前面我们说过，一个论证可能有整本书那么长。这些具有一本书长度的论证真的只有一个结论吗？而且，就算不考虑长度，难道这些情形不正是我们想说的即使看起来有不止一个结论，但只做出了单独一个论证吗？

下面就是这种情形的一个例子，其中似乎只有一个论证，却有不止一个结论：

> 埃尔利赫又忘记付煤气账单了。看来可怜的小伙子正埋头于完成手头的那本小说。不管怎么说，今年冬天他肯定要挨冻了。

我们可以把这段话写成一个含两个结论的论证：

> 前　提：埃尔利赫又忘记付煤气账单了。
>
> 结论 1：埃尔利赫正埋头于完成手头的那本小说。
>
> 结论 2：埃尔利赫今年冬天肯定要挨冻。

如果以这种方式理解这个论证，结果还不是太糟糕。但实际上，这里有（两个结论）出自同一个前提的两个推论，这两个推论本质上是彼此独立的。而且，不论从意义上说，还是从价值上说，两个推论相互之间都没有什么关系。这种独立性说明，类似的情况最好是认为包含着两个不同的论证，而不是带有两个不同结论的单独一个论证。该论证最好理解为：

> 前提：埃尔利赫又忘记付煤气账单了。
>
> 结论：埃尔利赫正埋头于完成手头的那本小说。

以及另外一个：

前提：埃尔利赫又忘记付煤气账单了。

结论：埃尔利赫今年冬天肯定要挨冻。

因此，如果我们从单一前提（或前提集）得出了多个结论，我们实际上是在处理几个不同的论证，而不是在处理有几个结论的一个论证。

简单论证与复杂论证

现在考虑另一种不同的情况，也是单独一个论证似乎包含不止一个结论：

如果能减轻第三世界国家沉重的债务，那么这些国家的经济就能以健康的速度开始增长。而如果这些经济体能出现增长，数以百万计的人们就能走出贫穷和饥饿。幸运的是，减轻这些国家的债务是可能的。因而，世界上几百万最穷困的人找到一条走出贫穷的恶性循环的道路是可能的。

这里有两个推论，一个是：

前提 1：如果能减轻第三世界国家沉重的债务，那么这些国家的经济就能以健康的速度开始增长。

前提 2：第三世界国家的债务能被减轻。

结 论：这些国家的经济能以健康的速度开始增长。

另一个是：

前提 1：如果债务国的经济能以健康的速度增长，那么数以百万计的人们就能走出贫穷。

前提 2：这些国家的国民经济能以健康的速度增长。

结 论：数以百万计的人们能走出贫穷。

尽管出现了两个推论，原来那段话的意思显然是要给出一个单独的、连续的推理链，该推理链旨在得出“数百万人能找到一条走出贫穷和饥饿的道路”的结论。这样，不论是考虑该推理的意义还是考虑其价值，我们都必须将这段话看成一个整体。它是一个论证，而不是结合在一起的两个论证。

有了这样的印象，我们就能区分两种不同类型的结论。第一种，若干结论又被用作后续推理链的前提。在上面的例子中，“债务国的国民经济能以健康的速度增长”就是这样一个结论。我们将这样的结论称为**中间结论**（intermediate conclusion）。第二种，一个结论它本身不再是任何其他结论的前提，而是论证的最终论点。“数以百万计的人们能走出贫穷”就是此例中这样的一个结论。我们将其称为**最终结论**（final conclusion）。

不带中间结论的论证称为**简单论证**（simple argument）。当一个论证有至少一个中间结论时，我们称其为一个**复杂论证**（complex argument）。一个复杂论证可以有任意数目的中间结论，但所有论证都只能有一个最终结论。

由于得出一个结论就是在做一个推论，一个简单论证也同样能被刻画为仅包含一个推论的论证；一个复杂论证包含着一个以上的推论。在下一章，我们将考查揭示简单论证及复杂论证结构的各种方式，以便更为有效地评估这些论证。

习题

一、判断下面每段话是不包含论证的、只包含一个论证的，还是包含一个以上论证的。对于每一个论证：（1）确定它是简单的还是复杂的（它包含一个推论还是多个推论）；（2）找出所有前提或结论指示词；（3）找出所有前提和结论。

对于带星号（★）的练习题，书后附有答案。

★1. 积雪使得驾车状况变得十分危险。但我仍必须出去投票，即使我支持的候选人并没有获胜的机会。

2. 在美国，天花对任何人都不再是一个威胁。预防天花的疫苗令人不适，而且，在少数情况下还会危及生命。因此，对孩子们停止使用常规性的疫苗是明智之举。

★3. 赫尔伯特在资格考试中得分最高，所以他将是这个工作首先被考虑的人选。首先被考虑的人选几乎总能获得这个工作。因此，可以相当确定地认为这个工作非赫尔伯特莫属。

4. 这种物质在稀盐酸中溶解了。释放出了刺鼻的味道。最后，在烧杯底部观察到了牛奶状的沉淀物。

★5. 它看起来像鸭子！它叫起来像鸭子！它甚至走起来都像鸭子！它一定就是只鸭子。

6. 通过编程使计算机从所犯的错误中“学习”并不难。事实上，计算机在象棋、桥牌这样的复杂游戏中的能力已经超越了人。这显然说明计算机能思考。

★7. 猎豹篮球赛（Cheetah basketball）于 11 月 1 日零点在猎豹体育中心重启。从明天起，可以在售票处或学生中心书店购票。

8. 韦克菲尔德等人关于 MMR 疫苗（即麻疹、腮腺炎和风疹的联合疫苗）引发孤独症的研究（发表于 1998 年 2 月《柳叶刀》第 351 卷）根本不充分，因为 12 个人的样本量远远不够，完全不具有代表性，而且数据很大程度上被研究者人为操纵了。

★9. 查伦·布朗——莫林餐厅的执行厨师——推出了本城最令人激动的一份新菜单。她的红椒酱煮三文鱼特别有想象力，她在摆盘细节上的用心也是无人可比的。

10. 你应当停止一看见蜘蛛就杀死它的做法。蜘蛛有助于控制昆虫总量，并且大多数蜘蛛对人不造成威胁。

★11. 杰夫·库恩斯的“气球狗”的 5400 万美金是为一件艺术作品

付出的最高价格，该作品是气球狗形状的雕塑。很显然，是金钱而非审美素质在驱动艺术市场。

12. 别再反对老板所说的每件事情！我能看出她在生气。你不想失去升职机会，对吧？

★13. 一个俄勒冈男人认为他妻子有权自杀："事情不在于你活了多久，而在于你生活的质量。而且，这是她的生命、她的决定、她的选择。她不再能做她最热爱的事情了。"

14. 竹子一天可以长 4 英尺（约 122 厘米），但只在它被很好地定植之后。这可能要花费三到五年的时间，因竹子品种而异。

★15. 尽管我讨厌站在自由主义者一边，我们也绝不能拥有禁止焚烧国旗的宪法修正案。这样的修正案会史无前例地影响由《美国宪法第一修正案》保障的自由。另外，焚烧国旗者会认为，他们通过焚烧国旗在表达对他们国家的不敬，但通过允许这样做，他们向世界证明了这个国家在践行它所宣扬的自由。

16. 布莱士·帕斯卡意识到，托里拆利的"地球由有重量的空气包围"的假说会产生相当重要的意义。其中，不同海拔的气压计会有不同高度的水银柱。因此，作为体弱多病之人，他说服他的姐夫攀爬到一个山顶上以便检验该假说。由此，托里拆利的假说被彻底验证。

★17. "将饮酒年龄调回到 18 岁，然后严格执法。21 岁以下的美国人禁止饮酒的现行规定遭到广泛违反，带来了严重的后果。教育人们在 21 岁之前负责任地饮酒会极大地促进公共健康。现在，高中生和大学生将危险的饮酒作乐视为一种成年仪式。"（加布丽埃勒·格拉泽，《纽约时报》，2015 年 2 月 8 日）

18. "一项全国性调查的最新结果发现，至八年级，大约 27% 的学生有过饮酒经历，至十二年级，人数提升至 66%。此外，另外一项全国性调查显示，高中毕业班学生中有大约 20% 的学生过量饮酒，在此次调查之前的两个星期中，就有一次饮酒超过五杯的情况。重度饮酒与不良社交、精神和身体健康的不良后果相关——包括暴力行为、性侵、导致伤害的事故、药物过量使用、学业差、法律纠纷以及家庭和人际问题的风险。最有可能因重度饮酒受到伤害的是年轻人，尤其是大学年龄段的年轻人。因此，降低饮酒年龄会有两种危害。第一，那些最可能受到饮酒伤害的年轻人将会更容易接触到酒精。第二，降低饮酒年龄会导致更低的风险意识。当对一种特殊物质的风险意识降低时，流行程度就会提高。”（塔米卡 · C. B. 查博尔斯基,《纽约时报》，2015 年 2 月 10 日）

★ 19. 著作权法是基于处于我们社会核心的潜在的社会价值：“人有权因其创造性作品获得补偿。”

为什么这被认为是有益的社会价值？因为对人进行补偿会鼓励更多的创造性作品，而我们的社会会从这些作品中受益。

那么，著作权法的替代方案是什么呢？让我们想象这样一个世界，其中，一个人的创造性作品自动地成为社会财富而任由其处置。由于没有机会售卖或市场化其作品，富有创造性的人们如何为他们的食物和房租付钱？政府如何予以支持？富人如何进行资助？你认为只能靠来自政府和有钱人支持的人所创作的作品会是怎样的作品？（南希 · E. 威拉德,《网络伦理学读本》，麦格劳 – 希尔出版集团，1997，第 55 页）

20. “这形成了针对所有超自然和神奇关系的很强的推测，据观察，这些关系主要在无知而野蛮的民族中盛行；或者，如果文明人曾对它们予以承认，我们会发现他们是从其无知而野蛮的祖先那里接受的。”（大卫 · 休谟,《人类理解研究》，第十部分）

二、下面的每段话都包含论证，这些论证可以合理地理解为有着未被明确陈述的结论或前提（可能多于一个）。请确定其中的论证是什么，并补充未明确陈述的结论或前提（可能多于一个）。

★1. 杜尚的“小便池”有意引导我们以新颖和有趣的方式观察普通的物体。因此，它被正确地视为真正的艺术作品。

2. 都快6点了。因此，在客人到达之前，我们只剩下一个小时来清理厨房了。

★3. 任一犯有玩忽职守罪的公职官员都应当辞职。应当承认，洛佩斯曾经是本州卓越的领导人，但是她未能察觉其团队主管人员受贿，属于玩忽职守。

4. 你不能信任任何一条待在孩子身边的比特犬。所以我们当然不能信任婴儿旁边的廷尼。

★5. 考虑到她所有这些年的训练，的确令人感到遗憾。但是，霍维已经服用了类固醇，而如果一个人服用了类固醇，再允许他参加竞赛就没有任何公平可言了。

6. 流产带走了一条生命。所以流产是谋杀。

★7. 流产杀死了一个活着的人。所以流产是谋杀。

8. 很多哲学家都试图区分他们所谓的正义战争和不正义战争。但是，所有战争都导致无辜的民众遭受苦难。所以不可能存在正义战争这回事。

★9. “我发现我的感觉有时会欺骗我，而这是一个谨慎的标记，提醒我们永远不要完全相信那些曾经欺骗过我们的人。”（勒内·笛卡尔，《沉思集》）

10. 高尔夫是一种很难玩得好的游戏，但它不是一种体育活动。它不要求运动的速度、持久的耐力和快速的反应。

★11. 如果存在上帝，那么他或她将既愿意也有能力制止邪恶。但这个世界到处都是邪恶。

12．或许我们不喜欢休厄尔先生把美国国旗当裙子穿，但这是一种表达方式。因此，这种行为将继续受到保护。

★13．同性婚姻不应当合法化。同性婚姻合法化就是支持这样一种状态——对冒犯我们大多数人的生活方式视而不见。

14．那个醉酒的人开车撞死了玛丽·琼斯，所以他也应当失去他自己的生命。

★15．“如果每个事物都不能存在，那么一度就会没有任何事物存在。所以，如果每个事物都不能存在，那么即使现在也不会有任何事物存在。”（圣托马斯·阿奎那，《第三路证明》）

16．“如果一个孩子没有受过宗教教导，也从未听说过上帝，那他就并不是一个无神论者——因为他并不否认任何有神论的断言。”（欧内斯特·内格尔，《对无神论的一个辩护》）

★17．“当我看着这张咖啡桌时，我所看到的东西会发生变化。垂直地往下看，这张桌子看起来是某种大小的正方形。当我离远一些，桌子的尺寸变小了，同时我看到的角度不再是90度。从一侧看，桌子的颜色是统一的暗棕色，从另一侧看，由于表面反射阳光就成了褪色的亮棕色。由此，我所真正看见的并不是桌子本身，而是其他什么东西。”（改编自：伯特兰·罗素，《哲学问题》，牛津大学出版社，1959，第一章）

18．很多人和动物的朋友关系变得非常密切并逐渐认为这些动物像人一样会推理。但事实是，没有语言就不可能在真正意义上进行推理，狗、猫、马以及其他动物并没有真正的语言。

★19．亲爱的华生！不管是谁杀害了那个年轻人，此人都是一个超级准确的射手，假设凶手来自伦敦的犯罪界，伦敦唯一有如此高超射击技术的罪犯是塞巴斯蒂安·莫兰。（阿瑟·柯南·道尔，《福尔摩斯探案集》）

20．我们都应当追求幸福。因为我们都应当追求那些值得拥有的东西。既然每个人都渴望得到幸福，那么幸福就是值得拥有的。

第二章

分析论证

➢➢

识别出在某个特定的场合有一个论证被提出来，这是评估论证者推理的必要步骤。本章我们将考查通向评估目标的下一步骤。一旦断定某段文字包含着一个论证，我们就希望能确认其前提、结论以及前提与结论之间的关系。有时，这个工作并不容易。可能论证涉及的题材难以理解，也可能陈述论证所用的语言晦涩不清，还有可能论证冗长复杂。尽管如此，通过练习我们也能变成分析论证的能手。在这一章，我们将讨论用于分析难解的论证的一些有用技巧。

揭示论证的结构

以清晰的方式来展示论证中的句子是如何相互联系的，对于理解论证和评估论证来说都是重要的。

简单论证：标准形式

迄今为止，我们已经通过标出前提和结论说明了论证的结构。其他一些表明论证结构的方法更为清楚、有效。其中一些方法属于通常所说的**标准形式**（standard form）的变形。

只要将前提一个接着一个地列出来，在下面画一条横线，然后写出结论，就把一个简单论证（只包含一个推理的论证）转化成了标准形式。例如：

公共雇员罢工是不合法的。

PS 197 的教师是公共雇员。

PS 197 的教师罢工是不合法的。

将论证写成这种形式，是为了用图式清晰地显示出评估论证所需要知道的所有要素。全部评估就在于对以下问题做出回答："前提是真的吗？"以及"推理在逻辑上成立吗？"简单论证的标准形式精确地显示出哪些断言是前提以及准确地做出了哪种推理。

复杂论证：标准形式

我们需要用更为精致的方法来展示复杂论证的结构。考虑下面这个论证：

所有证据都表明，在美国，我们的孩子将不能享受经济繁荣带来的利益，本来我们认为这是理所当然的。美国国内福利支出计划和联邦赤字的增加使下一代人将背负沉重的国家债务负担，他们不得不以纳税的形式来偿还这些债务。同时，中国、印度等国家的经济以空前的速度增长，未来几十年，在世界财富榜单上，这些国家很可能会超越我们。

为了以标准形式来展示这个复杂论证的结构，需要：

（1）调整其中断言的次序，使得前提位于它们所支持的结论之前。中间结论和最终结论均要符合此项要求。

（2）按照改写后的顺序给前提和结论编上号码。

（3）在每一个结论的后面写上支持它的那个或那些前提的编号。

以这种方式呈现出来的论证，其结构立即变得清楚了。右侧不带数字的一行文字是一个前提；右侧带数字的一行文字是一个结论，其右侧的数字告诉我们哪些是该结论的前提。这就再次显示了评估论证所需要知道的所有要素。

将这一程序用于上面的例子，得到的结果是：

1. 美国正在经历福利支出计划和联邦赤字的增加。
2. 下一代人将背负沉重的国家债务负担，他们不得不以纳税的形式来偿还这些债务。　1
3. 中国、印度等国家的经济以空前的速度增长。
4. 未来几十年，在世界财富榜单上，这些国家很可能会超越我们。　3
5. 在美国，我们的孩子们将不能像我们认为理所当然的那样享受经济繁荣带来的利益。　2，4

这表明，第 2 行是被第 1 行支持的一个中间结论，第 4 行是被第 3 行支持的一个中间结论。第 5 行是最终结论，它被中间结论 2 和 4 支持。

图式

将一个论证转化为标准形式是分析论证的重要一环。我们在第一章标示各种论证的前提与结论时就已经着手进行标准形式的转化工作了。下一步，我们将用图式清楚地展现复杂论证中那些断言之间的关系。

考虑下面这个简单论证：

> 绝大多数被列为穷人的人都受雇工作。因此，谈论“挖福利的墙角”是不公正的。

该论证为其结论提供了一个前提。可以用下列方式表示：

绝大多数被列为穷人的人都受雇工作。

↓

谈论“挖福利的墙角”是不公正的。

箭头表明，第一个陈述是作为第二个陈述的理由给出的。

图示一个论证的更为简明的做法是，将一段话里的每一个断言放在一个方括号中并为其指派一个数字，在图式中用数字代替方括号中的断言。上述例子即可以表示为：

[1][绝大多数被列为穷人的人都受雇工作。] 因此，[2][谈论“挖福利的墙角”是不公正的。]

1
↓
2

运用这种方法也能容易地表示多个前提导出一个结论的情况，例如，有两个前提的论证：

[1][计算机不能体验欢乐或痛苦。] 并且，[2][它们没有感受对错的能力。]所以，很显然，[3][把计算机当成道德主体是一个严重的错误。]

可以用图式表示为：

1 + 2
———
↓
3

图式中的加号和箭头表明［1］和［2］是［3］的前提。

如果一个论证包含一个以上的推论（这是一个复杂论证），其图式就有一个以上的箭头。

[1][贯穿合众国的历史，几乎所有美国参议员都要比一般公民富有得多。] 因此，[2][参议员不曾、也不可能代表普通公民的需求和期望。] [3][一个如此脱离实际的立法机关应当不被允许继续拥有现在的权力。] 所以，

[4] [应当修订宪法将参议员的职能限制为咨询顾问。]

其中的推论指示词“因此”“所以”使论证的结构相当清楚：[1] 是 [2] 的前提。[2] 和 [3] 是 [4] 的前提。该结构图式如下：

1
↓
2 + 3
↓
4

可以使用这一技术来建构任意论证的图式，不论这个论证有多么复杂。

如果想用标准形式表示上述论证，图式告诉了我们应当将哪个陈述放在什么位置上。首先，用数字列出其中的断言：

1. 贯穿合众国的历史，几乎所有美国参议员都要比一般公民富有得多。
2. 参议员不曾、也不可能代表普通公民的需求和期望。
3. 一个如此脱离实际的立法机关应当不被允许继续拥有现在的权力。
4. 应当修订宪法将参议员的职能限制为咨询顾问。

然后，在某些行的右侧加注数字以表明推论的结构。箭头告诉我们，断言 2 是从断言 1 推出来的，断言 4 又是从断言 2 和断言 3 推出来的：

1. 贯穿合众国的历史，几乎所有美国参议员都要比一般公民富有得多。
2. 参议员不曾、也不可能代表普通公民的需求和期望。　1
3. 一个如此脱离实际的立法机关应当不被允许继续拥有现在的权力。
4. 应当修订宪法将参议员的职能限制为咨询顾问。　2，3

分析论证的策略

很多类型的问题都存在判定程序。例如，可以给出一组规则，如果遵循这些规则，就能对长除法中的任一问题生成正确答案。不幸的是，分析论证没有这样的判定程序，不存在保证论证分析正确性的一组规则。即便如此，也还是能提供一些实用的建议以增加正确分析论证的机会。这些建议将以 8 个分析论证策略的形式给出。这 8 个策略可以分为三类。

指示词与语境

1. *找出推论指示词*。推论指示词提供了理解论证的最佳线索。所以，分析的第一步应当是浏览被分析的段落并挑选出指示前提和结论的语词。如果论证较长，将指示词圈出来会有帮助。

2. *考虑更大的语境*。在第一章，我们注意到，如果没有额外的信息，不可能确定“今天是 5 号。昨天是 4 号”的三种可能的解释中究竟哪一个是恰当的。论证所在的语境常常提供了做出这种判断所需要的信息。如果当时的情况是，某人表示对当天的日期不确定，接着另一个人说出了这句话，那么，其意图一定是做出这样一个论证：“因为昨天是 4 号，所以今天是 5 号。”在一个与之不同的语境中，其他解释则可能是合理的。

一段话出现的更大语境经常足以使我们对其做出正确的解释。然而，在很多情况下，我们无法得到这样的帮助，因为我们不了解语境。例如，如果不确定一篇报纸社论意味着什么，我们不太可能在社论以外获取信息以帮助我们理解作者的意图。我们寄希望于包含论证的段落足够清晰，以使我们能理解它的意思是什么。

处理断言

3. *找出段落中的所有断言*。段落中的每一个断言都要找出来。（建议将每个断言放在方括号里，这样做会有帮助。）识别断言很重要，因为任何一个断言都可能是其他断言的前提或结论。因此，如果我们错误地将两个或更多的断言当成一个断言，那就注意不到它们之间是否存在前提－结论的关系。

“他极度穷困，彻底无望，所以最终会死在大街上”是一个句子，其中只有一个主语。然而，这句话包含三个独立的断言，它们构成了一个论证：

> 他极度穷困。
> 他彻底无望。
> ———————————
> 他最终会死在大街上。

把前两行当作一个断言并写成一个前提也不会有什么损害，但是，如果看不出“他最终会死在大街上”是一个独立的断言，就发现不了这里的推论。（注意，这里的结论指示词“所以”是如何提醒我们留意这个断言的。）

识别出独立的断言很重要，不把实质上的单个断言划分为几个也同样重要。正如下面我们将看到的，要记住解释句、条件句、析取句和“除非”句仅构成单一断言，这一点尤其重要。

4. 必要时改写断言。有时为了澄清句子的意义，我们必须对这些句子进行改写。就像第一章讨论的，问题句和命令句（“你不认为应当道歉吗?”）可能需要改写为断定句。但其他一些情况下的改写也是必须的。例如，“我认为斯特兰斯基没有能力经受住审判。她似乎连自己的身份都完全搞不清楚”。这句话并不只是对某个人的想法的报道，而是一个应做以下理解的论证：

> 斯特兰斯基似乎连自己的身份都完全搞不清楚。
> ———————————
> 斯特兰斯基没有能力经受住审判。

语言太过复杂和微妙，不可能列出包含做出断言的所有方式的一个合理样本。但是，如果我们保持足够的细心和敏锐，就能发现并正确理解断言，前提是，我们不要寄希望于断言总会按整理后的标准论证形式中的方式那样规范地陈述出来。

5. **删除不属于论证的那些要素**。一旦发现给出了一个论证，我们可能会试着将表达出来的每一个内容都安排到论证分析中去。下面的例子表明这样做是错误的：

> 要注意，婚姻是一个应当被废弃的制度。你知道，我结婚6个月了。你不能听信婚恋问题专栏《亲爱的艾比》（*Dear Abby*）的作家和其他那些道德家的。所有婚姻习俗都使得摆脱一个糟糕的关系太难了。

尽管初看起来说话者的婚姻情况、对婚恋问题专栏《亲爱的艾比》作家等的评论好像应该是论证的组成部分，但实际上并不是。它们既不充当前提，也不充当结论。将这些与结论无关的部分从段落中剥离出去，就能看出说话者表达的是下面这个论证：

> 所有婚姻习俗都使得摆脱一个糟糕的关系太难了。
> ___
> 婚姻是一个应当被废弃的制度。

不构成论证部分的那些陈述往往是围绕着组成论证的断言的。在分析一段话时，必须找出所有既不是前提也不是结论的部分并删除它们。有时必须删掉的东西是显而易见的，但决定删除什么也常常是找出前提和结论的下一步工作的一部分。

结构

6. **识别主论证**。每个论证都恰好有一个最终结论。该结论与直接支持它的前提一起构成的论证称为**主论证**（main argument）。由于最终结论是整个论证的论点，尽快找出最终结论与直接支持它的前提是很关键的。

7. **识别子论证**。主论证的前提本身有可能被其他前提支持，而那些前提又有可能被另外一些前提支持，以此类推。这就是说，任一前提都可能是某个论证的中间结论。一个中间结论连同支持它的前提一起构成了一个**子论证**

（subargument）。为了从整体上理解一个论证，就必须先理解每一个子论证。

8. *识别针对反对意见的回答*。有些子论证是用来反驳针对核心论证的异议的，这些子论证对支持结论往往具有重要作用。例如，在论证成瘾性药物应当合法化的过程中，有人可能试图对"合法化将导致成瘾人数的增加"这一显然的反对意见做出回答。通过消除那些妨碍我们接受主结论或中间结论的反对意见，这些回答间接地支持了主结论。

在找出论证的各个部分时不必按照特定的顺序进行。有些论证的最终结论是明显的，其中的子论证却不易被发现。另外一些论证的子论证可能是清楚的，而论证的总的论点可能初看起来模糊不清。这里唯一的原则就是尽你所能。简言之，从容易发现的地方开始，由此出发去建构论证。

分析论证有点儿像做拼图游戏。面对一大堆碎片，你可能压根儿不知道它们如何组成一个整体。但如果先把那些明显匹配的碎片拼在一起，就能一片一片地逐渐增加，直至完成整个拼图。

论证分析策略总结

1. 找出最终结论。
2. 找出任一中间结论。
3. 找出所有用作前提的独立的断言。
4. 将断言改写为清楚的表达。
5. 把不是论证组成部分的句子和短语删掉。
6. 画出表明推论结构的箭头图示。
7. 找出对反对意见的回答。
8. 将论证写成标准形式。其中，前提列在结论的前面。
9. 如果论证是复杂的，为每一个断言指派一个数字以表明它在第几行。
10. 对复杂论证中的每一个结论，表明它是由哪个或哪些前提推出的。

两个特殊的问题

论证与解释

在若干重要的方面，论证和解释都是不同的。解释为什么一个妇女谋杀了她的孩子与论证她谋杀了她的孩子这件事（that...）是不相同的。为了论证她谋杀了孩子，必须用其他一些断言来给出使人接受该断言的理由。与之不同，对于她为何谋杀孩子的解释则假定她做了这件事——已经把她的谋杀作为一个给定的事实——然后来说明她为什么那样做。总之，当一段话的要点在于解释为什么（why...而不是 that...）某件事是如此这般，我们面对的就是一个解释而不是一个论证。

论证和解释常常彼此相像，并且作为推论指示词的语词也同样可以用作解释指示词。例如，尽管出现了指示性语词，下面的每句话更像是用来表达一个解释而不是论证的：

> 我不再爱你了，因为你老是取笑我。
> 由于你整天待在海滩上，你的鼻子都蜕皮了，那样子可真难看。
> 由于你忘记了交电费，我们只好在黑暗中坐着。

为了能看出这些句子更像是解释，一个办法是将它们理解为单个断言：

> 我不再爱你的原因是你老取笑我。
> 导致你鼻子难看、蜕皮的原因是你整天待在海滩上。
> 这里一团漆黑的原因是你忘记了交电费。

照此做法，解释就一点儿都不像论证了，也不会与论证混淆。上述每个例子都只包含关于成因（cause）或原因（reason）的单一陈述，而不是将一个陈述作为另一个陈述前提的两个陈述。

为了更清楚地阐明这里的要点，考虑下面这段话：

因为奥利里不知道汤被下了毒，他给主教喝下了那碗有毒的汤。因此，他不应当被认为犯了谋杀罪。

如果把第一句话本身理解为一个论证，那么就有了如下一个复杂的论证链：

前　提：奥利里不知道汤被下了毒。

结论1：因而，奥利里给主教喝下了那碗有毒的汤。

由此又推出：

结论2：因此，奥利里不应当被认为犯了谋杀罪。

这样做的问题在于，第二个结论根本不能从第一个句子推出来。但是，我们仍然感觉这里存在着一个好的论证。那么，第一个句子应当视为一个解释，而不是一个推论：

前提：因为奥利里不知道汤被下了毒，他给主教喝下了那碗有毒的汤。

结论：因此，奥利里不应当被认为犯了谋杀罪。

尽管如此，并不存在绝对保险的办法以判断一段话究竟是一个论证还是一个解释。例如，"老师给学生布置了多于他们可能完成的数量的作业，因为如果老师不这样做，学生将会连最少的作业都不做"。这是一个用来论证老师超量布置作业的论证，还是一个关于为什么老师超量布置作业的解释？要回答这个问题，我们需要知道更多的语境信息。在论证分析中，最难掌握的技巧之一是关于一个断言在给定语境下起什么作用的正确感觉。这一章后面的“习题一”就是要帮助读者培养这种感觉。可惜没有解决这类问题的规则手册。

即使无法一眼看出某段话究竟是一个论证还是一个解释，两者之间的差异仍是至关重要的。究竟是她谋杀了孩子而我们正在解释她为什么这么做，还是我们正在提供理由以支持对她谋杀了孩子这件事的确信，这会在诸多方面对事实造成完全不同的结果。

为了处理一个解释构成了论证部分的情况，可以采纳以下规则：出现在论证中的一个解释应当作为一个单独的断言。实际上，它可以表示为一个长的前提或结论。

条件句、析取句与“除非”句

像“6 月份收入增加了”这样的简单句只做出了一个断言。像“6 月份收入增加了，失业率下降了”这样的复合句做出了两个断言（有些情况下，断言多于两个）。

但是我们应当如何处理**条件句**（conditional sentence，条件句是指“如果……那么……”形式的语句）呢？像“如果电池充满电，汽车就开起来了”这样的句子在很多论证中都起着关键作用。要正确理解论证，就必须正确地解释语句。

也许看起来一个条件句本身就是一个推论——它做了两个不同的断言，一个是结论，另一个是前提。这种诱人的解释是错误的：一个条件句只做出了一个断言。为了理解为什么是这样，我们还是考虑关于电池充电的那个条件句。它没有断定“电池充满了电”，也没有断定“汽车开起来了”。不论是电池充满了电还是汽车开起来了都与所做的唯一断言“如果电池充满了电，汽车就开起来了”完全无关。一个条件句总是做出单个的断言（一个关于条件关系的断言）。因此，作为论证的一部分，一个条件句必须被处理成一个独立的单位，它或者是一个前提，或者是一个结论。

一个**析取句**（disjunctive sentence）以“或者……或者……”的形式给出了

几个选项。句子“或者去修补房顶，或者听任文件被雨水毁掉”[1]就是一个析取句。像条件句一样，析取句也包含着其他句子作为其组成部分，所以它们也会显得好像是做出了一个以上的断言。尽管表面看来是如此，这样的句子实际上只做出了一个单独的断言。上述例子既不断言“房顶要被修补”，也不断言“听任文件被雨水毁掉”，它只是断言两个事件中的这一件或那一件将要发生。

类似地，使用“除非”的复合句也只做出了一个单独的断言。句子“除非施肥，否则园子里长不出西红柿来”既不断言没有西红柿长出来，也不断言会施肥。

现在可以陈述分析论证的另一条规则了：一个是条件句、析取句或者其成分用“除非”连接起来的复合句做出了一个单独的断言。因此，它总是论证中的一个独立的单位（前提或结论）。

分析复杂论证：一个实例

复杂论证也许看起来让人困惑，但多数情况下并不难理解。考虑下面这个例子：

> 有人向国会提交了议案S.143，该议案允许使用二乙酰吗啡（DAM）——一种海洛因——以缓解癌症引起的难以忍受的疼痛。该议案应当被通过。
>
> 该议案的通过是不可否认的。二乙酰吗啡是最有效的缓解癌症病人痛苦的一种药物。不论什么药，只要能最有效地抑制这种痛苦，都应当是允许使用的。因为这样的痛苦常常导致病人生活质量严重恶化并让病人的家人感到心碎。
>
> 有一种针对这一议案的反对意见显得特别无情。他们担心癌症病人有可能意外地活了下来并且最终对药物成瘾。如果垂危的病人出乎医生预料

[1] 这个句子也可以等价地表述为“如果不去修补房顶，文件就会被雨水毁掉”。——译者注

地活了下来，我们只会感到庆幸，哪会顾得上担心病人对药物成瘾。

我曾经三次眼看着所爱的人死于癌症，其中两个人痛到哭不出来，也喊不出来。注射海洛因也许能让他们相对平静地离开。这是无须多说的。

[改编自詹姆斯·基尔帕特里克（James Kilpatrick）发表在报纸的一篇文章，《圣路易斯邮报》，1987 年 6 月 15 日]

这段文字的总论点是清楚的：药物 DAM 应当被允许用于癌症病人（即议案 S.143 应当被通过）。第二段的第一个句子清楚地提示了支持该断言的主论证，这个句子似乎在说："这就是主论证。"

DAM 是最有效的缓解癌症病人痛苦的一种药物。

不论什么药，只要能最有效地抑制这种痛苦，都应当是允许使用的。

DAM 应当是允许使用的（议案应当被通过）。

此外，第二段的最后一个句子是以"因为"引导的，这是一个前提指示词。跟在"因为"后面的前提显然是用来支持主论证的第二个前提。将这个新的前提插进去，就得到了：

1. DAM 是最有效的缓解癌症病人痛苦的一种药物。
2. 这样的痛苦常常导致病人生活质量严重恶化并让病人的家人感到心碎。
3. 不论什么药，只要能最有效地抑制这种痛苦，都应当是允许使用的。 2
4. 认为癌症病人有可能意外地活下来的那种反对意见是无情的。
5. 根本顾不上担心意外活下来的病人对药物成瘾。
6. 这不能真正构成对结论的反对。 4，5
7. DAM 应当被允许使用。 1，3，6

第六行在原来那段文字中没有明确地陈述出来。但作者从 4 和 5 推论出 6（或其他类似的意思）是显然的。由于 6 是对 7 的一个可能的反对意见的回应，可以视为用来支持 7 的整体论证的一部分。中间结论 6 是从前提 4 和 5 推出来的，它本身又是 7 的一个前提。这个例子说明了处理那些包含着对反对意见回应的复杂论证的一般策略。对反对意见的回应构成了一个子论证，其（中间）结论是说明反对意见不成立的断言。这个断言又充当了结论的另一个前提。

这篇短文的最后一段包含一个关于垂危癌症病人遭受痛苦的触动人心的个案证明。我们不把它看作另外一个论证（对此可能有不同看法）。

这篇短文表达的论证实际上不难分析。仔细、耐心地阅读有助于理解更长、更复杂的论证。

习题

一、判断下列每段文字最像是用来给出一个论证，还是给出一个解释的，或者两者都不是。

★1. 我讨厌抽烟。烟味儿很难闻，还会加剧我的哮喘。

2. 你不应当随处抽烟。烟味儿很难闻，还会加剧别人的哮喘。

★3. 反对在人行道上吐痰的法律通过了，因为吐痰不美观，也不卫生。

4. 霍巴特在一所坚固的囚室里被关了 17 年多。然后他被放出来，被期望成为社会的正常一员。

★5. 詹金斯每天都遛狗，因为这条狗长得太胖了。

6. 几个州通过了允许公民秘密持有武器的法律。这么做是完全正确的，守法的民众必须有能力保护自己免受不法分子的侵害。

★7. 我讨厌你那样吃饭。你把番茄酱涂在牛排上，拿花生酱当早餐。

8. 别动那块砖！下面可能藏着褐色蜘蛛，那种蜘蛛是有毒的。

★9. 自从 4 月份房子被烧掉后，简一直睡在帐篷里。

10. 由于在雪地上开得太快，那辆卡车翻进了沟里。

★11. 由于你的哲学论文不清晰且没有意义，这门课你基本上确定是不及格了。

12. 我要牛排，不要龙虾。我认为龙虾做得太老了。

★13. 在我们仅有的一次约会之后，她再也没给我打过电话。

14. 如果费马大定理真的被证明了，许多数学家就不得不去找新的研究项目，某种意义上说，世界就不那么有意思了。

★15. 桌上的那些书卖得那么便宜，是因为它们真的不值得读。

16. 因为布莱洛克几乎没受过教育，也不善与人相处，他的新工作几乎肯定不会成功。

★17. 秋色很美，气温宜人。阳光明媚，不时拂过一丝令人愉快的微风。可我却不得不困在这里研究这些愚蠢的逻辑试题。

18. 由于成年黑猩猩的智力水平高于1岁的儿童，所以我的黑猩猩的生命比你1岁孩子的生命更有价值。

★19. 下面这段话的第一个句子最好理解为论证还是理解为解释？请说明原因。

> 艾伦病得很重，因为他被响尾蛇咬了。如果不能立即得到抗蛇毒血清，他就活不了了。

20. 下面这段话的第一个句子最好理解为论证还是理解为解释？请说明原因。

> 由于农民还在沿用16世纪的灌溉方法，农村有成千的人在挨饿。因此，政府应当立即启动水利管理教育项目。

二、分析下列论证并把它们转化成标准形式。确保对只含一个推论的论证采用简单论证的标准形式，对包含多个推论的论证采用复杂论证的标准形式。

按照以下步骤写出每个例子的标准形式：圈出推论指示词，将每个陈述放在方括号内并编号；画出说明论证结构的箭头图式；最后，按照箭头图式的指示将论证改成标准形式。你不应当加上任何未陈述的前提或结论，但应当把那些实际上起断言作用的问句、命令句等改写为断言句。

★1. 不论那些快车手怎么想，提高限速将会导致高速路上更多不必要的死亡。所以不应当提高限速。

2. GoPhone 无线预付费电话提供了最好的覆盖全国的移动通讯技术。既然你想要最好的，那就应当和 GoPhone 签约。

★3. 不增加税收的话很快就会发生恶性通胀。但是，国会拒绝增加税收。所以，不久会发生恶性通胀。这意味着你现在应该尽量多地借钱。

4. 亨利开始了他的举重计划，举重的人通常都非常强壮，所以亨利不久会变得非常强壮。通常一个非常强壮的人能加入橄榄球队。所以不久亨利就能加入橄榄球队。

★5. 研究历史的人比不研究历史的人聪明。研究历史让人不易重复过去的错误，而不重蹈覆辙是智慧的标志。由于教育的主要目标是产生智慧，所以，所有大学都应当要求学生学习历史。

6. 不要以为科学家说的每件事都是正确的。有些科学家是不可靠的，因为他们没有紧跟本学科的最新研究，而且在特定问题上领先的科学家之间经常存在着彻底的分歧。

★7. 在这样一个信息广泛传播的时代，任何不寻常的事件都被记录下来并在网络上传播。所以，我们可以确信，外星人光顾地球的说法是捏造的。外星人光顾地球是很不寻常的事件。但是网络上没有与外星人交流的真正可信的证据。

8. 艾滋病可能是人类历史上最恐怖的疾病。艾滋病都是致命的，没有治愈方法。而且这种病最容易经由快乐而传播。

★9. 高等教育应当提高我们的批判性思维能力，更加重视各类经验科学。学习人文、自然科学、社会科学类的课程是有好处的。因此，选修 20 世纪美国诗歌是个明智的选择。

10. 这周末我们应该去峡谷郊游。那里空气清新，树叶变成了美丽的红色、黄色。而且体育锻炼对我们有益，既然我们整个一周都没出门了，因此，我们去郊游吧。

★11. 郊游很不错，但我们肯定已远离了文明社会，因为过去的 3 小时里我们只看见了那些背着大背包的人。我们最好返回，免得在无名之地迷了路。

12. 那些徒步旅行者的命运永远是个谜。《世界新闻周刊》说他们被蚁群吃掉了。不过，《世界新闻周刊》说的很多事情都不是真的，所以可能没有这回事。如果他们没被蚁群吃掉，那我们就不知道他们出了什么事。我们会一直感到好奇。

★13. 既然是管家或法官实施了谋杀，那显然是法官干的。因为管家疯狂地爱着受害人，所以不可能是她杀的。

14. 这个侦探不太可能是个可信的证人，因为大家都知道他是个种族主义者。因此，被告人可能会被无罪释放。

★15. 如果侦探真是个种族主义者，那他根本就不应该被允许作证。实际上他是。当被告人是有色人种时，白人种族主义者特别不可信。所以，这位侦探根本就不该被允许作证。

16. 18 世纪的哲学家大卫·休谟无疑是比他那位更富盛名的后继者伊曼努尔·康德更出色的思想家。休谟的作品更清晰。他的贡献也比康德更广泛。他是一流的历史学家和哲学家。而且休谟的伦理学思想不像康德那样刻板。与康德不同，休谟不会把不说谎的义务说得如此绝对以至当预谋杀人者问他的谋杀对象藏在哪里时，我们应当如实回答。所以，毫无疑问，就他们两个人而言，休谟是更优秀的思想家。

★17. 或者市场已经见底或者投资者还要经历难熬的几个月。如果这是市场的低点，那么联邦储备委员会就不会再考虑降息，但联邦储备委员会主席的最新报告告诉我们，利率还将进一步降低。所以，显然市场还没有见底，那么投资者还要经历难熬的几个月。

18. 有数百例来自父母的报告说，在孩子生病或受伤后并没有看医生，他们的祈祷就让孩子痊愈了。这些人肯定不会都在骗人，所以祈祷有疗效的结论是公允的。我们的文化尊重父母选择用什么方法治疗孩子的权利，宪法保护宗教自由，当一个家庭选择用祈祷的方式给孩子治病时，政府对此不应进行干预。

★19. 这种液体或者是酸性的或者是碱性的。如果是酸性的，试纸将变红，如果是碱性的，试纸将变蓝。所以，试纸或者会变红或者会变蓝。但我是色盲，这意味着我说不出这种液体是酸性的还是碱性的。

20. 现行的分数激励教学评价法是失败的。原因是，教师花了太多的时间在教室里训练学生应对标准化测试，因此没有把足够的时间花在学生的个性化发展上。测试分数最多只是学生发展的部分指标。源于分数结果的巨大压力、对于教育创新几乎没有什么回报，很多优秀教师离开了这个职业。

第三章

评估论证

➢➢

不论是简单论证还是复杂论证，表示为标准形式的意义在于，更方便地对其进行评估。任一论证的价值都依赖于两个方面的考量：（1）前提的真假。（2）前提为结论提供了多少支持。在这一章以及接下来的五章，我们将专注于第二个问题，考虑对于各种类型的论证，如何评估其前提对结论的支持度。

演绎论证（deductive argument）旨在有效；也就是说，其前提是用来确保结论成立的。在**非演绎论证**（nondeductive argument）中，前提用来为结论提供某种较高程度的可能性。在这一章，我们先讨论演绎论证及其有效性。接着描述几种类型的非演绎论证，包括日常生活中最常见的那些类型，并考虑其评估方法。

演绎论证

我们用有效和无效来刻画演绎论证。我们将从有效性的讨论开始，然后考虑测试有效性的一种非形式方法。

有效性概念

在逻辑学中，“有效”这个词有一种技术性用法。在日常谈话时，我们会谈到“有效的批判”“有效的结果”，但是在逻辑学中，只有论证能用有效和无效来描述。**有效论证**（valid argument）是指这样的论证：不存在任何可能的情况使其前提为真而同时结论为假。如果所有前提都为真，那么结论一定为真。

因此，有效论证前提的真为结论的真提供了完全的保证。

下面的论证每一个都是有效的：

如果鲸是哺乳动物，那么鲸有肺。鲸是哺乳动物。所以，鲸有肺。

昨天病房里的每个人都接触了病毒，而你昨天在病房里。这意味着你接触了病毒。

詹姆士一世作为君主早于查理一世，而查理一世作为君主早于查理二世。所以，詹姆士一世作为君主早于查理二世。

哈罗德是马蒂尔达的儿子且马蒂尔达是一位妇女。所以，马蒂尔达是哈罗德的母亲。

下面的论证是无效的：

人们向克龙比扔石头、刺他、向他射击，还剥去了他的头皮。所以，克龙比死了。

尽管克龙比被以这么可怕的方式摧残，他仍然有可能活下来，不论这种可能性有多小。这些前提的真并不能保证结论也为真。因此该论证是无效的。

有效性、真与可靠性

有效性是关于一组前提为结论提供了何种支持的性质，是前提与结论之间是否存在某种关系的问题。（如果我们承认所有前提，是不是就必须承认其结论？）因此，有效性并不要求论证的前提是真的。但是，如果前提为真且论证有效，结论就必定为真。

鉴于“论证有效”的这样一种含义，一个有效的论证有三种可能性：（1）假前提、真结论；（2）假前提、假结论；（3）真前提、真结论。与“有效”完全不相容的仅有的一种组合是：真前提、假结论。

下面这个论证尽管其前提是假的，却是有效的：

月亮是绿奶酪做的，而任何绿奶酪做的东西都环绕着地球运转。所以，月亮环绕着地球运转。

尽管两个前提都是假的，其结论却是真的。就其前提的情况而言，结论的真显然只是碰巧发生。如果一个论证是从假前提出发的，我们就不能指望得到一个真结论，尽管这种事有时会发生。下面这个论证内容相似且同样有效，但它包含假前提和假结论，这个例子显然表明不能期望从假前提得到真结论：

海王星是绿奶酪做的，而任何绿奶酪做的东西都环绕着地球运转。所以，海王星环绕着地球运转。

再看一个更值得认真对待的例子：

最后看见活着的被害人的那个人一定就是凶手，而文斯沃斯是最后看见活着的被害人的那个人。因此，文斯沃斯一定就是凶手。

这种形式的推理在逻辑上是无懈可击的。这种推理可能出现在刑事侦查过程中。但是，如果有任何理由怀疑文斯沃斯的确是最后看见活着的被害人的那个人或者最后看见活着的被害人的那个人一定是凶手，那我们就不应该对论证的结论抱太大信心。

相比之下，我们能最大程度地信赖那些有着真前提的有效论证。因为在一个有效论证中，前提的真保证了结论的真，我们不必依赖于任何偶然的好运气。如果一个有效论证的所有前提都为真，则称其为**可靠的论证**（sound argument）。我们最有兴趣去构建的就是可靠的论证。

既然可靠的论证是最好的论证，为什么我们在研究中要花那么大篇幅强调有效性而不是前提的真？答案很简单。在任何可想象的话语情境中都会出现论证，包括科学论证、法律论证、医学论证、体育论证、美学论证、实践论证等。这些论证的前提常常是专门的技术人员关心的问题。最适于判断化学前提真假的人是化学家，最适于判断法律论证前提真假的人是律师或法官。作为学习批判性思维的学生，我们不可能在任意题材上都是专家。但支配论证有效性的原则在各领域都是相同的，在本书中，我们寻求理解的正是这些原则。

有效性与增加的前提

有效论证的一个令人惊讶的特征是，如果一个论证是有效的，不论再增加什么前提，它都仍然是有效的。下面是一个简单的有效论证的例子：

所有鸭嘴兽都是哺乳动物。
娜丁是鸭嘴兽。
——————————
娜丁是哺乳动物。

设想增加一些新的前提，我们得到：

所有鸭嘴兽都是哺乳动物。
娜丁是鸭嘴兽。
几乎所有鸭嘴兽都不下蛋。
娜丁下蛋。
——————————
娜丁是哺乳动物。

现在，论证里出现了新的前提，新前提提供了拒绝结论的有力理由，论证看起来不再是有效的。然而，这个论证仍然是有效的。如果娜丁是鸭嘴兽，并且每一个鸭嘴兽都是哺乳动物，我们就必须得出结论说娜丁是哺乳动物，不论还有什么样的其他前提。

“一个有效论证不论再增加什么前提都仍然是有效的”这一原则是重要的。我们常常看到一个有效论证嵌套在包含多余前提的语境中，该原则告诉我们，如果只是关注有效性的话，就不必关心这些多余的前提。它也解释了当从几何学的真前提出发并对三角形的某些性质（例如，直角三角形中的两角之和等于第三个角）做了有效证明后，通过测量某些三角形来验证证明结果的做法为什么不仅是不必要的，而且是愚蠢的。通过测量得到的任何结果都不能推翻证明的有效性及其结论的真实性。

一些聪明学生在学习逻辑时经常尝试另一种通过增加前提而把一个有效论证变成无效论证的做法：

所有鸭嘴兽都是哺乳动物。

娜丁是鸭嘴兽。

娜丁是鸭子，不是鸭嘴兽。

娜丁是哺乳动物。

这个论证肯定不是有效的。

但由于它看起来是（实际上也是）不一致的，因而从技术上说仍然是有效的。需要记住，如果一个论证不可能前提真而结论假，那么它就是有效的。但首先必须保证其“前提为真”是可能的，才能使“前提为真、结论为假”成为可能的。由于该论证的前提互相冲突，这些前提不可能都为真。娜丁不可能既是鸭嘴兽又不是鸭嘴兽。简言之，由于不能使所有前提同时为真，也就不可能出现前提都为真而结论为假的情况。这意味着，该论证在技术上是有效的。即便这种增加假前提的聪明做法也不能成功地将一个有效论证变成无效论证。

上述表明娜丁论证有效的推理可以概括为：任一论证如果其前提包含矛盾，则该论证是有效的。结论的内容实际上是不相关的。由于这种论证仅仅基于前提不可能为真而有效，结论是什么都没有关系。人们经常用“矛盾蕴涵一切”来说明这个情况。

关于有效性的这一明显荒谬的情况会不会造成困扰？完全不会。承认这样的论证有效不等于说它们是好的或令人信服的论证。使这些论证有效的关键因素——前提中的矛盾——意味着我们知道这些前提不会全都为真，因此这样的论证不是好的论证，也不是令人信服或可靠的论证。

检验有效性

在第四、五两章中，我们将给出判定某些论证是否有效的形式化方法。现在，我们先来看考查任意特定论证是否有效的一种有用的、非形式的方法。

由于仅当论证不可能前提为真而结论为假时它才是有效的，因此，检验有效性的一种方法是通过设计思想实验来判断是否存在“真前提且假结论”组合的可能情形。如果发现有这种可能的情形，论证就不是有效的。我们可以认为这是在试图讲述一个前提为真而结论为假的“故事”。

下面举例说明这种程序是如何运用的：

这个班 99% 的学生会通过考试。
帕特里克是这个班的学生。
———————————————
帕特里克会通过考试。

显然，如果假设这个班有 100 名学生，其中 99 名通过考试、1 名没通过考试，而这个没通过考试的学生是帕特里克，那么，上述论证就出现了前提为真而结论为假的情况。因此，其前提的真并不能保证结论也为真，该论证就是一个**无效论证**（invalid argument）。

再考虑下面这个稍难一些的例子：

死者的所有亲属都参加了葬礼。所以，不能否认葬礼上的每一个人都是死者的亲属。

假设死者刚好有5位亲属，他们都参加了葬礼。又假设葬礼上有几个人是死者的朋友而不是亲属，在这种情形下，论证的前提为真而结论为假，所以该论证也是无效的。

下面又是一个无效论证的例子：

这一丁点儿水已经在-12℃的冰箱里放置了28小时。因此，它已经结成冰。

显然，存在着可能的情形，在该情形下，论证的前提为真而结论为假。比如，这一丁点儿水放在了-12℃的冰箱里，它在冰箱里已经放了28小时；水没有冰点——水不结冰；这一丁点儿水（当然！）还是没有结成冰；它永远保持液态。

在评估这个论证及其他论证的有效性时，我们必须谨慎地区分真与可能。水不结冰不是真的，因为事实上水的冰点是0℃。但给出的前提并不包含这一事实；给出的前提也没有排除水永远不结冰的可能性。由于有效论证的前提必须排除所有结论为假的可能，这个论证实际上是无效的。（如果我们增加关于水的冰点及一定量的水需要多长时间结成冰的前提，那么就有了一个有效的论证。但这不意味着原来陈述的论证是有效的。）

一丁点儿水在-12℃下还一直保持液态真的可能吗？根据水的结冰点是0℃这一自然规律，这在物理上是不可能的。同样，根据自然规律，狗不可能飞翔，树不可能行走，任何事物的运动速度不可能比光速还快。

即使所有这些在物理上都是不可能的，但其中没有一个是逻辑上不可能的，或者说是矛盾的——即完全不可想象的。我们完全可以融贯地设想自然规律与其实际情况是不一样的。由此，即使我们知道事实上这些事情不可能存在，我们也能够融贯地设想飞翔的狗、行走的树、在 −12℃不结冰的水。因此，关于水结冰的那个论证不是有效的。前提为真而结论为假是可想象的（尽管物理上不可能）。

相比而言，再考虑“哈罗德是马蒂尔达的儿子且马蒂尔达是一位妇女。所以，马蒂尔达是哈罗德的母亲”。当确定了“儿子”“母亲”这些词的意义后说她是他的母亲但他不是她的儿子就是完全不可想象的、逻辑上不可能的、矛盾的。所以，那个论证是有效的。

作为比较，再看下面这个有效论证：

有些素食者营养不良。

所有营养不良的人都需要补充维生素。

有些素食者需要补充维生素。

通过想象某些可能性，我们可以确信不存在前提为真而结论为假的情形。设想有三个营养不良的素食者，因而第一个前提是真的。为了使第二个前提为真，这三个人中的每一个，由于营养不良，必定都需要补充维生素。这样，就有三个需要补充维生素的素食者，结论为真。由于不论可能有多少营养不良的素食者（只要有一些），该推理都是同样的，我们就能确信不可能出现前提为真而结论为假的情形。

这种非形式的方法有其局限性。如果我们能设想出一种情形，其中前提为真而结论为假，那我们就知道了这个论证不是有效的。但是，没能设想出这样的一种情形并不排除这样一种情形存在的可能性。或许我们只是缺乏想到它的想象力。（对素食者的论证来说，不太可能漏掉某些可能性，但并不是所有情况都这么简单。）下面两章给出的判定有效性的严格方法有助于解决思想实验程序难以处理的论证的判定问题。

习题

一、判定下列论证是否有效，并对判定结果做出解释。

★1. 如果一条狗咬了快递员，那它必须受到惩罚。我们的狗吉纳维芙没咬快递员，那么它一定不会受到惩罚。

2. 我和我的朋友们看起来都比小时候需要更多的睡眠。所以，由此我猜测成人比儿童需要更多的睡眠。

★3. 哈利韦尔每天早晨刮胡子时都会割伤自己，所以，哈利韦尔每天早晨都割伤自己。

4. 如果格林掌握了微积分，那她对一年级物理中的数学问题就不会感到困难。但她对一年级物理中的数学问题感到困难，所以她没掌握微积分。

★5. 几乎所有会飞的动物都用翅膀飞。飞鼠是会飞的动物，所以和你的说法相反，飞鼠肯定有翅膀。

6. 亨丽埃塔 10 分钟前吞下了一剂 5 分钟内就能致人死命的砷。亨丽埃塔肯定死了。

★7. 月亮比地球大，地球比太阳大。所以，月亮比太阳大。

8. 地球比太阳大，月亮比地球大。所以，太阳比月亮大。

★9. 在降落到火星的海盗号火星探测器实施的一个实验中，火星表面扬起的尘土与水混合。如果尘土中存在有机物，就会释放甲烷气体。但由于没有甲烷气体，所以尘土中不存在有机物。

10. 他以每小时 500 英里（约 805 千米）的速度摔到地面上。所以他至少会有严重瘀伤和多处骨折。

★11. 沙漠里根本没有水。棕榈温泉在沙漠里。这意味着棕榈温泉一滴水都没有。

12. 所有靠报纸上的占星术专栏指导生活的人都是迷信的。有些迷信的人不肯住在旅馆的第十三层。这意味着所有阅读报纸占星术专栏的人都不肯住在你新旅馆的第十三层。

★13. 任何物体的移动速度都不会大于光速是物理学的一条基本原则。所以，如果物理学是正确的，宇宙飞船就不会以大于光速的速度飞行。

14. 田纳西队获得的判罚或者是因阻挡踢球者而推进 15 码（约 13.7 米），或者是因冲撞踢球者而推进 5 码（约 4.6 米）。由于他们只需要 4 码（约 3.7 米）就能完成第一次进攻，不论哪种情况，他们都将获得新一轮的进攻。

★15. 所有飞鼠都是哺乳动物。所有鸟都不是哺乳动物。所以，飞鼠都不是鸟，尽管飞鼠能像鹰一样高飞、像隼一样俯冲。

16. 有些学生学习刻苦，有些学生成绩优秀。这表明至少有一些刻苦学习的学生成绩优秀。

★17. 如果药用得对，那么，只要你按医嘱服药，你就会痊愈。药是对的，所以，你一定会痊愈。

18. 所有素食者都营养不良。有些营养不良的人需要补充维生素。你不能否认有些素食者需要补充维生素。

★19. 由于宪法保护言论自由而宪法是这个国家的最高法，所以向抗议人群喊刺激他们怒火的话是我的自由。

20. 我要给教室里的学生发 20 块糖。由于教室里只有 19 个学生，所以至少有一名学生会得到 1 块以上的糖。

非演绎论证

正如本章开头所说，非演绎论证是这样的一种论证，其目的不在于有效，而是要给予结论某种较高程度的可能性。在这一节，我们先讨论非演绎论证的一般特征和适于评估非演绎论证的原则，接着刻画非演绎论证的几种类型。

（可能会出现一种怪异的情况。设想一个论证是以显然要使结论具有可能性的方式陈述的，但事实上它是有效的。这种情况很少发生，如果真发生了，我们只需注意该论证是有效的，并进一步去追问前提是否为真。下面的讨论适用于并非意外有效的常规性非演绎论证。）

我们用“非演绎论证”指所有不是演绎的那一大类论证。有时，“归纳”一词是在同样的广义上使用的。但“归纳”也经常狭义地用来指称从个别推出一般的那种论证，就像在归纳概括中那样：

天鹅A是白色的。天鹅B是白色的。天鹅C是白色的……天鹅N是白色的。所以，所有天鹅都是白色的。

有时“归纳”一词广义和狭义的用法混在一起使用，这会让人以为所有不是演绎推理的论证都是从个别到一般的。

澄清这种混乱的最简单的办法是，保持“归纳”作为归纳概括的意义，而用“非演绎”指称旨在为结论提供某种可能性的那一大类论证。

非演绎论证的特征

非演绎论证有一些共同的基本特征。我们通过下列非演绎的统计论证来说明其中的三个特征（但是要注意，并不是所有非演绎论证都是统计论证）。

96% 的美国人归属于某个宗教团体。

休是美国人。

所以，休归属于某个宗教团体。

78% 的美国人是基督徒。

华莱士是美国人。

所以，华莱士是基督徒。

55% 的美国人并非定期参加宗教仪式。

穆斯塔法是美国人。

所以，穆斯塔法并非定期参加宗教仪式。

尽管这些论证的前提为结论提供了某种支持，但它们都不是有效的。非演绎论证的第一个一般特征是，论证者的意图并不在于使其有效，而是要使其结论是可能的或好像如此。

其次，我们注意到，在第一个论证中，前提使得结论非常有可能成立（96% 的可能性）；第二个论证的前提对结论的支持没有这么强（只有 78% 的可能性）；在第三个论证中，穆斯塔法并非定期参加宗教仪式的可能性仅仅比他定期参加宗教仪式的可能性大一点。

由此说明了非演绎论证的第二个一般特征。有效性没有程度的问题（一个论证或者是有效的或者不是有效的），与之不同，非演绎论证对结论的支持是有程度的。如果一个论证是非演绎论证并且其前提使得结论成立的可能性比不成立大，我们就说该论证是非演绎成功的。当然，这是成功的最低原则。我们希望前提为结论提供的支持不只是“成立的可能性比不成立的可能性大一些”。

与有效论证不论增加多少新前提都仍然保持有效这一点不同，非演绎论证前提中增加的新信息有可能彻底改变对结论的总体支持，这是非演绎论证的第三个一般特征。假如给上面第三个例子增加一些新前提：

55% 的美国人并非定期参加宗教仪式。

穆斯塔法是美国人。

83% 的美籍巴基斯坦后裔定期参加宗教仪式。

穆斯塔法是巴基斯坦后裔。

所以，穆斯塔法并非定期参加宗教仪式。

增加的前提使得穆斯塔法更有可能是定期参加宗教仪式的，这就显著降低了结论的可能性。能导致这种差异的新增前提对评估一个非演绎推理的结论有重要影响。（参看本章后面的“论证的整体评估”。）

非演绎论证的几种类型

非演绎论证有多种类型。这里，我们将从中选出一些并简要说明如何评估前提对结论的支持程度。

1. 统计三段论。**三段论**（syllogism）是带有两个前提的论证。在**统计三段论**（statistical syllogism）中，推理是从断定某群体中一定比例的成员具有（或不具有）某种性质的一个前提以及断定某个体是该群体一分子的另一个前提推出该个体具有（或不具有）这种性质的结论。上面关于宗教问题的三个论证都是统计三段论。下面这个例子稍有不同，它论证了一个个体不具有某种性质：

只有 3% 的大学生知道南达科他州的首府。

莫里斯是一名大学生。

莫里斯不知道南达科他州的首府。

评估统计三段论一般是简单而直接的。上述论证在前提成立时，结论有 97% 的可能性。总体而言，断定一个群体百分之 x 的成员具有某种性质的前提使得该群体的某个体具有这种性质的可能性的程度是百分之 x。但必须提醒自己注意新增前提对论证力量产生的影响。例如，考虑一个新前提“莫里斯来自南达科他州”对论证造成的影响。在大多数情况下，我们对非演绎论证最好的评估也是相对的——这个论证比那个论证更强；这个前提使论证变得更弱——而不是强或弱的绝对评价。

在大多数非技术性的谈话中，论证都不会使用精确的统计学术语。

多数阅读《新共和》的人是自由主义者。

弗里德曼阅读《新共和》。

弗里德曼是自由主义者。

在此例这样的三段论中，代替“多数”出现的短语通常有“几乎所有”“大多数”“远超半数”等。

像“多数”“几乎所有”以及此类的短语不够精确，使得对这些论证进行评估有一定的困难。例如，“多数”可以指从 51% 到 99% 的任意情况。一旦这种差别有重要影响，我们就应努力获取更多信息以便我们即使不能得到某个确定的百分比，也至少要达到满足任意实际目的足够精确的估计。

2. 归纳概括。在**归纳概括**（inductive generalization）中，推理是从一个群体的某个样本推出该群体所有成员或一定百分比成员的结论。

迄今为止人们遇到的每一只狼獾都是不友好且有攻击性的。

所有狼獾都是不友好且有攻击性的。

电话调查显示，打算在选举中投票的 58% 的注册选民说他们计划投拉森的票。

拉森在选举中将获得 58% 的选票。

在什么情况下证据足以支持一个概括？这个问题没有一个简单的答案，不过我们可以运用统计学的技术和标准以避免出现严重错误。我们的目标是基于所研究群体的代表性样本进行概括（狼獾、参加下次选举的选民）。如果样本的数量庞大或者是为避免偏见而以随机方式选取的，样本就会更具代表性。考虑一个关于“公众对于联邦经济政策的态度”的结论，这个结论是基于对共和党全国代表大会的 20 个乘坐私人飞机来开会的代表的调查而得到的。这个样本既不够大也不是随机取得的，所以我们没有什么理由接受这个结论。

3. 因果论证。因果论证（causal argument）在日常推理及医学、自然科学、社会科学等专业领域中都是至关重要的。我们非常在意对汽车发动不起来的原因、肺癌的原因、社会持续贫困的原因能否正确地进行推理。由于因果分析十分重要又很复杂，我们将在第六章专门讨论这一话题。

4. 类比论证。如果有人推理说，仓鼠适于做家养宠物，而沙鼠在一些方面像仓鼠，所以沙鼠也适于做家养宠物，那他就是在进行**类比论证**（argument by analogy）。这种形式的论证在日常生活中是常见的，特别是在道德推理及许多特定的研究领域中。科学中运用的模型也是类比论证的一种形式。在第七章，我们会更详细地讨论类比论证。

5. 似真论证。很多称为**似真论证**（plausibility argument）或情形建构论证的非演绎论证都无法整齐地套入某种特定模式。

第一联合银行昨天遭到了抢劫。

两天前凯文买了一支枪。

凯文需要付给他的赛马赌注经纪人一笔钱。

那天早些时候有人在第一联合银行附近看见过凯文。

今天赛马赌注经纪人的执行人不再到处找凯文了。

昨天抢劫第一联合银行的人是凯文。

劳拉在去年出演的两部电影中的表演广受赞誉。

这两部电影都取到了很高的票房。

劳拉从未因其演出赢得过大奖。

劳拉将会赢得今年的"好莱坞年度女演员奖"。

《咆哮》是肤浅的、过时的。

《基督再临》有深刻的社会意义。

《基督再临》这首诗要比《咆哮》好。

这些论证的前提被结合在一起以建构支持结论的一种情形，以便使结论看起来是合理的。我们都会承认这种做法常常是成功的。但是在这样的论证中，要确切地阐明前提对结论支持程度的评估原则是非常困难的。

对于论证成功的一个直接的要求是，至少论证的某些前提必须和结论是正相关的；也就是说，某些前提实质上起着支持结论的作用。论证“国会议员史密斯将会是一位优秀的议员，因为他出生在独立日”是不成功的，因为其前提与结论不相关。（参见第八章的相关谬误。）

除了“正相关”要求，不存在似真论证的前提为其结论提供了多大支持的直接的评估原则。不过，可以采用我们用来评价演绎论证有效性的那种策略的变体，这种方法就是思想实验。

一个似真论证，就像任何其他非演绎论证一样，旨在使其结论在给定的前提之下成立比不成立的可能性更大。（“他的夹克衫上有血迹，而他无法解释为什么。有超过一半的可能是他杀害了她。”）似真论证的目的在于表明结论在前提成立的大多数情境下都是真的。因此，这种对可能性的非形式检查就要求我们去想象使论证的前提为真的各种场合，并考虑是否在多数情形下结论也将是真的。

为了说明这种程序是如何运行的，考虑劳拉和“好莱坞年度女演员奖”的例子。由于我们不知道该奖项的授予原则，我们甚至不能确定前提与结论是否相关。但即使它们有相关性，我们也易于想象有另一个女演员在更多的电影中表现出色；这位女演员出演的电影挣了更多的钱；并且这位女演员在很长时间都更受忽略。我们还能想象出劳拉不满足而其他人满足的别的一些授奖原则。总之，我们必须判定这个论证是不成功的，因为存在太多情形，在其中可能前提为真而结论为假。

运用这种评估方法，关于《咆哮》与《基督再临》哪首诗更有价值的论证就容易评估了。肯定会有这样一些情形存在，其中一首诗有更深刻的社会意义，另一首诗肤浅而过时，但前者并不是一首好诗。比如，那首肤浅的诗尽管其内容肤浅，可能具有技巧上的价值。但在多数情况下，一首由于深刻性而受到高度评价的诗将整体上优于被斥为肤浅而过时的诗。所以，其前提确实为结论提供了良好的非演绎支持。

思想实验的程序并不严格，也不能保证不出错。然而，在评估论证的前提对其结论的支持程度方面非常有用，而这构成了对任一论证总体评估的一个重要部分。我们将在本章最后一节返回来讨论论证总体评估的问题。

复杂论证

前面曾说过，复杂论证是指包含多个推论的论证，其中有一个或多个断言充当中间结论。当论证的前提通过两个或更多推论来支持结论，为了判断前提对结论的支持程度，我们首先要评价每个个别推论的力量，然后运用这些评价来得到前提对最终结论的支持度的评估。评价单个推论的方法就像评价一个简单论证：考虑一个演绎论证是否有效，一个类比是否足够好，等等。

我们按照以下原则评估最终结论获得的支持：

1. 如果复杂论证中的每一个推论都是有效的，则整个论证是有效的。

考虑下面这个形式最简单的复杂论证：

（P）前提（可能多于一个）
↓　—有效
（I）中间结论
↓　—有效
（F）最终结论
总体：有效

如果 P 的真能保证 I 的真，I 的真能保证 F 的真，那么显然 P 的真能保证 F 的真。这就是这条原则的意思。

2. 如果复杂论证中的任一推论是不成功的，则整个论证是不成功的。

（P）前提（可能多于一个）
↓ —有效或非演绎成功的
（I）中间结论
↓ —不成功
（F）最终结论
总体：不成功

由于从I到F的推理是不成功的，不论其他推论有多强，从P到F的整个推理因包含从I到F的步骤而必定是不成功的。

3. 如果一个复杂论证是由一个或多个有效推论及恰好一个非演绎成功的推论组成的，则整个论证是非演绎成功的。

（P）前提（可能多于一个）
↓ —有效
（I）中间结论
↓ —非演绎成功的
（F）最终结论
总体：非演绎成功的

如果P的真能保证I的真，而I使得F很可能为真，那么P的真使F很可能为真。

4. 如果一个复杂论证是由两个或更多个非演绎成功的推论组成的，或者是由两个或更多个非演绎成功的推论及若干有效推论组成的，则整个论证可能是非演绎成功的，也可能是不成功的。

（P）前提（可能多于一个）

↓ —有效

（I）中间结论

↓ —非演绎成功的

（F）最终结论

总体：非演绎成功的
或者
不成功的

由于有效推论的存在不会削弱一个论证，我们需要理解的是，为什么两个或更多个非演绎成功的推论结合在一起却可能产生不了非演绎成功的论证。考虑下面这个例子：

1. 在一项关于关节炎的研究中，60% 的志愿者使用的是安慰剂，而不是布洛芬。
2. 科恩是该项研究中的一名志愿者。
3. 科恩使用的是安慰剂。 1，2
4. 使用安慰剂的人有 70% 感觉关节僵硬加重了。
5. 科恩感觉关节僵硬加重了。 3，4

1 + 2

↓ —非演绎成功的（60% 的可能性）

3 + 4

↓ —非演绎成功的（70% 的可能性）

5

总体：？

要从总体上判定科恩关节僵硬加重的可能性是很容易的。假设恰好有 100 名志愿者。根据前提 1，其中 60% 使用的是安慰剂。根据前提 4，那 60% 的 70%——即（100 名志愿者中的）42 个人——将感觉到关节僵硬加重。因此，科恩感觉到关节僵硬加重的可能性只有 42%，所以论证总体上是不成功的。

这里总的要点是，在任意非有效推论（即使那些非演绎成功的推论）中，步骤都会发生某种确定性的损耗，而随着一系列推论每一步骤的增加，确定性损耗也在不断累积，结果可能就是论证总体上是不成功的。（当然，并不一定如此。如果上例中前提 1 中的数字是 90%，结论就有 63% 的可能性，论证总体上就是非演绎成功的。）

正如之前我们曾说过的，多数日常论证不会使用精确的数字词，这就导致难以评估经过几个推论后总的确定性的损耗程度。而我们又常不得不做出这样的评估。通过缜密的思考并保持十分的细心，我们还是能够做出满足实践目的所要求的精确性的评估的。

习题

二、分析下列论证，并判断它是有效的、非演绎成功的（前提使得结论成立的可能性比不成立的可能性要大），还是非演绎不成功的。如果是非演绎成功的，那么其前提为结论提供的支持是成立的可能性比不成立大一些、大很多，还是结论近乎确定成立？（我们考虑的是前提对结论的支持度。假定题目中的前提都是真的。）

★1. 如果孩童抵税金正常执行，那么迄今没纳过税的家庭就得不到它。家庭总收入低于 29,000 美元的家庭是不交税的，所以，如果他们得到孩童抵税金，那孩童抵税金就不是正常执行的。

2. 从 2000 名凯科特斯县公立图书馆的卡片持有人中随机选出了 500 人并问他们是否更喜欢小说类书籍。有 338 人说他们更喜欢小说。所以我敢跟你打赌，凯科特斯县公立图书馆的卡片持有人多数都更喜欢小说类书籍。

★3. 由于泽维亚拉的智商是 153，而且她对考试很有经验，下周的法学院入学考试她一定能考得好。

4. 在纽约工作的人有不到 2% 住在康涅狄格州。由此你可以推出，在时代广场书店工作的艾伦不住在康涅狄格州。

★5. 在最近的总统竞选活动中，候选人更喜欢指责在任总统的海外军事行动。所以，下次总统竞选时，我们将很可能看到挑战者对总统在伊拉克、叙利亚、阿富汗的军事行动进行严厉抨击。

6. 多数鸟都会飞，所以那只鸟会飞。所有会飞的动物都能逃脱哺乳动物的追捕。所以那只鸟能逃脱伺机捕获它的熊。

★7. 我问了我所在的高等代数班上的其他几名同学上学期科莱特教授的英国文学导论课怎么样，多数同学都说很枯燥。所以科莱特教授一定是个无趣的老师，我不会选她的课了。

8. 达姆维斯是研究18世纪的专家，他也被认为是一名很好的教师。所以，他是给英语系开课的最佳人选。

★9. 绝大多数共和党人的孩子也是共和党人。我知道蒂斯代尔的父母是忠诚的共和党人。所以蒂斯代尔肯定也是共和党人。

10. 安德鲁·杰克逊是赞成奴隶制的反动分子，是一个脾气暴躁的决斗者，他还恶毒地反对纸币。所以他的形象绝不可能出现在合法的美国钞票上。

★11. 对动物园里的低地大猩猩的研究说明它们实际上没有任何攻击性行为。由此可以得出结论，大猩猩总体上是非攻击性的动物。

12. 有只动物在撕咬我的睡袋。我的一些果仁混合包已经被吃掉了。昨夜我被从脸上爬过的东西惊醒了。没有迹象表明附近有熊或其他大型哺乳动物。所以，我们的营地一定有大老鼠。

★13. 没有哪位后来成为参议员的前第一夫人能继续当上美国总统。所以将来也不会有这样的人成为总统。

14. 一个热播的早间电视新闻节目就以下问题对观众进行了民意调查：“是否允许那些没有犯罪记录的公民秘密持有手枪？”拨打1-900电话号码表示“是”，拨打另一个电话号码表示“否”。每拨打一次电话花50美分。打来电话的有65%的人选择了“是”。

结论一：“这次民意调查表明，有将近三分之二的美国人支持公民秘密持有武器。”

结论二：“这次民意调查表明，有将近三分之二早间电视新闻节目的观众支持公民秘密持有武器。”

结论三：“这次民意调查表明，有将近三分之二肯花 50 美分拨打电话的人支持公民秘密持有武器。”

★15.《纽约时报》与 CBS 新闻从 1996 年 3 月 31 日到 4 月 2 日进行了一次民意测验，结论是，如果在那个时间举行总统选举，将有 49% 的注册选民支持克林顿总统，有 39% 的选民支持共和党的提名人罗伯特·多尔。民意测验通过电话访问了全美国的 1257 个成年人。样本错误率在正负 3% 之间。（《纽约时报》，1996 年 4 月 7 日）

据此，我们可以很确定地说，如果总统选举在那个时间进行，克林顿先生将能轻松地赢得竞选。

16. 绝大多数死于肺癌的人都是资深烟民。所以，如果你抽烟，那你有可能死于肺癌。

★17. 绝大多数资深烟民会得肺癌，多数得了肺癌的人会在 5 年内死亡。由于多数抽烟者最终会得肺癌，所以你永远不要学抽烟。

18. 起诉人：“这个可怜的被人用刀杀死的男人是在熟睡时受到攻击的。DNA 证据以极大的可能性证明了这个妇女刀上的血是受害人的。她说案发时她正在酒吧喝酒，但没人见到她。所有人都听到她说，如果她得不到他，别的女人也休想。显然，她有罪。”

★19. 所有通常在野外发现的猫科动物都被列为非驯养动物。猎豹通常是在野外发现的，所以猎豹被列为非驯养动物。由于在家里养一只非驯养动物需要获得许可证，亚力山大在家里养一只猎豹需要获得许可证。我知道亚历山大没有获得许可证。任何需要获得许可证却没有许可证的人都应被逮捕。所以，亚力山大应被逮捕。这个镇上多数违反了动物驯养规定而应被逮捕的人都很快被逮捕了。所以，很可能亚力山大不久就会被逮捕。

20. 给你送花却没留下卡片的人可能是玛丽。她是个浪漫的女孩，而且很害羞。今天早晨我在花店附近看见她了，她没有理由出现在那里。莎拉说玛丽很迷恋你，而且我知道你现在没有女朋友。所有这些再加上不是你的生日，我敢打赌花是玛丽送的。

论证的总体评估

演绎论证的评估

演绎论证的评估是相当直接的。演绎论证的目标是有效性。如果一个论证达到了这个目标并且其前提是真的，那么其结论也将是真的。而且，正如我们看到的，增加的信息并不改变这种情况。因此，我们只需追问前提是否为真以及论证是否有效。（在某些情况下，如果一个演绎论证没有达到有效标准，也许我们想考虑其前提是否确实足以支持其结论。如果答案是肯定的，我们可以继续将它作为一个非演绎论证加以评估。）

我们采用前面描述过的思想实验方法来评估有效性，或者，在某些情形下，采用下面两章讨论的形式化的方法。前提的真实性可能要借助于其他论证来确立，或者基于经验、自明或其他人的说法。第十一章将考查确立前提真的各种非论证方法。

非演绎论证的评估

非演绎论证的目标并不是要证明其结论，而是为其提供充分的理由使之看起来是真的。因此，我们必须追问给出的前提是否凭其本身而为结论提供了充分的理由，以及前提是否为真。

总的来说，评估非演绎论证比评估演绎论证要困难，原因有二：首先，要判定前提为结论提供了多大的支持远不像判定有效性那样是“规则支配的”。对于我们称之为似真论证的那种非演绎论证来说尤其如此。我们已经提供了考查非演绎性支持程度的有用的方法（设想一个思想实验，增加前提），关于因果论证和类比论证的评估留待第六、七章讨论。但众所周知，这些方法不具备有效性证明那样的精确性。

其次，我们已经知道，前提中引入新信息能够影响非演绎论证对其结论的支持度。所以，当处理非演绎论证时，我们必须考虑是否有一些对结论的可接受性产生重要影响的已知信息未包含在前提中。就像在穆斯塔法是否定期参加宗教仪式的那个例子中，如果不将其他信息考虑在内，我们就会得出一个错误的结论。

以下就是由于忽视相关信息而将自己置于危险境地的一个例子：

> 在美国发现的蛇几乎都是无毒的。所以，挡住我去路的这条小蛇是无毒的。

假设下面这个情况也是真的：

> 挡住我去路的这条小蛇的尾巴发出响声。

由于这条信息结合我们已知的关于响尾蛇的知识，对“这条小蛇是无毒的”这一结论的评价就要彻底改变。

当然，在理想状态下，我们会将所有评估非演绎论证的相关信息考虑在内。但我们并不知道所有相关信息，而只能将已知的信息考虑在内。关于我们所能及时发现的情况还存在着实践上的限制。尽管如此，如果一个情况对当前问题有着重要影响，我们仍然必须竭尽所能地去获取相关信息。对于非演绎论证最安全的评估仍然是一个论证相对于另一个论证的强弱问题。

我们希望对各种各样的事情做出理性的决定：凯利有罪吗？是否应当废除死刑？有没有上帝？有没有可能我周围的每个人实际上都是机器人？福克纳是比海明威更优秀的小说家吗？商业院校和法学院校我读哪一个将来挣的钱更多？为了以理性的方式对这些困难的问题做出回答，我们必须考虑论证和反论证，包括论证的评估、实践结果以及那些显而易见的事实。对这些问题来说，不存在通向真理的魔力公式，但掌握本书讨论过的那些重要工具的知识有助于我们更清晰、有效地思考这些问题。

论证评估的主要概念：

演绎论证是旨在以前提保证结论成立的论证。

一个演绎论证是**有效的**，当且仅当在前提为真的所有可能情形中结论也为真。

只要一个演绎论证是有效的并且所有前提都为真，该论证就是可靠的。

非演绎论证是旨在用前提为结论传递某种较高程度可能性的论证。

只要一个非演绎论证的前提为结论传递了可能性，该论证就是**成功的**。

给一个演绎有效的论证增加前提，得到的论证仍然是有效的。

给一个非演绎成功的论证增加前提，得到的论证有可能是不成功的。

习题

三、一个论证可能基于以下原因是整体上不可信的：（1）其前提不是真的；（2）其前提与结论不相关；（3）尽管其前提与结论相关，却不能为结论提供足够的支持；（4）对非演绎论证来说，已知的相关信息未被考虑。解释下列论证出于什么原因是整体上不可信的。

★1. 米利肯的小说不能算是好的文学作品，因为它注重情节却因此损害了人物刻画。所有好的文学作品都依赖于对人物的刻画。

2. 有时候我们每个人都要保护自己免受他人的侵犯。所以我们身边应当有军事级别的进攻性武器。

★3. 多数知识分子都不能解释“哥德巴赫猜想”这个数学难题。我的数学教授是知识分子，所以他不了解“哥德巴赫猜想”。

4. 金最近获得了大学的篮球奖学金。这让我们相信他是个擅长运动的年轻人。

★5. 皮尔斯是负责安排明年俱乐部国际辩论赛的最佳人选。毕竟，他是我们队的一号辩手。

6. 贾内尔又高又壮，反应也快。我们应当把她招进篮球队。

★7. 可以从商店顺走那条项链。你喜欢它，而且不会被抓。

8. 我被一种叫声吵得一宿未睡。肯定是条大猎狗。

★9. 所有美国车都比日本车要好很多。所以，买辆别克，别买丰田。

10. 历史上从未有过军队允许同性伴侣共住一套房子的先例。别指望唐和吉姆会在基地得到一个结婚的住处。

★11. 有证据表明那些真诚相信上帝存在的人更快乐、生活更稳定。这就为“上帝存在”这个命题的真提供了良好的证据。

12. 阿尔玛·辛德勒激发了作曲家古斯塔夫·马勒、画家奥斯卡·柯克西卡、建筑师瓦尔特·格罗皮乌斯的灵感，使他们创造出最好的作品。所以阿尔玛·辛德勒自己一定也是个天才。

★13. 保持健康的一种办法是每天去体育馆锻炼。所以，既然你想保持健康，就应该每天去贝利体育馆锻炼。

14. 很多研究生从没学过有机化学。所以医学院预科毕业生克劳德很可能没学过有机化学。

★15. 给穷人提供税收优惠彻底破坏了税收政策的根本目的。所以不应当给穷人提供税收优惠。

16. 国务卿办公室主任近年来有两名是女性，另外两名是少数族裔。这显然表明近年来的一些总统选择弱势群体的一些人组成其内阁成员。

★17. 或者国务卿疏于为班加西提供足够外交支持的义务，或者她和政府出于政治目的有意默许对我方代表团的攻击。不论哪种情况，她都不能胜任这么重要的职务。

18. 幸好地震、飓风、火山喷发这类造成数千人死亡的自然灾害已不再对人类构成那么大的威胁。与 1906 年圣弗朗西斯科地震、1900 年加尔维斯顿飓风发生的时代不同，今天，现代大楼的建筑方法、复杂先进的预警系统、大众传媒和现代医疗的发展意味着我们有能力在最严重的自然灾害中将死亡人数控制在数十人，至多一两百人。

★19. 那些叫嚷着减少监狱人数的人忽略了最有力的相反论证。允许数千名暴力侵害者重新回到社会上去威胁守法公民违反了最基本的正义原则：只要犯罪，就要服刑。

20. 亚马逊盆地热带雨林里大量的伐木行业不像许多生态学家所说的那样是自然灾害。毕竟，伐木公司为地球上最贫穷落后的地区带来了就业、住房和健康医疗。

第四章

一些有效的论证形式

在上一章，我们解释了判定论证是否有效的一种非形式的思想实验方法。在本章及下一章，我们将说明如何用形式化的方法来证明一些论证的有效性。

这种方法利用了论证形式的思想。运用我们下面要解释的这种方法，我们能立即识别出很多实际应用中简单推论的有效性并证明某些更长、更为复杂的论证的有效性。熟悉有效形式还有其他好处——有助于我们分析论证，因为形式往往是发现论证各部分是如何被结合在一起的重要线索。

在这一章，我们将关注由于其句子形式而有效的那种论证。

论证的句子形式

形式与变元

考虑下面这个论证：

如果人类学家的出现改变了岛上居民的常规生活方式，那么她的结论是不可靠的。她的出现确实引起了这样的改变。所以她的结论是不可靠的。

如果这个蜘蛛是褐色蜘蛛，那么它是危险的。这个蜘蛛是褐色蜘蛛，所以它是危险的。

这两个论证的题材完全不同，但它们有相似性。两个论证都是：

- 包含两个前提和一个结论。
- 有一个前提是条件句（“如果……那么……”）。
- 另一个前提与条件句中紧跟在“如果”后面的那个分句相同。
- 结论与条件句中跟在“那么”后面的那个分句相同。

因此，这两个论证具有相同的形式。

如果我们用字母替换每个论证中的分句，就可以用如下方式表示论证形式：

如果 P，那么 Q

P
____

所以，Q

由于用字母替换了包含在论证的复合句中的那些分句，这个形式被称为**论证的句子形式**（sentential form of the argument）[1]，字母 P,Q 等被称为**句子变元**（sentential variable，称它们为变元是因为它们出现在任何可被它们代替的句子的位置上）。我们可以用任何字母作变元。逻辑学家经常从 P 开始，接着是 Q，R，S，等等。我们通常会选择能向我们提示原论证中句子的字母。

联结词

除了使用句子变元，我们还通过用符号来代替用来结合简单句的普通联结词，如“且”“或”“如果……那么……”，以简化论证形式的表示。这些符号应当理解为一类有相同作用的短语所行使的逻辑功能，而不只是一个特定短语的翻译。

[1] “论证的句子形式”表示论证形式的分析和表示是以单句为基本单位的，以区别于以词项为基本单位来分析和表示的论证形式。——译者注

日常语词	符号	名称
或者……或者……	∨	析取
……或……		
或者它是一只猫或者它是一条狗。	$C \vee D$	
并且，但是，然而	·	合取
它是一条狗并且它咬人。	$D \cdot B$	
如果……那么……	⊃	蕴涵
如果它咬人，那么你要当心。	$B \supset W$	

具有"如果……那么……"形式的语句被称为**条件句**（conditional）或**假言句**（hypothetical）。在条件句中，紧跟在"如果"后面的分句称为**前件**（antecedent）；紧跟在"那么"后面的分句称为**后件**（consequent）。就是说，在 $P \supset Q$ 中，P 是前件，Q 是后件。在上面的例子中，"它咬人"是前件，"你要当心"是后件。

否定

还有一个重要的符号代表那些用来否定（denying 或 negating）一个断言的表达式。

日常语词	符号	名称
并非（或其他否定形式）	～	否定
并非这是一条狗。	$\sim D$	

在一个变元前放上否定符号～就得到了它的否定，相当于在一个句子前面加上"并非"。当被否定时，句子"猫喜欢奶油"变成了"并非猫喜欢奶油"。或者，更符合语言习惯的说法是，"猫不喜欢奶油"。在表示论证形式时，我们用一个变元的否定来表示一个否定句。（例如，用～ C 表示"猫不喜欢奶油"。）

需要注意的是，像"猫不喜欢奶油"这样的否定句又能被另加的前缀"并非”所否定。于是得到:“并非猫不喜欢奶油。”

类似地，我们可以通过再加一个～来构造否定陈述～ C 的否定，得到的双重否定（“并非猫不喜欢奶油”、～～ C）显得笨拙并且有时难以理解。在日常会话中，我们意识到，可以通过说“猫是喜欢奶油的”来否定猫不喜欢奶油。我们去掉了原来有的那个“不”，而不是再增加一个否定词，这种常识性的做法是完全符合要求的。但是，由于形式上的目的，在评估论证有效性时，有时候有必要保留双重否定的清晰形式。（C 与～～ C 的形式等值，这将在本章稍后的“等值形式”部分讨论。）

符号化的一个例子

下面这个句子初看起来是难以符号化的:

> 如果香烟广告导致青少年吸烟并且广告商对其目的撒谎，那么或者不应当允许香烟广告或者应当严格限制香烟广告。

实际上，如果我们每次只考虑句子的一个组成部分，这样就容易处理了。首先，找出整个复合句的主联结词——它将整个句子结合起来。这里的主联结词是“如果……那么……”，其中的前件是:

> 香烟广告导致青少年吸烟并且广告商对其目的撒谎。
>
> $C \cdot L$

后件是:

> 或者不应当允许香烟广告或者应当严格限制香烟广告。
>
> $\sim A \lor R$

一旦分析出前件和后件的形式，我们就知道整个条件句的形式一定是:

$$(C \cdot L) \supset (\sim A \vee R)$$

一般来说，如果采取一次处理一个部分的办法，那么复合句甚至长论证的符号化都几乎没有什么困难。

在结束这个例子之前，注意括号是如何用于将简单句组成一些单元从而防止歧义性的。如果没有括号，$2+5\times 3$ 就是有歧义的。同样地，像 $A \cdot B \supset C$ 也是有歧义的，它表示"如果 *A* 且 *B*，那么 *C*"还是"*A* 并且如果 *B*，那么 *C*"？用括号可以解决这个问题：$(A \cdot B) \supset C$ 是前一种读法，$A \cdot (B \supset C)$ 是后一种读法。（为了读起来直接，特别长的句子可能同时使用小括号、中括号和大括号。）

符号化复合句的提示：

1．找出其中简单的成分句，即那些不是由其他句子和联结词组成的句子。

2．找出主联结词。主联结词是将整个句子结合起来的那个联结词。

3．试着将主联结词所联结的成分作为单独的句子符号化。这又包括将步骤 1 和 2 应用于它们的组成部分。

想想如何将该程序应用于前面给出的例子。

习题

一、用句子变元和否定、析取（或）、合取（且）、蕴涵（如果……那么……）的符号表示以下每段话的形式，注意用否定的变元表示否定陈述（为了方便，建议用括号里给的字母作为变元符号）。

★1．如果四分卫队员身体健康且裁判公正，那么或者球队将赢得比赛或者教练将被解雇。（*Q*，*R*，*W*，*F*）

2．或者动物能感觉疼痛并且不能不经麻醉就用于手术实验，或者动物不能感觉疼痛。（*P*，*E*）

★3. 如果这本书很精彩，那么，如果广告做得好，那它能成为最畅销的书。

这本书的广告做得好，并且这本书很精彩。

这本书能成为最畅销的书。（*E*，*A*，*B*）

4. 或者博诺写了一首精彩的新歌，或者这首歌是给旧曲子配了新歌词。

这首歌不是给旧曲子配了新歌词。

博诺写了一首精彩的新歌。（*N*，*O*，*A*）

★5. 如果 *Matrix*（电影《黑客帝国》中的虚拟程序）的故事有意义并且当代科学比人们认为的更先进，那么我们可能是超级计算机控制的大脑。

我们不可能是超级计算机控制的大脑。

所以，或者 *Matrix* 的故事没有意义或者当代科学不比人们认为的更先进。（*M*，*C*，*B*）

八种有效的论证形式

下面给出的八种论证形式都是有效的。就是说，任一具有其中某种形式的推论都是有效的（不存在前提为真而结论为假的可能性）。正如前面已经说过的，熟悉这些形式具有重要的实践价值，因为这有助于我们在日常生活和专门科学中分析、评估论证并构造出有说服力的论证。

每一种论证形式我们都会给出两种表示。左侧我们用变元和普通联结词表示；右侧我们将其转化为最简明的形式，用变元和联结词符号表示。接着，我们会举一个具有这种论证形式的实例。另外，我们还会给出每一种论证形式的标准名称及其缩写。

肯定前件式（MP）

如果 P，那么 Q	$P \supset Q$
$\underline{P}$	$\underline{P}$
所以，Q	Q

人类学家和蜘蛛的例子（本章开头给出的）就是肯定前件式的例子。下面是另一个：

如果罗杰斯是健康的，那么帕克斯将会赢。
<u>罗杰斯是健康的。</u>
帕克斯将会赢。

注意以下四点有助于避免一些可能的混淆。首先，复合句与简单句一样能够出现在 P 和 Q 的位置上。比如，一个论证的完整表达形式为：

$(P \cdot Q) \supset (R \vee S)$
$\underline{P \cdot Q}$
$R \vee S$

这个论证也是肯定前件式的一个例子，因为有一个前提是条件句，还有一个前提断定了条件句的前件，而结论断定了条件句的后件。

其次，分句可能是否定句。下面的形式都是肯定前件式的例子：

$\sim P \supset \sim Q$	$\sim P \supset Q$	$P \supset \sim Q$
$\underline{\sim P}$	$\underline{\sim P}$	$\underline{P}$
$\sim Q$	Q	$\sim Q$

再次，前提的给出顺序没有影响。下面的形式也是肯定前件式：

P

$\underline{P \supset Q}$

Q

最后，下面这个形式却不是肯定前件式的一个例子：

$\sim(P \supset Q)$

$\underline{\sim P}$

Q

其中的第一个前提尽管也包含着一个“⊃”符号，却不是条件句。句子整体上属于什么类型（是条件句、合取句还是否定句，等等）是由它的主联结词决定的。这个例子中的主联结词是波浪号（～），因此这是一个否定句。

上述说明也适用于下面所有论证形式。

否定后件式（MT）

如果 P，那么 Q	$P \supset Q$
并非 Q	$\sim Q$
所以，并非 P	$\sim P$

如果帕特南是有罪的，那么她就是在撒谎。

她没有在撒谎。

帕特南不是有罪的。

假言三段论（HS）

如果 P，那么 Q	$P \supset Q$
如果 Q，那么 R	$Q \supset R$
所以，如果 P，那么 R	$P \supset R$

如果税收增加，那么通货膨胀率会下降。

如果通货膨胀率下降，那么多数人会生活得更好。

如果税收增加，那么多数人会生活得更好。

如果我们记住三段论是有三行（三个部分）的论证，并且上面这种论证形式全都是由假言命题（条件句）构成的，那么“假言三段论”这个高冷的名字就容易记住了。

如前面所说，增加额外的前提并不会将一个有效论证变成无效论证。这样的前提也不会改变存在一个有效形式这一事实。因此，下面这个论证由于是假言三段论因而是有效的，尽管第二个前提不起作用：

如果最近的人口普查数据是准确的，那么马尔萨斯是正确的。

如果马尔萨斯是错误的，就不会闹饥荒。

如果马尔萨斯是正确的，不久将发生世界性的饥荒。

如果最近的人口普查数据是准确的，不久将发生世界性的饥荒。

析取三段论（DS）

或者 P，或者 Q	$P \vee Q$
并非 P	$\sim P$
所以，Q	Q

或者马蒂斯是20世纪最伟大的艺术家，或者毕加索是20世纪最伟大的艺术家。

马蒂斯不是20世纪最伟大的艺术家。

毕加索是20世纪最伟大的艺术家。

这种论证形式之所以叫这个名字，是因为它是一个三行的论证，并且其大前提是一个析取句，即一个“或者……或者……”式的句子。

构成式二难（CD）

或者 P 或者 Q	$P \vee Q$
如果 P 那么 R，并且，如果 Q 那么 S	$(P \supset R) \cdot (Q \supset S)$
所以，或者 R 或者 S	$R \vee S$

占星术或者是科学或者是迷信。

如果占星术是科学，那么报纸不应当在连环画页面上印天宫图。如果占星术是迷信，那么天宫图就压根不应当出现在报纸上。

或者报纸不应当在连环画页面上印天宫图，或者天宫图就压根不应当出现在报纸上。

二难（dilemma）推理包含着一个备选项集。构成式二难推理运用一组选项和一个析取句推论出另一组选项。如果你用心观察，你会发现构成式二难推理是肯定前件式的一种扩展。

合成式（Conj）

P	P
Q	Q
所以，P 并且 Q	$P \cdot Q$

西红柿苗要死了。

西葫芦烂了。

西红柿苗要死了并且西葫芦烂了。

这种论证形式只是说明了这样一个显然的事实：将两个独立的句子结合起来构成一个合取句的过程是有效的。下面这个形式也同样是显而易见的。

分解式（Simp）

P 并且 Q	$P \cdot Q$
所以，P	P

我是病人，并且我是心怀恶意的人。

我是病人。

附加式（Add）

P	P
所以，P 或者 Q	$P \vee Q$

哈伯是马克斯的一个兄弟。

哈伯是马克斯的一个兄弟或者卡尔是马克斯的一个兄弟。

这种形式看起来很特别，但它是有效的。因为，如果 P 是真的，P 或者其他任何事情当然也会是真的。

两种无效的论证形式

以下这两种无效的论证形式容易与肯定前件式（其中条件句的前件被肯定）和否定后件式（其中条件句的后件被否定）混淆。

否定前件式——无效

$P \supset Q$

$\sim P$

$\sim Q$

如果哈里与陌生人共用针头，那么他有感染艾滋病毒的相当高的风险。

哈里没有与陌生人共用针头。

并非哈里有感染艾滋病毒的相当高的风险。

这个论证显然是无效的。（哈里没有与陌生人共用针头，但出于其他原因，比如他的性行为，他也会有感染艾滋病毒的相当高的风险。）所以，此例展示的论证形式是无效的。

肯定后件式——无效

$P \supset Q$

Q

P

如果皮特里是无神论者，那么她反对公立学校进行强制性的祈祷。

她的确反对公立学校进行强制性的祈祷。

皮特里是无神论者。

很清楚，这个论证显然也是无效的。（很多不是无神论者的人也反对公立学校进行强制性的祈祷。）

至少有部分原因是因为它们与肯定前件式和否定后件式很类似，人们常常错误地认为这两种无效论证的某些具体例子是有效的。这种形式的错误推理经常引起严重甚至危险的后果。（上面这个例子就是这样的。）这正是我们应当知道有效和无效的论证形式并能将它们区分开来的一个原因。

（否定前件式和肯定后件式常被称为形式谬误。我们将在第八章讨论谬误。）

习题

二、识别推理形式（肯定前件式、析取三段论、否定前件式等），指出其是否有效。

★1. $P \supset Q$

$\underline{P}$

Q

2. $P \supset Q$

$\underline{\sim Q}$

$\sim P$

★3. $P \supset \sim Q$

$\underline{\sim P}$

Q

4. $\sim P \supset \sim Q$

$\underline{\sim P}$

$\sim Q$

★5. $P \supset Q$

$\underline{Q}$

P

6. $\sim P \supset \sim Q$

$\underline{\sim\sim Q}$

P

★7. $(P \cdot Q) \supset R$

$\underline{\sim R}$

$\sim (P \cdot Q)$

8. $P \supset \sim Q$

$\underline{\sim Q}$

P

★9. $(P \cdot Q) \supset R$

$\underline{P \cdot Q}$

R

10. $\sim P \supset Q$

$\underline{P}$

$\sim Q$

★11. $(P \cdot Q) \supset R$

$\underline{R}$

$P \cdot Q$

12. $(P \cdot Q) \supset R$

$\underline{\sim (P \cdot Q)}$

$\sim R$

★13. $P \supset Q$

$\underline{Q \supset R}$

$P \supset R$

14. $\sim P \vee \sim Q$

$\underline{P}$

$\sim Q$

★15. $P \supset (R \vee S)$

$\underline{P}$

$R \vee S$

16. $\sim Q \supset R$

$\underline{P \supset \sim Q}$

$P \supset R$

★17. $R \supset \sim (P \cdot Q)$

$\underline{\sim (P \cdot Q) \supset S}$

$R \supset S$

18. $(P \cdot Q) \vee (R \vee S)$

$\underline{\sim (R \vee S)}$

$P \cdot Q$

★19. $\underline{P}$

$P \vee Q$

20. $P \vee Q$

$\underline{(P \supset R) \cdot (Q \supset S)}$

$R \vee S$

★21. P

$\underline{\sim Q}$

$P \cdot \sim Q$

22. $\underline{\sim (P \cdot Q)}$

$\sim P$

★23. $\sim P \vee \sim Q$

$\underline{(\sim Q \supset R) \cdot (\sim P \supset \sim S)}$

$R \vee \sim S$

24. $(P \cdot Q) \supset (R \vee S)$

$\underline{\sim (R \vee S)}$

$\sim (P \cdot Q)$

★25. $(P \cdot Q) \supset (R \vee S)$

$\underline{(R \vee S)}$

$(P \cdot Q)$

三、运用句子变元和联结词符号写出下列论证形式，并识别推理形式（肯定前件式、析取三段论、否定前件式等），指出其是否有效。

★1. 如果鲨鱼不是鱼，那么它们没有鳃。

鲨鱼有鳃。

鲨鱼不是鱼。（F，G）

2. 如果塞雷娜·威廉姆斯保持她现在的状态，那么她在未来的职业生涯至少能赢得一半大满贯网球赛冠军。

如果她能赢得一半大满贯网球赛冠军，那么她将成为最成功的网球运动员。

如果塞雷娜·威廉姆斯保持她现在的状态，那么她将成为最成功的网球运动员。（S，G，T）

★3. 我是一个病人。

我是一个病人或者是一个心怀恶意的人。（S，P）

4. 如果霍伊尔关于宇宙为什么在扩张的理论是正确的，那么宇宙就没有时间起点。

霍伊尔的理论被证明不是正确的。

宇宙有时间起点。（H，B）

★5. 或者阿特米西亚·简提列斯基的才能被夸大了，或者她应当算是一个伟大的艺术家。

阿特米西亚·简提列斯基的才能没被夸大。

她应当算是一个伟大的艺术家。（G，C）

6. 米克斯或者如他所说杀了很多人，或者完全陷于幻觉。

如果米克斯如他所说杀了很多人，那他就应当被关进位于雷福德的州立监狱。如果他完全陷于幻觉，那他就应当被关进位于麦克伦尼的州立医院。

米克斯或者应当被关进位于雷福德的州立监狱，或者应当被关进位于麦克伦尼的州立医院。（K，O，R，M）

★7. 如果亚里士多德的哲学思想比维特根斯坦还深刻，那么哲学就没有进步。

亚里士多德的哲学思想比维特根斯坦还深刻。

哲学没有进步。（A，P）

8. 天空多云。

天气很冷。

天空多云且天气很冷。（C，V）

★9. 美国缅因州资深参议员或者是奥林匹娅·斯诺或者是奥林匹

娅·杜卡基斯。

美国缅因州资深参议员不是奥林匹娅·杜卡基斯。

美国缅因州资深参议员是奥林匹娅·斯诺。(S,D)

10. 如果死刑能阻止谋杀,那么当废除死刑后谋杀率会上升。

废除死刑后谋杀率没有上升。

死刑不能阻止谋杀。(D,I)

运用基本形式证明其他论证的有效性

可能我们很快就发现,很多似乎有效的论证并不属于上述八种形式中的某一种。但是,我们可以运用这些基本形式来证明其他论证的有效性。

下面这个论证是由两个推论组成的,每个推论都是有效论证形式的一个实例。我们识别出了例子中的所有断言并为它们编上了序号,在每个断言之后,我们在方括号里给出了它的句子形式。(注意,不同的句子要用不同的变元来表示,句子的重复出现要用相同的变元来表示,任意句子的否定用一个否定的变元来表示。)

(1)如果终身监禁对于防止谋杀就像死刑一样有效,那么死刑是不必要的。[$E \supset \sim N$](2)如果死刑是不必要的,那么应当彻底废除死刑。[$\sim N \supset A$] 所以(3)如果终身监禁对于防止谋杀就像死刑一样有效,那么应当彻底废除死刑。[$E \supset A$] 所有证据都表明(4)终身监禁对于防止谋杀就像死刑一样有效。[E] 因此,(5)应当彻底废除死刑。[A]

为了证明这个论证是有效的,我们将句子形式写成标准形式。(我们仍旧给出两种版本,一种不使用联结词符号,一种使用联结词符号。)

1. 如果 E,那么并非 N	1. $E \supset \sim N$

2. 如果并非 N，那么 A		2. $\sim N \supset A$	
3. 如果 E，那么 A	1,2 HS	3. $E \supset A$	1,2 HS
4. E		4. E	
5. A	3,4 MP	5. A	3,4 MP

这个论证是一个复杂论证，其中，断言 3 是中间结论。正如第二章讲过的，在每一个结论的右侧，我们写明它是从哪些（哪个）行得出来的。我们也给出每一个有效推理的证成（justification），即给出已知有效的推理形式的名称。现在，可以自然地把有效形式——肯定前件式等——理解为**推论规则**（inference rule），即能够有效地从一个步骤移动到下一个步骤的规则。一旦证成了论证中的每一步推论，就等于**证明**（demonstrate）了整个论证是有效的。

在上述论证中，每一个推理基于什么前提都明确地显示出来了。但情况经常并非如此。考虑下面这个针对提高大学分数做出反应的论证：

> （1）或者是学生比以前学得多了，或者是教授的打分标准更松了。[$S \vee P$] 但是（2）如果学生确实比以前学得多了，那么他们在标准测试中的分数会比以前高。[$S \rightarrow H$] 不幸的事实是（3）学生在标准测试中的分数不比以前高。[$\sim H$] 结论只能是，（4）教授的打分标准更松了。[P]

这个论证的形式为：

1. 或者 S 或者 P		1. $S \vee P$	
2. 如果 S，那么 H		2. $S \supset H$	
3. 并非 H		3. $\sim H$	
4. P	1,2,3 ?	4. P	1,2,3 ?

照表面形式看，这是一个简单论证，其前提是 1，2，3，结论是 4。但这个论证不符合已列出的任何一种论证模式。如果我们足够仔细，就能从前提

1，2，3 推演出 4，即可以设计出从前提导出结论的一串有效推论。如果结论是基于有效推论从前提得出来的，论证就是有效的，不论论证开始的推论是否明确。

下面是关于学生分数论证的完整演绎过程。（由于在结论前面有了更多的行，结论 P 的序号也就不一样了。）

1．或者 S 或者 P		1．$S \vee P$	
2．如果 S，那么 H		2．$S \supset H$	
3．并非 H		3．$\sim H$	
4．并非 S	2,3 MT	4．$\sim S$	2,3 MT
5．P	1,4 DS	5．P	1,4 DS

我们如何能知道运用哪个推论能得出我们想要的结论？如果其前提不清楚——当论证特别长或特别复杂时就会如此——最佳策略是试试某种方法，看看能否行得通。在上述关于学生分数的论证中，从 2 和 3 出发可用的唯一有效的论证是否定后件式，所以我们就尝试一下，接着导向结论的有效步骤就清楚了。（找不到一个有效的演绎并不一定意味着不存在有效的演绎，有可能只是我们没能发现它。）

习题

四、运用句子变元和联结词符号将下列论证转换成标准形式。要求在每个结论的右侧注明它是从哪些行推出来的并说明证成依据（可以参照关于死刑的那个例子的表达形式完成练习）。

★1.（1）如果哈维没有赢得槌球锦标赛，那么或者是他的球棍断了，或者是玛丽一直在上课。（2）哈维没有赢得比赛。所以，（3）或者是哈维的球棍断了，或者是玛丽一直在上课。但是，（4）玛丽没有一直在上课。所以，（5）是哈维的球棍断了。（H，B，L）

2. (1) 如果私人企业愿意也有能力在烟囱里安装洗涤塔，有害气体的排放就不会是一个问题。(2) 如果不存在有害气体的排放问题，就不会对环境造成持续的破坏。所以，(3) 如果私人企业愿意也有能力在烟囱里安装洗涤塔，就不会对环境造成持续的破坏。但是，很显然 (4) 存在对环境的持续破坏。(5) 是私人企业不愿意和没有能力在烟囱里安装洗涤塔。(6) 如果直到现在私人企业还不愿意和没有能力在烟囱里安装洗涤塔，那么它不会在未来的污染控制方面做出改变。所以，(7) 私人企业不会在未来的污染控制方面做出改变。实际上只存在两种可能性：(8) 或者私人企业在未来的污染控制方面做出改变，或者政府将对工业环保问题加以严格管理。所以我们知道，(9) 政府将对工业环保问题加以严格管理。(*P*，*E*，*D*，*C*，*G*)

五、运用句子变元和联结词符号写出结论是如何从前提经过一系列推论得出来的。要求在每个结论的右侧注明它是从哪些行推出来的并说明证成依据（可以参照前面例子的表达形式完成练习）。

对于第 3、5、6、13 题，找出两种得出结论的方式，我们将从前面已经符号化的两个论证开始。

★1. 如果这本书很精彩，那么，如果广告做得好，那它能成为最畅销的书。

这本书的广告做得好，并且这本书很精彩。

这本书能成为最畅销的书。(*E*，*A*，*B*)

2. 如果 *Matrix* 的故事有意义，那么当代科学比我们认为的更先进。

如果当代科学比我们认为的更先进，那么我们可能是超级计算机控制的大脑。

我们不可能是超级计算机控制的大脑。

所以，*Matrix* 的故事没有意义。(*M*，*C*，*B*)

★3. 如果学习逻辑能提高推理能力，那么学习逻辑有助于你准备标准测试。

如果学习逻辑有助于你准备标准测试，那么你在参加 LSAT 考试之前应当学习逻辑。

学习逻辑能提高推理能力。

你在参加 LSAT 考试之前应当学习逻辑。（*S*，*P*，*L*）

4. 如果我的草不长，那么或者是土壤酸性太大或者是我用错了化肥。

测试说明土壤酸性不大，但是草不长。

我用错了化肥。（*G*，*S*，*F*）

★5. 如果杀人总是错的，那么战争就总是错的。

如果战争总是错的，那么我们就应当允许希特勒统治世界。

我们不应当允许希特勒统治世界。

杀人并不总是错的。（*K*，*W*，*H*）

6. 或者人是由于某种特殊目的而被降临世间，或者生命没有意义。

如果人是由于某种特殊目的而被降临世间，那么我们会知道这个目的是什么。

如果生命没有意义，那么多数人会生活得很绝望。

我们不知道生命的目的是什么。

多数人会生活得很绝望。（*P*，*M*，*K*，*D*）

★7. 或者很快将有一种预防艾滋病的疫苗，或者有必要进行大规模安全性行为的教育运动。如果医疗机构是正确的，在不久的将来不会有预防艾滋病的疫苗。不幸的是，当前很少人怀疑医生是正确的。但是，如果要求大规模的教育运动，由于所需的花费，前景是不明朗的。那么，前景是完全不明朗的。（*V*，*E*，*M*，*P*）

8. $\sim P \supset \sim Q$
$\sim\sim Q$
$P \supset S$
———
S

★9. $P \supset Q$
$P \vee R$
S
$S \supset \sim Q$
———
R

10. $P \supset Q$
$R \vee \sim Q$
$\sim R$
———
$\sim P$

11. $P \supset (Q \vee R)$
$\sim Q \cdot P$
———
R

12. $P \supset \sim Q$
$P \vee S$
$\sim Q \supset R$
$S \supset T$
———
$R \vee T$

13. Q
$Q \supset \sim R$
P
$\sim R \supset S$
———
$P \cdot S$

条件句

由于有几种有效论证形式涉及条件句的使用，而条件句有多种不同的表达方式，当条件句以其中某种方式陈述出来，我们应当能够识别并处理它们。显然，

"Q，如果 P"可符号化为　$P \supset Q$

更让人意外的是，在"仅当"这种说法中，"当"字后面紧跟着的是条件句的后件。

"P 仅当 Q"可符号化为　$P \supset Q$

例如：

仅当汤姆是动物，汤姆才是猫。

在上例中，“汤姆是动物”是后件，这个句子的意思与“如果汤姆是猫，那么汤姆是动物”相同。两者的等值是说得通的，因为，“如果汤姆是猫，那么汤姆是动物”的意思是“是动物”是“是猫”所要求的，那么仅当汤姆是动物，汤姆才是猫。而且，如果汤姆是猫，那它一定是动物。

处理包含“仅当”的句子时容易感到困惑。为了避免困惑，要记住：

“P 仅当 Q”可符号化为　$P \supset Q$

日常语言还有其他表达条件句的方式。例如：

“要是 Q 那么 P”可符号化为　$Q \supset P$

要是她辩论得好，那她将赢得选举。

意思是：

如果她辩论得好，那么她将赢得选举。

同样，

“P 除非 Q”可符号化为　$\sim Q \supset P$

草将会枯死，除非下雨。

意思是：

如果不下雨，那么草将会枯死。

六种等值形式

之前我们注意到，论证中很少有必须使用像“并非猫不喜欢奶油”这样拗口的句子的，因为更简明的“猫喜欢奶油”表示相同的断言。现在，我们把这个想法说成“这些句子是等值的（equivalent）”，因为除非一个句子为真，否则另一个句子不可能为真。即

$C \supset \sim\sim C$ 并且 $\sim\sim C \supset C$

如果我们认为蕴涵在两个方向上都成立，就可以把等值关系更简洁地表示为

$C :: \sim\sim C$

如果两个形式是等值的，我们就能从其中一个推出另一个。所以，知道等值形式能提供另外一些可供我们使用的有效推理，并能增强我们评估和构造论证的能力。就像肯定前件式及前面讨论过的其他有效形式，等值式可以被理解成推理规则，因为它们能证成有效的论证步骤。下面列出了六个等值形式。（现在读者应该对符号足够熟悉了，因此，下面不再出现日常语言的联结词和否定词。）

双重否定律（DN）

$P :: \sim\sim P$

这不过是把前面讨论的等值关系明确表示出来了。

交换律（Com）

$(P \cdot Q) :: (Q \cdot P)$

主任是一个重罪犯，并且是一个道德堕落的人。

等值于

主任是一个道德堕落的人，并且是一个重罪犯。

同样，$(P \vee Q) :: (Q \vee P)$

或者4月是最难过的月份或者12月是最难过的月份。

等值于

或者12月是最难过的月份或者4月是最难过的月份。

假言易位律（Trans）

$(P \supset Q) :: (\sim Q \supset \sim P)$

如果《圣经》关于创世的描述是正确的，那么科学的描述就是错误的。

等值于

如果关于创世的科学描述不是错误的，那么《圣经》关于创世的描述就是不正确的。

假言易位律和否定后件式都包含一个条件句和对其后件的否定。为避免混淆，请记住，在否定后件式中，我们推出了其前件的否定。在假言易位律中，我们交换了条件句的两个分句的位置，最终得出了另一个条件句。

蕴涵的定义（Impl）

$(P \supset Q) :: (\sim P \vee Q)$

或者是法官的量刑太过宽大或者是假释委员会的做法不负责任。

等值于

如果不是法官的量刑太过宽大，那就是假释委员会的做法不负责任。

为了明白这两个形式是等值的，把（$P \vee Q$）理解为“或者 P 是真的或者 Q 是真的”。这样，如果 P 不是真的则 Q 是真的，而这正是（$\sim P \supset Q$）的意思。

移出律（Exp）

$[(P \cdot Q) \supset R] :: [P \supset (Q \supset R)]$

如果轮胎瘪了并且备胎丢了，那你就只能走着去。

等值于

如果轮胎瘪了，那么，如果备胎丢了，你就只能走着去。

将某件东西移出就是将它放到外面去。这条规则告诉我们，如果一个合取句出现在条件句的前件上，就可以把合取句的一个分句放到外面去。

德·摩根律（DM）

有两条德·摩根律，第一条是：

$\sim(P \cdot Q) :: (\sim P \vee \sim Q)$

不可能达韦尔既为CIA工作又被FBI雇用。

等值于

或者达韦尔不为CIA工作或者他不为FBI工作。

这种形式不像初看起来那么神秘。它的意思是说，并非P和Q都为真，等值于或者P不为真或者Q不为真。第二条德·摩根律等值式是：

$\sim(P \vee Q) :: (\sim P \cdot \sim Q)$

并非或者法庭将为埃利斯指定一个胜任的律师或者他能为自己辩护。

等值于

法庭不会为埃利斯指定一个胜任的律师并且他不能为自己辩护。

这种形式是说，并非或者P为真或者Q为真（两者都不为真）等值于P和Q都是假的。

有一种简单的办法可以防止搞错德·摩根律——将其理解为对包括分句和联结词在内的每一个成分都做出改变！例如，从$\sim(P \vee \sim Q)$出发，先去掉括号外面的否定号得到$(P \vee \sim Q)$，改变两个分句前的符号，得到$(\sim P \vee Q)$，再把析取变成合取，得到$(\sim P \cdot Q)$。这样，就可以看到$\sim(P \vee \sim Q)$等值于$(\sim P \cdot Q)$。

按照这样简单的步骤，最后就能得到一个合取句或析取句的德·摩根律等值形式。

习题

六、找出表达条件句的各种方式。

1. 下列哪些句子是表示条件句“如果她说的是真话，那么她是无辜的”的意思？

（1）她是无辜的，假如她说的是真话。

（2）如果她是无辜的，那么她说的是真话。

（3）她是无辜的仅当她说的是真话。

（4）她说的是真话仅当她是无辜的。

（5）只有她是无辜的，她说的才是真话。

★2. 下列哪些句子是表示条件句“如果绳子绑得结实，那么逃跑是不可能的”的意思？

（1）绳子绑得结实，并且逃跑是不可能的。

（2）只要绳子绑得结实，逃跑就是不可能的。

（3）除非逃跑是不可能的，绳子才算绑得结实。

（4）逃跑是不可能的，除非绳子绑得不够结实。

（5）只要逃跑是不可能的，那就是绳子绑得结实。

七、运用句子变元和联结词符号写出下列句子的形式，识别推论形式（肯定前件式、假言易位律、蕴涵的定义等）并说明其是否有效。

1. 只有当以色列和巴勒斯坦认为和平符合他们自己的利益，中东才会有和平。仅当他们坐下来彼此对话，他们才能达成这一共识。所以，仅当以色列和巴勒斯坦坐下来彼此对话，中东才会有和平。（P，T，C）

★2. 如果地震不严重，生活将保持正常。

如果生活不能保持正常，那么地震是严重的。（*E*，*L*）

3. 如果为了理解艺术作品必须要先知道艺术家在想什么，那艺术作品的意义是不可知的。所以，如果艺术作品的意义是可知的，那么，为了理解艺术作品不必先知道艺术家在想什么。（*T*，*K*）

★4. 死刑将被取消且谋杀犯罪率将会下降，这不是真的。所以，或者死刑不会被取消或者谋杀犯罪率不会下降。（*A*，*D*）

5. 如果你没有现金，那么，若是信用卡过期，你就要露宿街头。

如果你没有现金并且信用卡过期，那么你就要露宿街头。（*C*，*E*，*S*）

★6. 不改进就出局。

或者改进或者出局。（*S*，*O*）

7. 华生：我告诉他们那或者是个吸血鬼或者是个狼人，但他们对此予以否认。

福尔摩斯：他们否认那或者是个吸血鬼或者是个狼人？有意思。所以他们认为那既不是吸血鬼也不是狼人。（*V*，*W*）

★8. 如果克拉拉要努力提高她作为作曲家的才能，就不能全心照料丈夫。

克拉拉并非没有全心照料丈夫。

克拉拉没有努力提高她作为作曲家的才能。（*C*，*H*）

9. 她在赌场上用的或者是1000美元的纸币或者是高仿的假钞。所以，如果她用的不是1000美元的纸币，那就是高仿的假钞。（*B*，*I*）

★10. 很多人眼见世上的种种苦难，得出结论说，或者上帝不够好，或者上帝不够强。所以，他们认为并非上帝足够好且足够强。（*G*，*P*）

推理与等值规则的运用

最后，考虑下面这个论证：

（1）如果女性比男性报酬低，并且不是出于性别歧视的原因，那一定是由于女性不如男性工作做得好。[（$L\cdot\sim S$）$\supset\sim G$]（2）女性比男性报酬低，但是说女性不如男性的工作做得好完全不符合事实。[（$L\cdot\sim\sim G$）] 所以，（3）在工作中显然存在性别歧视。[S][1]

该论证为：

1.（$L\cdot\sim S$）$\supset\sim G$

2. $L\cdot\sim\sim G$

3. S

我们看结论能否从前提推演出来：

首先，我们看出可以进行一步否定后件式推理。我们将尝试着这样推理，看是否可行。（如果这样做行不通，至多不过是浪费了一点时间。）

1.（$L\cdot\sim S$）$\supset\sim G$

2. $L\cdot\sim\sim G$

3. $\sim\sim G$　　　　2 Simp

4. $\sim$（$L\cdot\sim S$）　　　　1,3 MT

接下来该怎么做？由于第 4 行中的第一个否定符是对括号里所有内容作为一个整体的否定，那么，只要 L 和 $\sim S$ 出现在括号中，就无法将它们作为单

[1] L 代表"女性比男性报酬低"，S 代表"出于性别歧视的原因"，$\sim G$ 代表"女性不如男性工作做得好"。——译者注

独的变元加以处理。因此，将第 4 行变成能分别处理的个别变元的形式可能是行得通的做法。幸运的是，现在恰好有实现这种改变的办法。

5. $\sim L \vee S$	4 DM

由于 L 是前提 2 的一部分，再进行一个分离步骤就得到了 L，而 L 与 5 结合起来就推出了我们想要的结论。因此，整个推理过程如下：

1. $(L \cdot \sim S) \supset \sim G$	
2. $L \cdot \sim\sim G$	
3. $\sim\sim G$	2 Simp
4. $\sim(L \cdot \sim S)$	1,3 MT
5. $\sim L \vee S$	4 DM
6. L	2 Simp
7. S	5,6 DS

如前所述，能够构造和识别有效论证是一种技能，发展这种技能则需要练习。磨炼这种技能并将其运用于日常世界也需要某种思维倾向及坚持以细致和批判性的眼光看待论证的习惯。这方面的训练越多，我们就越有能力构造自己的有效论证，有能力识别他人的论证是否有效，免受那些似是而非的论证的误导。

快速索引

有效论证形式

肯定前件式（MP）	否定后件式（MT）
$P \supset Q$	$P \supset Q$
$\underline{P}$	$\underline{\sim Q}$
Q	$\sim P$

假言三段论（HS）

$P \supset Q$

$\underline{Q \supset R}$

$P \supset R$

析取三段论（DS）

$P \vee Q$

$\underline{\sim P}$

Q

构成式二难（CD）

$P \vee Q$

$\underline{(P \supset R) \cdot (Q \supset S)}$

$R \vee S$

合成式（Conj）

P

$\underline{Q}$

$P \cdot Q$

分解式（Simp）

$\underline{P \cdot Q}$

P

附加式（Add）

$\underline{P}$

$P \vee Q$

无效论证形式

否定前件式

$P \supset Q$

$\underline{\sim P}$

$\sim Q$

肯定后件式

$P \supset Q$

$\underline{Q}$

P

等值式

双重否定律（DN）

$P :: \sim\sim P$

交换律（Com）

$(P \cdot Q) :: (Q \cdot P)$

$(P \vee Q) :: (Q \vee P)$

假言易位律（Trans）

$(P \supset Q) :: (\sim Q \supset \sim P)$

蕴涵的定义（Impl）

$(P \supset Q) :: (\sim P \vee Q)$

移出律（Exp）

$[(P \cdot Q) \supset R] :: [P \supset (Q \supset R)]$

德·摩根律（DM）

$\sim (P \cdot Q) :: (\sim P \vee \sim Q)$

$\sim (P \vee Q) :: (\sim P \cdot \sim Q)$

习题

八、运用句子变元和联结词符号写出结论是如何从前提经过一系列推论得出来的。要求在每个结论的右侧注明它是从哪些行推出来的并说明证成依据。

对于第 5、6、7 题，请给出两种不同的推论过程。

★1. 仅当艾滋病专门小组包含同性恋协会领导人，艾滋病专门小组的构成才被认为是平衡的。只有给官员施加压力，艾滋病专门小组才会接纳同性恋协会领导人。所以，只有给官员施加压力，艾滋病专门小组的构成才能被认为是平衡的。因为没有人有能力给官员施压，艾滋病专门小组的构成不可能被认为是平衡的。显然，如果艾滋病专门小组的构成不被认为是平衡的，那么艾滋病恐慌将继续增加。所以，令人悲哀的是，艾滋病恐慌将继续增加。（B，L，P，I）

2. 如果乔杜里进入公司管理最高层，那么将会是通过毁掉某些职业或者改变董事会的态度。她不会通过毁掉某些职业进入公司管理最高层，董事会的态度不会改变。所以，乔杜里不会进入公司管理最高层。（C，R，B）

★3. 如果今天是星期五，那么，如果今天是 13 号，今天就不是幸运日。

实际上，今天是幸运日。

或者今天不是星期五或者今天不是 13 号。（F，T，L）

4. 如果教师罢工并非既损害他们在地方钢铁工人联合会的形象又让他们失去社区白领的支持，那么教师就会罢工。但是，或者教师罢工不会损害他们在地方钢铁工人联合会的形象，或者不会让他们失去社区白领的支持。所以，教师将会罢工。（H，L，S）

★5. 如果李成功登上珠穆朗玛峰，那么，除非有对此事件的宣传，否则她支付不起费用。她成功登上珠穆朗玛峰，但是没有对此

事件的宣传。所以，李支付不起费用。（L，B，P）

6. 如果检察官提出的证据很充分，陪审团也做了应有的考量，那么被告人就会被认为犯了谋杀罪。检察官提出了充分的证据，但被告人被认为无罪。所以，陪审团没做应有的考量。（P，J，D）

★7. 如果州长打算在反对学校教授进化论时扮成猴子，那么，如果立法委员会听信他，他们就都是十足的傻瓜。州长确实打算扮成猴子，但很多立法委员一点都不傻。所以，立法委员不会听信他。（G，L，F）

8. 如果我们只应当追求善，而快乐是唯一的善，那么我们就只应当追求快乐。但是显然只应当追求快乐不是真的。所以，如果我们只应当追求善，那么快乐就不是唯一的善。（G，H，S）

★9. $(\sim P \vee Q) \supset \sim (R \cdot \sim S)$

R

$\sim P$

S

10. $\sim (P \cdot Q) \supset (\sim R \supset S)$

$\sim P \vee \sim Q$

$\sim S$

R

★11. $Q \vee (R \cdot S)$

$\sim Q$

$S \supset (T \vee U)$

$\sim T \supset U$

12. $\sim (P \cdot Q) \supset \sim R$

$\sim S$

$\sim R \supset S$

$Q \vee T$

★13. $\sim (\sim P \cdot \sim Q) \supset R$

P

R

演绎证明的三种策略

为了证明一个结论，常常需要将一系列简单论证形式的运用与某些复杂的推理策略结合起来。下面介绍三种常用的证明策略。

条件证明（CP）

如果要证明的结论是一个条件句（即，具有 $P \supset Q$ 的逻辑形式），我们从假定条件句的前件出发进行推理，通过运用简单的有效论证模式和等值模式尝试得出条件句的后件。考虑下面这个论证：

> 如果现任总统医保改革的努力不成功，那么任何医保改革都将不可能成功。这是因为，为使医保改革能通得过激烈的反对，总统必须有很好的道德声望。如果曾经有哪位总统具有这样的道德声望，那么他或者是上一位民主党总统，或者是现任总统。但上一位民主党总统不具有使医保改革通过的道德声望。所以，或者是当前的医保改革成功，或者没有医保改革能成功。

这一段文字的第一句话陈述了论证的结论，最后一句又做了简单总结。这个结论是一个条件句，其前件和后件都是否定句，可以符号化为：

$\sim P \supset \sim E$

该论证的前提可以符号化为如下形式：

$E \supset M$

$M \supset (L \vee C)$

$\sim L$

该论证还有一个隐含的前提（可能是由于太明显而不必明确陈述出来）：如果现任总统无法使改革通过，那么他不具有使医保改革通过的道德声望：

$\sim P \supset \sim C$

我们现在就运用条件证明策略。出于论证的考虑，假设现任总统医保改革的努力不成功：

$\sim P$

根据肯定前件式，我们可以推出$\sim C$。根据合成式，可以推出（$\sim L \cdot \sim C$），又据德·摩根律得出$\sim$（$L \vee C$）。对这个公式和第二个前提使用否定后件式，得出$\sim M$，再对它和第一个前提使用MT，得到$\sim E$。从已知的前提出发再假设$\sim P$，我们就能得出$\sim E$。这说明，在给定的前提下，如果$\sim P$为真，则$\sim E$也为真（即$\sim P \supset \sim E$）。下面是用形式方法写出的演绎过程，其中"CP"是条件证明的缩写，"ACP"是条件证明假设的缩写。

1. $E \supset M$	
2. $M \supset (L \vee C)$	
3. $\sim L$	
4. $\sim P \supset \sim C$	
5. $\sim P$	ACP（CP的假设）
6. $\sim C$	4,5 MP
7. $\sim L \cdot \sim C$	3,6 Conj
8. $\sim (L \vee C)$	7 DM
9. $\sim M$	2,8 MT
10. $\sim E$	1,9 MT
11. $\sim P \supset \sim E$	5–10 CP

需要注意的是，条件证明策略（CP）要求从$\sim P$演绎出$\sim E$，所以对论证的注释相当于从步骤5到步骤10的完整演绎证成了结论。

间接证明

"*Reductio ad absurdum*"是拉丁语，意思是"归谬"。它是证明某个断言为假的一种常用证明策略的古老名称。如果我们能证明一个断言的假设导出一个荒谬的结论，该假设就被驳斥了。用更为现代的说法，这一策略称为**间接证明**（indirect proof，简称IP，又称归谬法）。

间接证明的一个著名的例子是对“2的平方根不是一个有理数”的证明：

假设2的平方根是一个有理数：那么存在整数 n 和 m 使得 n/m 是2的平方根的最简分数表达式；如果是这样，则 $n^2/m^2=2$，在这种情况下，n^2 是一个偶数，于是 n 也是一个偶数。如果 n 是一个偶数，则存在整数 p 使得 $n=2p$；这样，$4p^2/m^2=2$ 且 $m^2=2p^2$。因此，m 是一个偶数。但如果 m 和 n 都是偶数，则 n/m 不是最简分数，这与前面由假设得出的结果矛盾。由于假设导出了矛盾的命题，因此我们能确信该假设为假。

在这个例子中，我们做出了一个假设并从该假设推导出一个荒谬的结论。从逻辑角度看，一个荒谬的结论是一对矛盾的命题。说它们互相矛盾即是说它们不可能同时为真。这样，我们从假设导出了一个假命题，这就表明假设本身必然是假的。

分情况证明（PC）

如果论证的一个前提是析取句，证明该论证有效的标准程序是从每一个析取支推导出论证的结论。下面是从前面的一个练习题改编的例子：

田纳西队获得的判罚或者是因阻挡踢球者而推进15码，或者是因冲撞踢球者而推进5码。由于他们只需要4码就能完成第一次进攻，不论哪种情况，他们都将获得新一轮的进攻。

我们很容易可以看出，从这两种情形都能独立地得出结论。首先假设15码的罚球，这样，田纳西队就比完成第一次进攻所需要的4码多了11码。如果是5码的罚球，球队就比所需要的4码多了1码。所以，不论哪种情况，结论都成立。

构成式二难规则（CD）似乎完美地说明了这个例子，但是分情况证明超出了CD的简单运用。考虑下面这个例子：

或者凯利将入选球队而劳伦不能入选，或者劳伦将入选球队而凯利不能入选。所以，凯利和劳伦将不会都入选球队。

首先将前提符号化：

$$(C \cdot \sim L) \vee (L \cdot \sim C)$$

再将结论符号化：

$$\sim (C \cdot L)$$

为了构造一个证明结论的演绎过程，我们首先假设前提的第一个析取支并推导出结论，然后假设前提的第二个析取支并推导出结论。不论哪种情况，结论都可以得出来，所以结论可以从两者的析取得出来。

演绎证明策略小结

条件证明（CP）：假设所要证明的条件句的前件，并推导出后件。

间接证明（IP）：假设所要证明的断言的相反命题，然后从假设推导出一个矛盾（或荒谬的结论）。

分情况证明（PC）：针对给定的析取句，通过逐一假设每一个析取支并分别在每个假设之下推导出结论，由此推导出结论。

本节我们简要说明了如何将这些策略融入到形式推导中去。在形式逻辑中，这个程序将被表达得更为规整、严格。但本书的目的不在于给出包含 CP、IP、PC 或其形式规则的演绎逻辑的详细内容。我们希望这个简短的介绍足以使学生在进行演绎推理时喜欢上这些证明策略的运用。

第五章

更多有效的论证形式：直言推理与文恩图

➢➢

在前一章，我们看到了一些由于其句子形式——即由于整体句子之间的形式关系——而有效的论证，例如肯定前件式：

如果 P，那么 Q

P

Q

该论证有效，是由于 P 和 Q 代表的完整句子在前提和结论中出现的方式。现在我们来说明论证能够基于出现在论证的句子中的词项之间的关系而有效。

> 历史上第一个系统地研究推理形式方法的人是亚里士多德（前 384—前 322）。亚里士多德基于本章将要考查的那些原则建立了一个完全的逻辑系统，这个系统有时称为范畴逻辑或直言三段论。这两个名称背后的原因将随着下面讨论的展开而变得明显。

直言陈述

很多种日常的陈述都将事物区分为范畴（categories）或类（classes）。“所有的鳟鱼都是鱼”是说包含在鳟鱼这个范畴（类）里的每一个对象也都包含在鱼这个范畴（类）中。“有些数是偶数”是说“数”这个范畴的某些成员也是“偶数”这个范畴的成员。“莫比·迪克是一头鲸”是说这个个体是鲸类里的一个成员。我们熟知的其他一些种类的陈述将把事物从类或范畴中排除出去。“所有狗都不是爬行动物”将狗类的每一个成员从爬行动物的类中排除出去。这样的**直言陈述**（categorical statement）出现在某些推理模式中，我们能够确定地证明这些推理模式是有效的还是无效的。（我们经常用形容词作为某类事物的缩略表达：“所有狗都是可爱的”，意思是“所有狗都是可爱的动物”。）

证明直言推理有效或无效最简单而且可能也是最常识化的方法，就是通过画一些彼此交叉的圆圈来构造**文恩图**（Venn diagram）。

> 约翰·文恩（1834—1923）是一位杰出的英国教会牧师和神学家。在阅读了德·摩根（参看第四章）、密尔（参看第六章）等逻辑学家的著作后，他的主要兴趣从神学转向了逻辑学。他创造性地设计了评估推理有效性的图示方法，这种方法就以他的名字命名为文恩图。
>
> 尽管还可以运用其他方法，文恩图至今仍然是评估直言三段论有效性的标准方法。

首先考虑只涉及一个陈述“所有鳟鱼都是鱼”的图。我们要用一个圆圈代表鳟鱼的类，用另一个圆圈代表鱼的类。

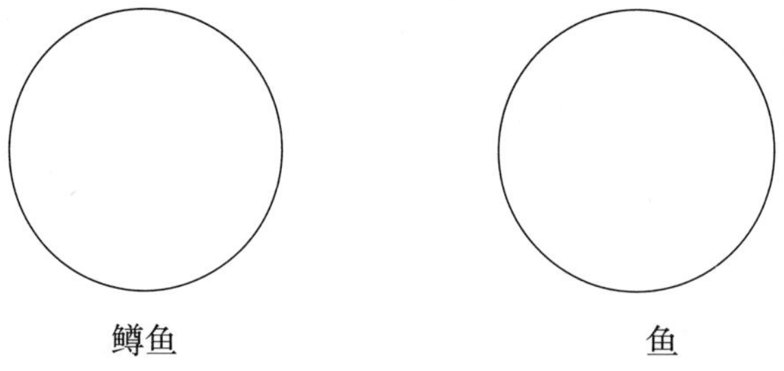

第一个圆圈里的每一个对象都是一条鳟鱼，第二个圆圈里的每一个对象都是一条鱼。

由于我们想表示鳟鱼和鱼这两个类之间的关系，必须将两个圆圈联系起来使其有重叠的部分。

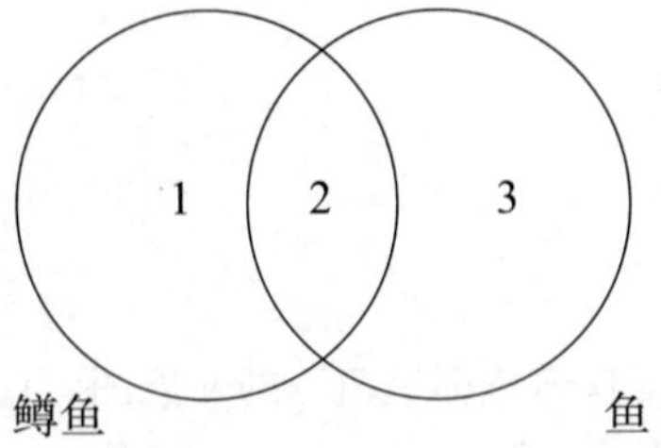

其中，标着“1”的区域在鳟鱼的圆圈内但不在鱼的圆圈内，所以这个区域包含所有是鳟鱼但不是鱼的对象。区域 3 只在鱼的圆圈内，包含所有是鱼但不是鳟鱼的对象；重叠的部分（区域 2）在两个圆圈内，因而包含所有且仅仅既是鳟鱼又是鱼的对象。

现在就容易用图来表示“所有鳟鱼都是鱼”了。由于区域 1 包含所有是鳟鱼但不是鱼的对象，所以区域 1 是空的，其中没有任何成员。我们用阴影覆盖图中的某个区域以表示该区域是空的。因此，将区域 1 用阴影覆盖，于是得到：

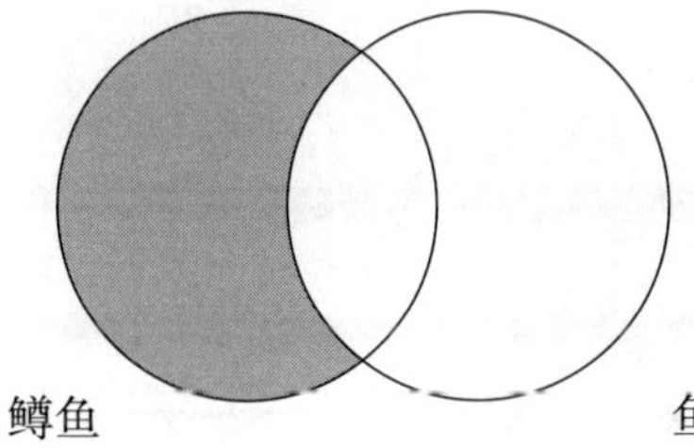

这就表明，所有鳟鱼都在鱼的圆圈内，即“所有鳟鱼都是鱼”。

就此而言，我们所需要的就是一幅图。这个图并不是很漂亮，却非常有用。假如我们想知道“所有鳟鱼都是鱼”与“没有鳟鱼不是鱼”是否表示相同的意思［用逻辑的术语说就是“等值于”（is equivalent to）］。只要看一下上面这个图就知道两者是等值的。因为在“所有鳟鱼都是鱼”的图里，我们只用阴影覆盖了“是鳟鱼但不是鱼”的部分，“所有鳟鱼都是鱼”这句话所意谓的一定就是“没有鳟鱼不是鱼”所意谓的。

又假如我们不能确定

所有鳟鱼都是鱼。

所有鱼都是鳟鱼。

是否有效。再次检查“所有鳟鱼都是鱼”的文恩图，该图表明这个推理显然不是有效的。区域 3，“是鱼但不是鳟鱼”的区域没有被阴影覆盖。所以，当前提成立时，有可能存在不是鳟鱼的鱼。有可能前提为真而结论为假，这意味着该推理是无效的。

没人会犯“鳟鱼是鱼所以鱼是鳟鱼”这样的错误，但与之类似的错误却是很常见的。我们经常听到有人援引“所有使用烈性毒品的人都是从吸食大麻开始的”来证明所有吸食大麻的人都会变成使用烈性毒品的人。或者用“所有性犯罪者都看色情作品”来证明所有看色情作品的人都会变成性犯罪者。这些例子中前提的文恩图恰如“所有鳟鱼都是鱼”的那幅图，推理也是由于相同的原因而无效：右侧的区域 3 没有被阴影覆盖。“所有性犯罪者都看色情作品”的图是

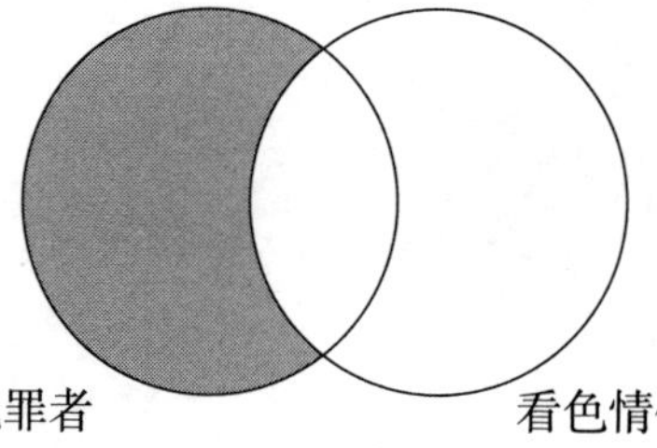

它显然不能有效地蕴涵“所有看色情作品的人都会变成性犯罪者”。因为表示“看色情作品的人且不是性犯罪者”的部分没有被阴影覆盖。同样，“所有使用烈性毒品的人都吸食大麻”也不能说明“所有吸食大麻的人都使用烈性毒品”。

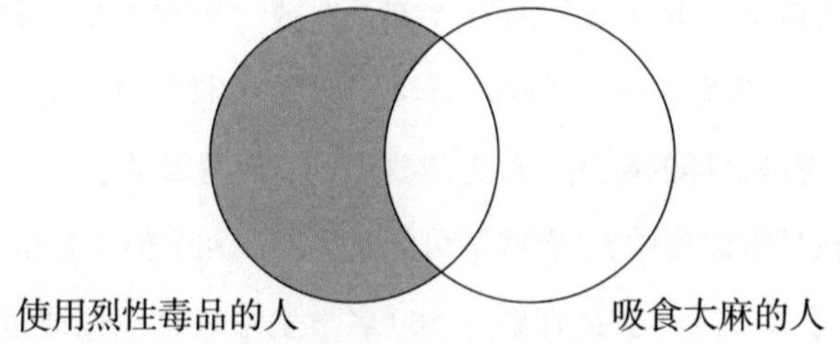

大量像关于毒品和色情作品的推理或许很能打动人，而对文恩图最简单的运用就能表明它们是错误的。

从一个类中排除另一个类的成员的那种直言陈述是很容易理解的。陈述“所有蛇都不是哺乳动物”是说任何一个是蛇的东西都不是一个哺乳动物。这意味着，在文恩图中，蛇的圆圈与哺乳动物的圆圈重叠的部分要用阴影覆盖。

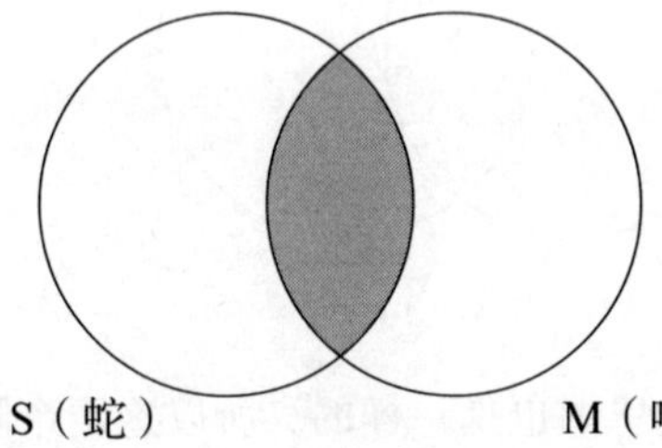

表示“所有哺乳动物都不是蛇”的文恩图是什么样子呢？我们将哺乳动物的圆圈与蛇的圆圈重叠的部分用阴影覆盖。

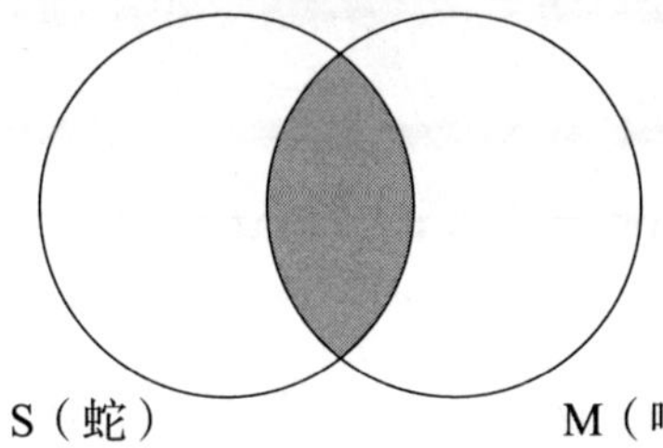

由于两个图是相同的，“所有蛇都不是哺乳动物”与“所有哺乳动物都不是蛇”说的是相同的意思（它们是等值的）。

还有些直言陈述不是关于“所有 X 都是”或“所有 X 都不是”的，而是关于“有些 X 是（不是）”的，例如“有些学生是女性”和“有些政治家不是诚实的”。为了理解这样的陈述，首先需要知道，在逻辑学中，“有些”意味着“至少一个”。在日常语言中，“有些”可能意味着“几个但不是全部”。声称有些学生通过了考试可能不会被理解为 500 名学生中只有一位通过了考试或者 500 名学生都通过了考试。但是，在逻辑学中，当有一名学生、几名学生或者所有 500 名学生通过考试时，陈述“有些学生通过了考试”都为真。仅在没有学生通过考试时该陈述才为假。（就我们所知，这样理解不会有任何问题。）

在文恩图中，我们通过在图的某个区域写下一个记号（例如一个星号）的做法来表明有些（至少一个）S 是或不是 F。“有些学生是女性”的文恩图为：

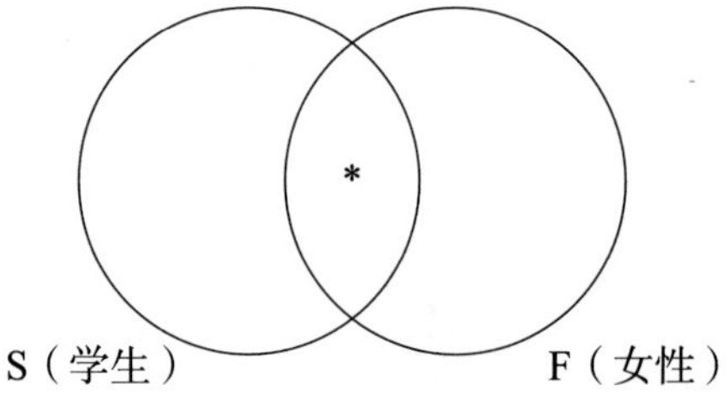

“有些女性是学生”的文恩图也是一样的，所以这两个陈述是等值的，我们可以从其中一个推出另一个。而“有些政治家不是诚实的”的文恩图则为：

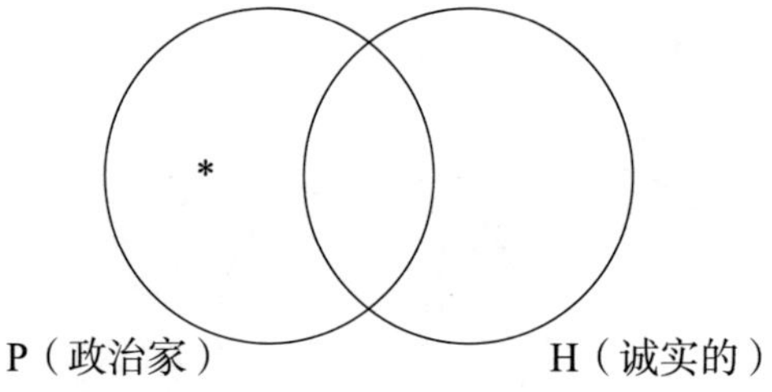

看起来，我们可能并不需要使用星号，因为像“所有鳟鱼是鱼”的文恩图已经说明有些（此时是所有）鳟鱼是鱼并且有些鱼是鳟鱼。但是根据现代逻辑，这个图并没有这种含义。

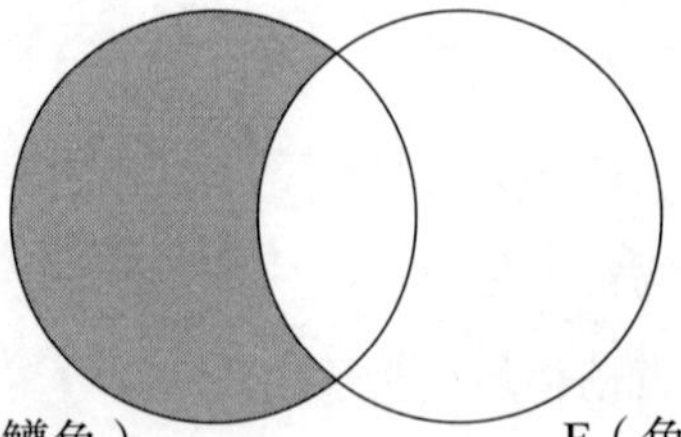

“所有鳟鱼是鱼”是说，任何一个是鳟鱼的东西都是鱼，它并没有说存在着实际上是鳟鱼或鱼的那种东西。“所有独角兽都是有角的”的意思是，任何一个是独角兽的东西也是一个有角的生物。它并没有说真的有某种东西是独角兽或长着一只角的动物。与之不同的是，“有些鳟鱼是鱼”和“有些独角兽有一只角”则是说确实存在着是鱼的鳟鱼，确实存在着长着一只角的独角兽。而这正是文恩图中的星号所表示的意思。当然，文恩图中的同一个部分不能即被阴影覆盖同时又标示星号。

习题

一、画出下列陈述的文恩图，并判断哪些陈述是等值的。

★1．所有蛇都是爬行动物。

2．没有不是爬行动物的蛇。

★3．所有爬行动物都是蛇。

4．有些蛇是爬行动物。

★5．有些爬行动物不是蛇。

6．几种爬行动物是蛇。

★7．没有蛇是爬行动物。

8．所有蛇都不是爬行动物。

★9．有些爬行动物是蛇。

10．只有爬行动物才是蛇。

★11．没有爬行动物不是蛇。

12．有些蛇不是爬行动物。

★13. 没有爬行动物是蛇。

下面的问题有些难度，要求指出它属于哪种直言陈述形式：

14. 所有爬行动物都不是蛇。

★15. 有些不是爬行动物的东西是蛇。

16. 蛇是仅有的爬行动物。

17. 所有不是蛇的东西都不是爬行动物。

18. 每个人都爱我的宝宝。

19. 所有闪光的不都是金子。

20. 任何东西都不是由无所生。

直言三段论

直言三段论（categorical syllogism）是包含两个前提和一个结论的一种论证，其中的前提和结论都是直言陈述。下面是几个直言三段论的例子：

例 1

所有律师都是受过教育的人。

所有受过教育的人都是聪明人。

所有律师都是聪明人。

例 2

所有银行家都是富有的人。

没有富有的人是快乐的。

没有银行家是快乐的。

例 3

有些小说家是敏锐的观察者。

所有敏锐的观察者都是可靠的见证人。

有些小说家是可靠的见证人。

为了评价这样的论证，我们把两个前提都用文恩图表示出来，然后看文恩图提供的信息能否使我们确定地知道结论为真。前面讲过的文恩图基本方法提供了为评估直言三段论而构造文恩图的技巧。

我们将依次讨论上面的三个例子：

例 1

所有律师都是受过教育的人。

所有受过教育的人都是聪明人。

所有律师都是聪明人。

为了表示出这三个陈述的所有信息，我们需要画三个彼此交叉的圆圈——每个圆圈代表一个范畴。先画出下面这个图，结论中的两个范畴分别用下面的两个圆圈来表示，代表第三个范畴——在两个前提中均出现——的圆圈画在上面（这种顺序不是必须的，但正如我们将看到的，是有用的）：

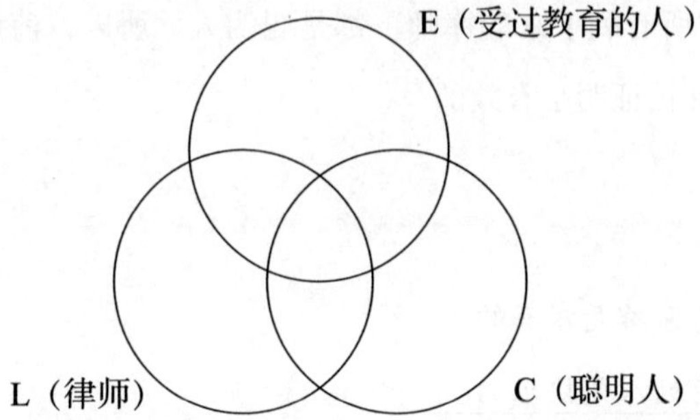

暂时忽略“聪明人”的圆圈，将“是律师但不是受过教育的人”的区域用阴影覆盖以表示第一个前提给出的信息。

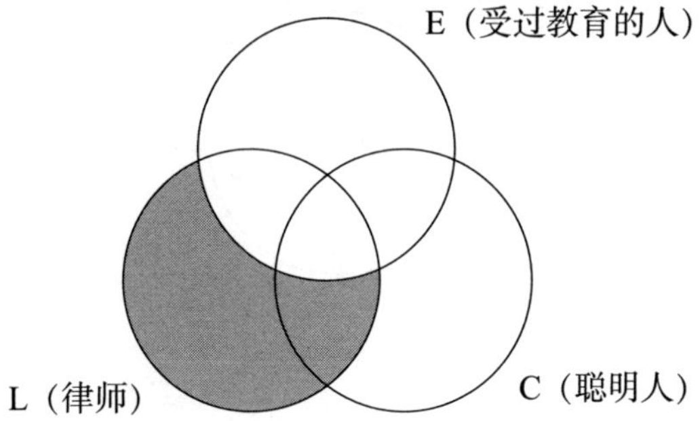

接着只看“受过教育的人”的圆圈和“聪明人”的圆圈，并按第二个前提“所有受过教育的人都是聪明人”进行类似的操作。

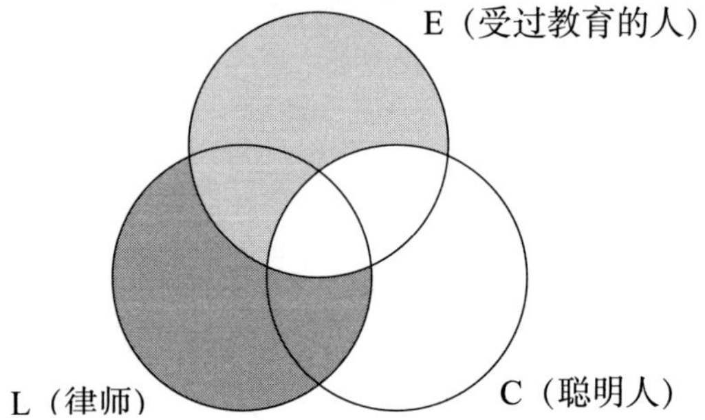

现在，这幅图就表示出了前提给出的所有信息。由此，关于结论我们能知道什么？“律师”的圆圈和“聪明人”的圆圈表示出了结论“所有律师都是聪明人”。“律师”仅剩的未被阴影覆盖的区域——即不空的部分——处于“聪明人”的圆圈之内，所以，所有律师都是聪明人。也可以说，在考虑了前提中的全部信息之后，“所有剩下来的律师”都是聪明人。所以，前提的真保证了结论为真，这个论证被证明是有效的。

下面看例 2：

所有银行家都是富有的人。

没有富有的人是快乐的。

没有银行家是快乐的。

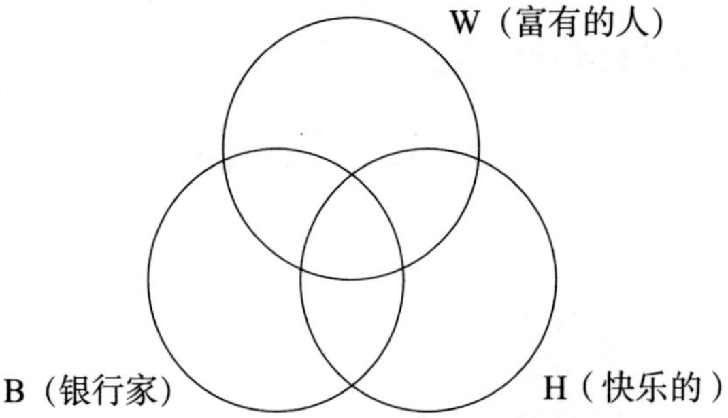

由第一个前提得出：

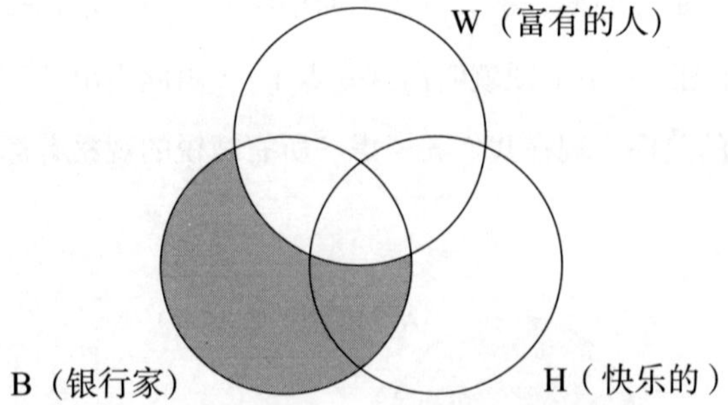

现在，我们根据第二个前提画出阴影部分：

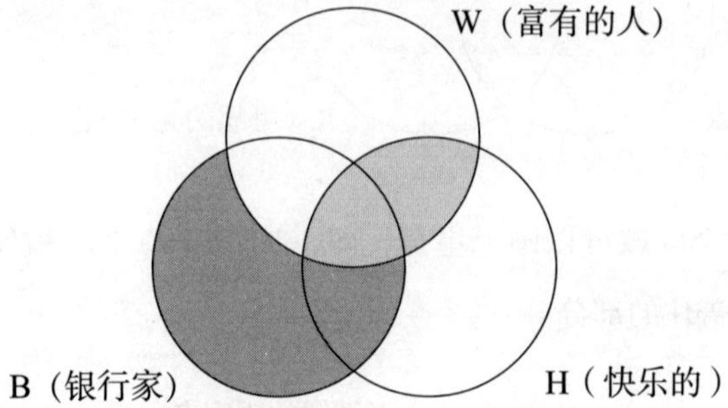

由于“银行家”圆圈与“快乐的”圆圈重叠的部分现在全部被阴影覆盖，前提确实显示了没有银行家是快乐的，这个论证是有效的。

例 3

有些小说家是敏锐的观察者。

所有敏锐的观察者都是可靠的见证人。

有些小说家是可靠的见证人。

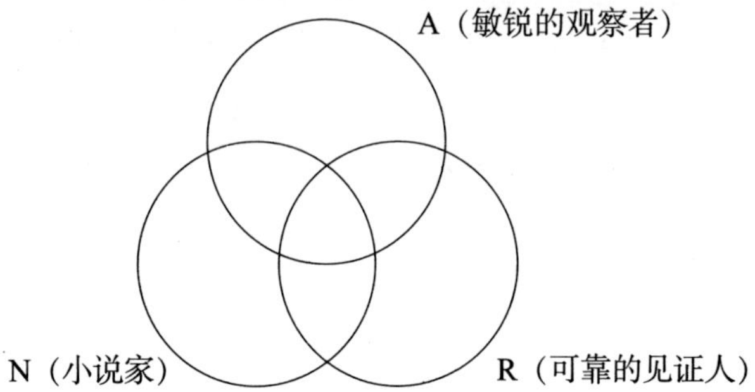

我们借助于星号表示“有些小说家是敏锐的观察者”。但由于“小说家”和“敏锐的观察者”重叠的部分被分割成了两个区域，我们不知道该把星号放在哪一个部分。（仔细看一下上图就明白这一点了。）由此引出了一条原则：先考虑那些全称形式的前提。现在我们先考虑“所有敏锐的观察者都是可靠的见证人”。

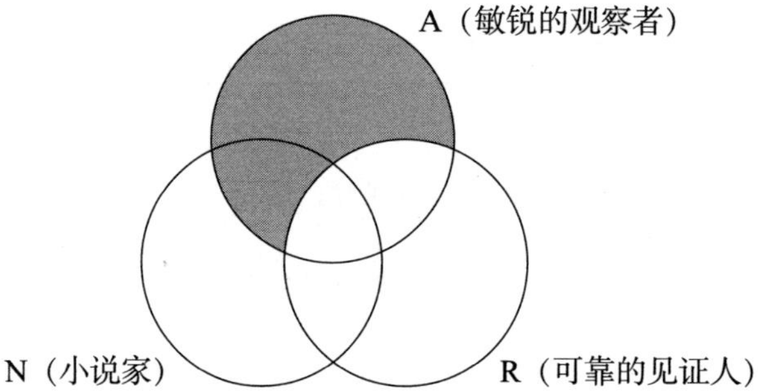

现在只剩下一个区域可以画上星号，即，“小说家”和“敏锐的观察者”重叠的未被阴影覆盖住的部分。

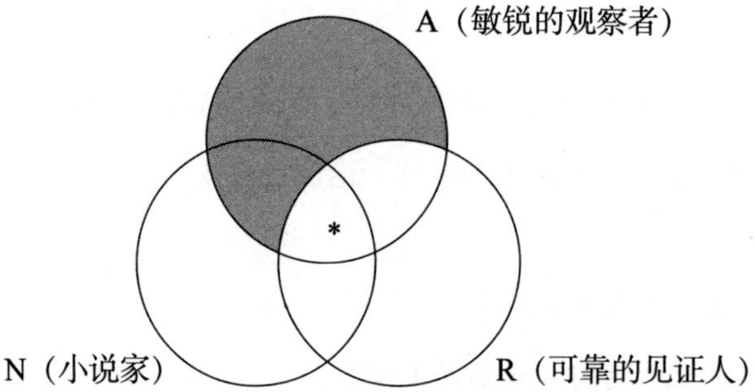

由于星号位于“小说家”和“可靠的见证人”重叠的部分，前提表明了至少有一个“小说家”的成员也是“可靠的见证人”的成员。所以，“有些小说家是可靠的见证人”为真就是前提所要求的，这个论证被证明是有效的。

当然，并不是所有直言三段论都有效。如果直言三段论不是有效的，文恩图也能说明这一点。

所有艺术作品都是深刻的。

没有卡通画是艺术作品。

没有卡通画是深刻的。

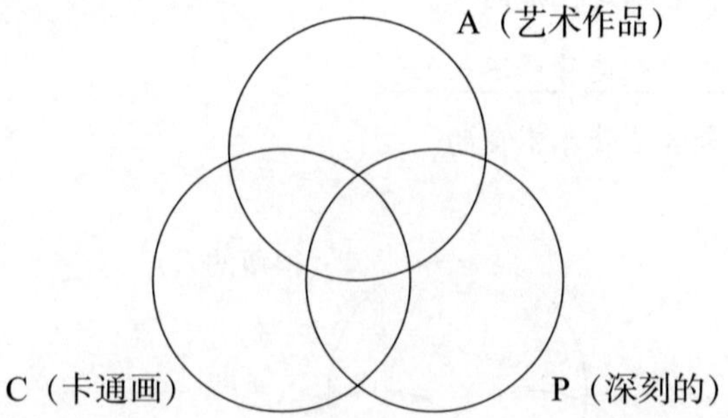

按照前提依次画出阴影部分后得到：

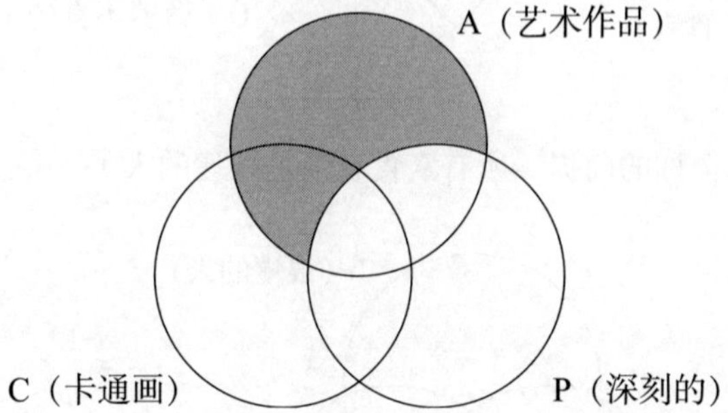

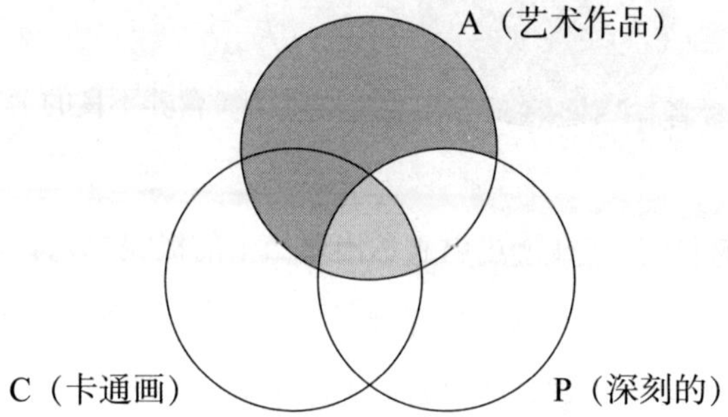

由此是否表明了“没有卡通画是深刻的”？根本不是。“卡通画”和“深刻的”之间有一部分未被阴影覆盖，因此该论证并不能排除有一些卡通画是深刻的。这个论证被证明是无效的。

最后一个例子：

所有素食者都是很瘦的人。

有些很瘦的人是营养不良的。

有些素食者是营养不良的。

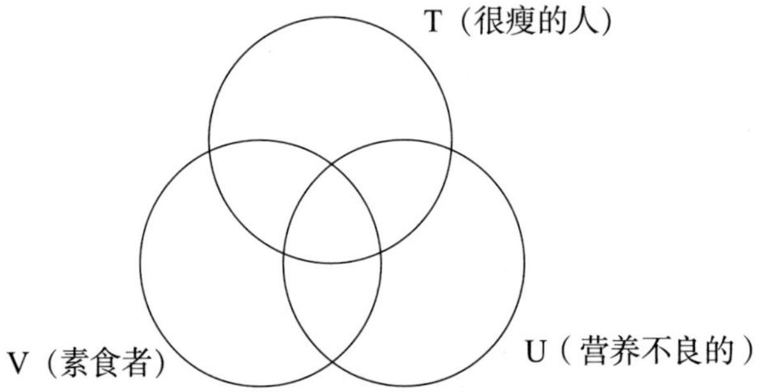

还是先考虑全称的前提（所有素食者都是很瘦的人）：

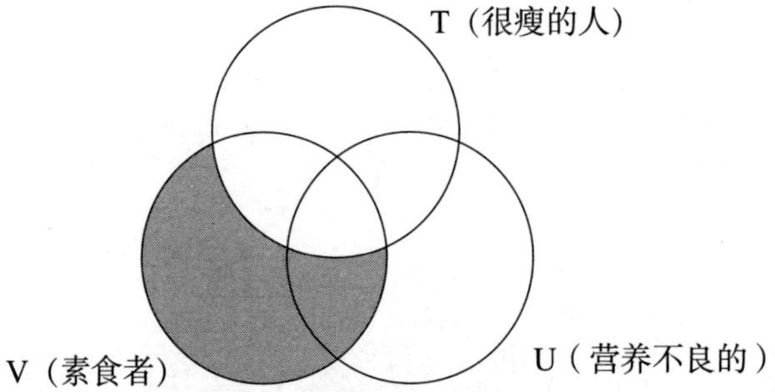

但是，我们将星号放在哪里以表示出第二个前提呢？它必须放在“很瘦的人”和“营养不良的”的圆圈交叉部分，”但是交叉部分被分割成了两个区域，我们没有进一步的理由来选择将星号放在哪个区域。表明这种情况的一种方便的做法是将星号放在两个区域之间的分割线上。

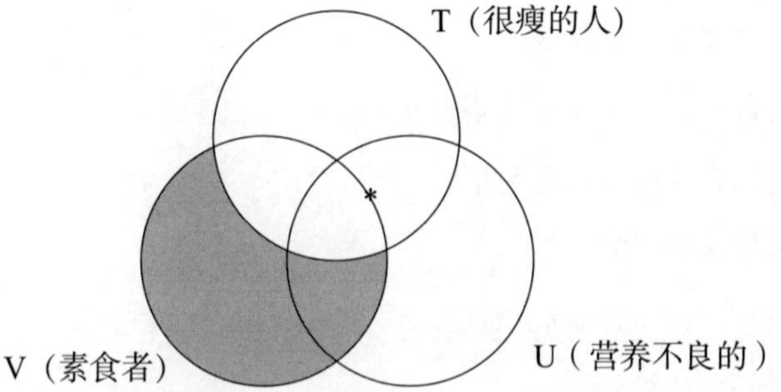

由于我们不知道星号是否属于“素食者”和“营养不良的”的圆圈交叉部分（恰好位于整个图中央），所以这个论证是无效的。

习题

二、给下列每个三段论画出文恩图，用你的文恩图及下图中各区域的数字解释每个三段论是有效的还是无效的。（请模仿第 1、3 题的答案做出解释。）

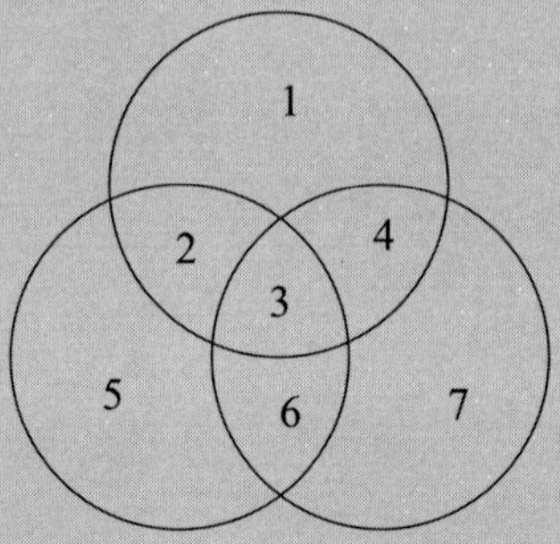

★1. 所有计算机都是机器。

没有机器能思考。

没有计算机能思考。

2. 所有职业篮球选手都是优秀运动员。

没有数学教授是职业篮球选手。

没有数学教授是优秀运动员。

★3. 所有错误都是危险的。

所有危险的事情都是应当避免的。

所有错误都是应当避免的。

4. 有些蛇是有毒的。

任何有毒的东西都应该被毁灭。

有些蛇应该被毁灭。

★5. 所有学得慢的人都是学校里需要特别关照的。

学校里有些需要特别关照的人要被分在特殊班。

有些学得慢的人要被分在特殊班。

6. 所有飞鼠都是哺乳动物。

没有鸟是哺乳动物。

没有飞鼠是鸟。

★7. 所有飞鼠都是哺乳动物。

没有鸟是哺乳动物。

没有鸟是飞鼠。

8. 所有乌龟都是陆生动物。

有些海龟不是陆生动物。

有些海龟不是乌龟。

★9. 所有乌龟都是陆生动物。

有些海龟不是乌龟。

有些海龟不是陆生动物。

10. 没有火星人说英语。

所有恒星飞船上的军官都不说英语。

所有恒星飞船上的军官都是火星人。

★11. 没有恒星飞船上的军官不说英语。

没有火星人说英语。

没有恒星飞船上的军官是火星人。

12. 没有蜘蛛是昆虫。

    没有昆虫是蜥蜴。

    没有蜘蛛是蜥蜴。

★13. 所有宗教基要主义者都是保守的。

    所有共和党人都是保守的。

    所有宗教基要主义者都是共和党人。

14. 有些学生是努力学习的，有些学生成绩优异。所以，有些努力学习的学生成绩优异。

★15. 没有愿意工作的穷人应当挨饿。而每一个不应当挨饿的穷人都应当得到政府的帮助。所以，每一个愿意工作的穷人都应当得到政府的帮助。

16. 有些杀人犯是小时候遭受过性骚扰的。每个小时候遭受过骚扰的人都值得同情。所以，有些杀人犯值得同情。

★17. 所有短吻鳄都不喜欢寒冷的气候。有些食肉动物不喜欢寒冷的气候。因此，有些食肉动物是短吻鳄。

18. 每个读过这本书的人都立即受到启发。有些受到启发的人会变得富有。所以，每个读过这本书的人都会变得富有。

★19. 所有不满21岁的人都被禁止进入酒吧。有些不满21岁的人可以进入餐馆。所以，有些可以进入餐馆的人被禁止进入酒吧。

20. 所有纳税的人都会得到减税优惠。得不到减税优惠的人会不开心。因而，没有纳税的人会不开心。

第六章

因果分析

➢➢

在日常生活中查明事情的原因具有重要意义，在刑事侦查工作中、在商业或法律活动中、在医疗和科学研究中，都是如此。我们对原因的兴趣体现在多个方面，以下列出的是其中最重要的几个方面：

1. 解释（explanation）。我们想解释一件事为何发生，因此我们试图发现这件事的原因。（例如，9·11事件中，在受到飞机的撞击后，是什么导致世贸大厦如此迅速地坍塌？）

2. 归责（responsibility）。我们想知道是否可以让某个人对某个事件负责，于是我们问，是这个人做的什么事导致了这个事件。（是富兰克林改动汽车的刹车造成哈吉卜的死亡吗？是西赫采用的海姆立克急救法操作拯救了凯特的性命吗？）掌握这些情况有助于我们做出一个人是该受到谴责还是赞扬的决定。

3. 管控（control）。如果我们知道引发一件事的因素是什么，我们也许就能通过控制这些因素来获得我们想要的结果。（是什么引发了冠心病？为什么有些家族能延续几代人的繁荣？）

4. 预测（prediction）。如果我们想知道一件事的发生是否可以期待，我们就会试图发现什么因素能引发这件事。（圣弗朗西斯科什么时候有大地震？提高利率对就业率有什么影响？）

基本的因果关系

"原因"一词有几种不同但相互关联的用法。因此，无法给这个词下一个不带任意性的单一定义。相反，我们必须考虑这个词的几种重要用法。

作为充分条件的原因

18 世纪的英国哲学家大卫·休谟确切地阐述了对因果关系的基本分析，他的思想至今仍被广泛接受。按照休谟的观点，“原因”一词不过是表示存在于事件之间的“稳定联系”。当注意到 *A* 类事件之后总是跟着发生 *B* 类事件，我们就会说“*A* 引起了 *B*”。这样，断言在 *A* 类事件与 *B* 类事件之间存在因果关系相当于说，只要 *A* 出现，*B* 就出现。（按照这种理解，说所有因果关系都是规则的并不等于说所有规则的关系都是因果关系。参见本章“验证因果断定”一节。）

> 希腊哲学家亚里士多德区分了四种**原因**（cause）：目的因、动力因、质料因和形式因。这样，一个雕塑家想要塑造一个美的东西（目的因），对一块大理石（质料因）进行雕刻（动力因），产生了一个雕像（形式因）。
>
> 亚里士多德的分析方法在我们关注人的行为、意图、责任的法律领域仍然起作用。例如，思考任何运用亚里士多德的四因说来分析伪造银行票据的行为。

考虑这样一个例子。你正开着车，看到仪表盘上的警示灯闪了起来——发动机过热了。你停车，打开引擎盖，发现散热器软管有一条很长的裂纹。软管裂了，冷却液都流走了。我们说发动机过热是因为散热器没有冷却液，没有冷却液引起了发动机过热。于是我们断定，“只要汽车发动机运转时散热器没有冷却液，发动机就会过热”。

如果这样理解“原因”，缺乏冷却液也被说成是构成发动机过热的**充分条件**（sufficient condition）。如果每当一个因素出现，一个事件就会发生，则该因素就是这个事件发生的充分条件：只要有 *A* 就有 *B*。这种形式的事实概括如果为真，就被认为是**因果律**（causal law）。

1. **其他充分条件**。我们已经说明了足以导致“发动机过热”事件发生的一个因素。然而，其他一些因素也会造成发动机过热，即其他一些条件也足以导致发动机过热：

> 水泵坏了，由此冷却液不再在发动机中循环流动。
>
> 风扇皮带坏了，由此风扇不再向散热器吹风，无法使其中循环流动的液体降温。
>
> 散热器里的小管子堵了，由此冷却液不再流动了。

这三个因素中的每一个都是事件发生的充分条件，在这个意义上，我们可以说，发动机过热可以有多种可能的原因。如果你的发动机过热，即使你知道这些可能的原因，如果不做实际的调查你也不可能知道真实的原因是什么。（这里列出的充分条件的清单是不完整的，还可以有：有瑕疵的温控，有缺陷的水泵，漏油，等等。）

2. 因果链。关于发动机过热，除了直接引发的充分条件外，我们可能想知道更多情况。例如，我们可能想知道冷却液怎么就没有了；就是说，我们想知道冷却液流失的充分条件。散热器可能锈住了，排水阀可能裂开了，或者（就像我们例子中的情况）散热器软管爆裂了——其中每一条都将是冷却液泄露的充分条件。

通过这样的追查，我们建立了导向引起我们所关注事件发生的因果链。原则上说，我们可以按我们所希望或所能够的方式将链条延伸至很远的过去。（我们可以问是什么导致了散热器生锈，什么导致了排水阀裂开或软管爆裂。）在实践中，我们通常将对原因的追查终止在我们的行为能对结果产生影响的某个点上。对于金属的化学反应及其与冷却液和水的相互关系我们几乎产生不了什么影响，因此我们基本上不去问是什么使散热器的金属生锈。很可能在知道散热器里的冷却液泄露的原因后，我们就停止了追查。（我们能做到的是更换一个散热器并检查冷却液是否泄露。）一个散热器的设计者则不同，他的调查将会更深入地进行，以便知道散热器的金属为什么生锈。在新的设计中，他可能会使用另一种合金或金属涂层。

3. ***作为条件集的原因***。缺少冷却液不可能真的是发动机过热的充分条件，尽管我们前面的讨论方式似乎如此。如果发动机只运转了大约1分钟，或者外部气温非常低，发动机就不会过热。当然，我们也不会特别说明所谈到的是一台内燃机而不是电子或原子发动机。之所以接受缺少冷却液是发动机过热的充分条件，是因为我们当然地假定了所谈论的是在某个正常的时间段、在常规的操作条件下、在马路上行使的一辆普通汽车。如果有必要的话，我们能够具体说明要将那些额外的因素加到“缺少冷却液”上去从而使所有因素之和构成发动机过热的充分条件。

这样，“只要有 A 就有 B”这个模式中的 A 实际上必须理解为代表着条件的一个集合，而不是单一的某个因素。再举一个我们熟悉的例子，我们知道房间的灯关上了是因为你按下了开关，而其他若干因素也必须具备：开关必须是与电源连接着的；电线必须通着电；一个能正常工作的灯泡正确地装在灯座上；灯座经过开关连接到电源上。你可以照你的希望按下开关，但如果所有这些条件不被满足，灯也不会亮。所以严格来说，所有条件的集合构成了事件的充分条件，整个集合是事件的“原因”。为了记住这一点，我们用下列模式来表示：

只要有 $A\,[=C_1,\ C_2, \ldots,\ C_n]$，就有 B

我们可能无法确定条件集（$C_1,\ C_2, \ldots,\ C_n$）中的所有因素，常见的情况是我们知道其中一些，但不是全部。如果一个事件非常重要，我们会通过调查原因来减少我们的无知。因此，我们试图确定导致自杀、癌症、心脏病的更为全面的因素。同样，我们试图发现是什么原因导致儿童在校表现不佳以及是什么使某些人变成了连环杀手。

作为必要条件的原因

脊髓灰质炎——也叫小儿麻痹症——是由一种病毒引起的神经中枢系统疾病。然而，并不是所有感染了脊髓灰质炎病毒都会得脊髓灰质炎。所以，感染这种病毒不是得脊髓灰质炎的充分条件。但是，我们并不知道一个人得脊髓灰质炎还要具备的其他因素是什么。

这是否意味着我们不知道脊髓灰质炎的原因？按照“原因”一词普遍接受的用法，不能这么说。关于脊髓灰质炎的原因我们所知道的是，任何一个得这种病的人都感染了这种病毒。可以说，这种病毒是脊髓灰质炎的**必要条件**（necessary condition）。

如果缺乏一个因素某个事件就不会发生，则该因素就是这个事件发生的必要条件。每一个得脊髓灰质炎的人都感染过脊髓灰质炎病毒，但并非每一个感染脊髓灰质炎病毒的人都会得脊髓灰质炎。这样，感染脊髓灰质炎病毒就是得脊髓灰质炎的一个必要但不充分的条件。

我们可以更严格地表示一个事件发生的必要条件关系。用 *A* 代表一个原因因素，用 *B* 代表一个事件。

1. 如果 *B*，那么 *A*。（如果出现了脊髓灰质炎，那么一定有脊髓灰质炎病毒。）

2. 如果非 *A*，那么非 *B*。（如果没有脊髓灰质炎病毒，那么不会出现脊髓灰质炎。）

这两个模式都表达了“*A* 是 *B* 的必要条件”这类句子的意思。

我们通常不会把某个必要条件说成是一个原因。空气中存在氧气是第二次世界大战的一个必要条件，然而说氧气是战争的原因会被认为极其荒唐。在对事件进行解释时，这样的条件是不需要说明的，它们构成了相对稳定的**背景条件**（background condition）。那些不寻常的或者在不同情况下会发生变化的因素（例如，脊髓灰质炎病毒的存在）才是被当作原因的必要条件。

作为充分且必要条件的原因

因果关系最狭义的解释是把“原因”理解为一个事件发生的充分且必要的条件。如果因素 *A* 是使事件 *B* 发生的充分且必要的条件，那么，只要 *A* 发生时 *B* 就发生；并且，只要 *A* 不发生时 *B* 就不发生。用抽象的模式表示为：

如果 A 那么 B；并且如果非 A 那么非 B。

下面举例说明。假设仅当碳在受到高压的情况下才产生钻石，其他条件都不能产生钻石。碳和高压分别是产生钻石的必要条件，两者一起就构成充分条件。这样，如果你知道某物是钻石，你就知道它是高压作用于碳生成的。同样，你也就知道怎样生产（引起）钻石了——将碳置于高压之下。

"原因"的这种意义如此严格，我们日常所见到的真实的关系极少（如果有的话）能满足它。最近发展出来一种不使用高压生产钻石的技术，所以即使刚才举过的那个标准的例子也不再是一个真实的事例了。

有些哲学家指出，作为充分且必要条件的原因概念反映了我们在科学规律中看到的恒定关系。例如，根据牛顿万有引力定律，具有一定质量的两个物体相互的吸引力与它们之间距离的平方成反比。这样，在给定质量的情况下，如果知道了两个物体之间的引力，我们就能计算出它们之间的距离。反之，如果知道了两个物体之间的距离，我们就能计算出它们之间的引力。指派给其中一组因素的值决定另一组因素的值，它们之间的关系就可以理解为充分且必要的条件。

然而，从社会科学和生物科学中概括出来的因果关系很少能满足充分且必要条件的表述。有些人认为，要求这些领域的规律表达这样的充分且必要条件是不现实的，也是不恰当的。另一方面，一些哲学家完全否认像万有引力定律这样的规律是原因。这样，将其作为模型就不恰当了。

科赫法则

在细菌学领域，19 世纪后半叶是取得巨大成绩的一个时期。人们发现了几十种新的细菌，像白喉、百日咳这样的常见病被证明是由细菌引起的。然而，这也是令人备感困惑的一个时期，因为研究者常常搞不清楚在病人感染的几种细菌中究竟是哪一种引发了疾病。

罗伯特·科赫提出了一套规则或“假定”来确定什么时候某种特定的微生物是引发某种疾病的原因。这种微生物必须是：

1. 在这种疾病的每一个病例中都存在。
2. 能从一个病例中分离出来并在单纯的培养液中生长。
3. 当注射到一个易感染动物身体时能引起动物生病。
4. 能从生病的动物身上重新获取。

这些规则为细菌学领域带来的秩序，对于发现新诊断的感染性疾病是由什么东西引起的仍然有帮助。

作为“原因”的贡献性因素

在充分地引发一个事件的一组因素中的每一个因素都可以称为**贡献性因素**（contributing factor）。这样，房间里积聚的甲烷气体是爆炸发生的一个贡献性因素，而房间里存在的氧气以及溅到混合气体上的火花也都是爆炸发生的贡献性因素。

作为一个事件的原因而被提到的因素，就其自身而言很少被认为能充分地引发该事件。相反，我们经常从贡献性因素中选择一种并且说它就是事件的原因。选择什么因素常常是由我们的目的和兴趣决定的。法律上的、实践上的、医学上的或道德上的关注点都会影响我们的选择。下面我们讨论三种常常被我们指定为一个事件的“那个原因”的某个贡献性因素的考量，这并不意味着只有这三种。

触发性因素（近因）

触发一个事件的贡献性因素常被指定为该事件的原因。这个因素最后出现并完成了导致事件的因果链（充分条件的集合）。

当一把手枪装上子弹并拉上了枪栓，扣动扳机就会开枪。类似地，我们会说，“当霍尔顿开灯时，他引起了爆炸”。开灯（发送一个穿越开关两极的电弧）是爆炸发生之前的最后一个事件，但是，只有当房间里充满甲烷气体时按下开关才能成功地激发爆炸。同样，房间里有氧气、开关通着电也是必不可少的。

这些同样是最终构成一起爆炸的充分条件的因素。作为贡献性因素，它们构成了开关触发的背景（或者是持续存在的或者是事先存在的）条件。这样，在将按下开关称为“那个原因”时，我们是把直接引起爆炸的特定事件分离了出来。“近因”意味着“离得接近的”，一个事件的触发性因素常被称为该事件的**近因**（proximate cause）。

异常因素

有时我们把一个条件集里的异常因素说成是一个事件的原因。所以，我们可能说，“爆炸是由于气体的积聚引起的”。爆炸的整体原因（whole cause）是一个贡献性因素的集合：积聚的气体，氧气的存在，灯的开关发出的火花。但氧气在空气中都是存在的，并且人们也经常打开开关，不同寻常的是积聚起来的甲烷气体。

所以，如果我们的目的在于确定爆炸事件的道德责任或法律责任，我们就会关注那个释放甲烷气体的人，而不是开灯的人。（如果霍尔顿知道兹拉巴会开灯，他可能正是通过使兹拉巴触发一个致命爆炸的方式谋杀了她。）

可控因素

有时，我们想通过关注推动一个事件产生的某个贡献性因素来致力于控制一个事件的发生。于是我们说，由于这个因素是可以控制的，因而这个事件是可以控制的。

“胆固醇引起心脏病”可以理解为吃饱和脂肪含量高的食物会增加得心脏病的风险。因此，任何不想得心脏病的人就应当避免吃这样的食物。

同样的道理，我们可以说“遗传引起心脏病”。但是，由于遗传不是可控的因素，我们很少称之为心脏病的“那个原因”。说到遗传是一个危险因素的场合通常是鼓励那些有患心脏病风险的人去改变那些可控的因素（比如饮食和锻炼）。

列出一个宽泛的动机清单因而发现作为原因的贡献性因素并不重要。重要的是认识到，当人们将一个因素称为一个事件的“那个原因”时，这不必然意味着他认为这个因素是一个充分（或必要）条件。

原因的解释

解释一个事件通常是要说明是什么导致了它的发生。所以我们说“发生爆炸是因为有人释放煤气”，或者“小鸡跑去躲起来是因为老鹰的影子发出了警告”。这样的解释显然没有用到规律，我们只是通过提到一个事件的原因来对它做出说明。原因句的形式是“*A* 引起了 *B*”，看起来是关于个别事件和场合的。

虽然表面上看是这样，实际上这些解释是基于因果律的解释的不完整版本。具有“*A* 引起了 *B*”（关于特定事件的）形式的句子之所以有解释力，是因为它基于对断言两类事件之间不变的或恒定的联系所做概括的潜在指涉。所以，我们用下列模式来表示事件类型 *A* 和事件类型 *B* 之间因果联系的断言：

只要 *A* 发生（在条件 *C* 下）*B* 就发生

这种形式的概括句如果为真，就是因果律。（我们仅限于讨论表达充分条件的因果律。）根据这种分析，像“细菌感染是吴先生的支气管炎的原因”这样的原因句的解释力源于这样一个隐含的假定：在合适的条件下，细菌感染是得支气管炎的一个充分条件。也就是说，一个原因句从一个因果律获得其解释力。

如果我们明确地说出因果律并明确描述吴先生得病的场合，就能发现事件的解释就在于表明该事件是一个一般模式的实例：

只要肺部发生了细菌感染，就会得支气管炎。

吴先生的肺部发生了细菌感染。

吴先生会得支气管炎。

因此，一个事件的原因解释就在于将该事件置于一个因果律之下——表明该特定事件乃是总存在于两类事件之间联系的一个实例。

在科学哲学中，我们把这样的解释称为**覆盖律解释**（covering-law explanation）。一个覆盖律解释具有如下形式：

$$\begin{array}{l} L_1 \ldots L_n \\ \underline{C_1 \ldots C_n} \\ E \end{array}$$

第一行的缩写代表因果律或概括。第二行的缩写代表**初始条件**（initial condition）——事件发生于其中的场合情况（场合情况一般包含我们确认为事件“原因”的那些条件）。这些条件在科学中通常称为实验变量，包括这样一些因素，如温度、培育年限、膨胀系数等。字母 E 代表对所要解释的那个事件的描述。

下面是判断一个覆盖律解释是否充分的一组原则：

- 该解释至少包含一条由经验证据建立起来并被接受为已知情况的因果律。
- 所引用的因果律确实运用到事件的解释上。（这个条件排除了提到但没有真正用到因果律的伪科学解释。）
- 描述初始条件的句子都为真（正确地陈述了实验条件和指派给变量的值）。
- 对所要解释的那个事件的描述是精确的。
- 描述事件的句子是因果律和初始条件的逻辑结论。

验证因果断定

没有因果关系的两类事件也可能规则地联系着。“每当加拿大的枫叶变红，大雁就飞向南方”可能是真的；然而树叶颜色的变化并不引起大雁南飞。我们知道这两件事是相互独立的，它们仅仅是因为都由第三个事件所激发的方式联系着——冬天来了，平均气温下降，白天变短。

我们需要借助于一些方法将因果关系和规则的但却是偶然的关系区分开来，即我们需要借助于一些方法找出因果关系，并将它们与仅仅是联系着的条件区分开来。

下面的四种实验方法有助于我们做出这种区分。这些方法最初是由哲学家约翰·斯图尔特·密尔于19世纪做了严格陈述的，因此称为"密尔方法"（密尔提出了五种方法，但第五种本质上与其他某种方法等同，因此这里就省略了）。尽管科学研究变得越来越复杂，密尔方法仍然构成了很多实验研究的基本方法。在实验科学或统计学的课堂里学习的统计方法不过是密尔方法背后逻辑的扩展。这些方法本身相当简单，但实际案例常被未知的或不可控的因素复杂化了，因而不存在运用这些方法就确保任意因果问题获得答案的自动的办法。

因此，支持严格因果断定的论证一般是非演绎性质的。前提提供了使我们相信某些因素是引起了所考察结果的理由，前提中的证据越多，因果结论的可能就越大。但除了逻辑上例外的情形，证据从来不能充分地排除其他所有可能的原因。

求异法

求异法（method of difference）在于对解释事件（E）发生的情境与高度相似但事件没有发生的情境加以比较。如果存在着某个特定因素恰好是两种情境中所唯一不同的，则该因素可能被认为是 E 发生的原因。

假设我们在比较情境 S_1 和 S_2，并把它们表示为一组条件或变元。通过考察我们发现，事件 E 只在情境 S_1 出现却从来不在 S_2 出现。（即，只要 S_1 的条件存在，E 就发生，但 S_2 的条件存在时 E 不发生。）列出我们认为的组成 S_1 和 S_2 的条件，寻找它们之间的差异：

S_1：p，q，r，s

S_2：p，q，r

这两组因素非常相似，唯一的不同点是，S_1 包含条件（变元）s 而 S_2 不包含 s。因素 s 显示了 S_1 与 S_2 之间的差异，因此 s 是 E 的原因。

下面是求异法的一个例子。亚当斯和巴迪尼晚餐一起吃了水煮三文鱼和蒜蓉菠菜，但是，在两人散步回家的路上，亚当斯从路边摊贩那里买了一杯冰激凌吃。三个小时后，亚当斯突然感到不适，不停地呕吐、肠痉挛，看起来是食物中毒了。运用求异法，我们可以找出亚当斯生病的原因：

亚当斯：三文鱼，菠菜，冰激凌：生病

巴迪尼：三文鱼，菠菜

我们发现，冰激凌（可能被污染了）是亚当斯生病的原因，因为冰激凌是唯一一种亚当斯吃而巴迪尼没吃的东西。

但是，当然有可能我们完全搞错了。也许亚当斯生病不是由于食物中毒，而是其他什么原因，她只是碰巧在吃了冰激凌以后生病的。即便如此，将冰激凌视为可能的原因作为探究的第一步仍然是合理的，证据显示它很可能就是原因。

求同法

求同法（method of agreement）在于对解释事件（E）发生的若干情境加以比较。如果存在着某个因素是这些情境中唯一相同（一致）的，那么这个因素或许被认为是事件可能的原因。

我们将两个情境表示为两组因素或变元，并假定每一组都与 E 这类事件的一次出现联系着：

S_1：p，q，r，s

S_2：t，u，v，s

除了 S_1 和而 S_2 都包含 s 以外，这两组因素其他每一点都不相同。因此，s 很可能是 E 的原因。

当然，世界上永远不会呈现除了都包含某个因素之外完全不同的两个情境。在运用求同法及其他方法时，必须运用我们的知识和判断来设计实验以满足方法的要求，并判断在某个给定的非实验情境中方法的运用是否适当。

假设三个人在一家中餐馆一起吃了一道北京烤鸭。接着，他们吃了不同的甜食：第一个人吃了派，第二个人吃了冰激凌，第三个人吃了杏仁曲奇。之后，三个人都出现了头痛、出汗、头晕的症状。引起这些症状的原因是什么？求同法告诉我们烤鸭是原因，因为它是唯一一种三个人都吃过的东西。

需要注意的是，这个结论的得出依赖于未明确陈述的相关性假定。我们没有比较这些人的年龄、性别、种族、洗发液、政治见解等。我们很自然地假定这些症状是他们吃的一些东西导致的结果。我们有可能出错，但为了判断我们是否出错必须有别的证据。

日常经验（常识）还告诉我们，需要进一步审查症状发生的环境情况。是否有其他人有相同症状？那些人吃了什么？他们是否也吃了北京烤鸭？或许我们决定检验三个人吃的那份烤鸭，看里面是否有引发这些症状的细菌或化学物质；或者检查与这些症状有关系的所有菜品都用到的成分。实际上，从经验研究中我们发现了中餐烹调常用来增味的味精就是所谓中餐馆综合征的原因。

求同求异并用法

求同求异并用法（joint method of agreement and difference）是将前面讨论的两种方法同时运用。我们将事件（E）发生的若干情境与事件没发生的若干情境加以比较，如果某个因素是在所有事件发生的情境都存在、在所有事件没发生的情境都不存在的唯一因素，那么它就是事件的原因。

假设赛克斯、米勒和克兰三人在同一家餐馆用午餐。之后，赛克斯和米勒病了，很像食物中毒（恶心、呕吐）。由于他们三人是在同一个地方吃的饭，可以合理地怀疑是赛克斯和米勒吃的东西致其生病。

因此，我们访问了这三个人，他们提供了所吃食物的清单：

赛克斯：鸡肉沙拉，洋葱汤，巧克力派

米勒：鸡肉沙拉，芝麻菜，橙子

克兰：鞑靼牛排，芝麻菜，巧克力派

由于赛克斯和米勒都生病了而克兰没有生病，我们想找出赛克斯和米勒都吃了（求同）而克兰没有吃（求异）的东西。看一下清单马上就能看出鸡肉沙拉符合这个要求。于是，我们认为鸡肉沙拉就是引发疾病的原因。

如果只是比较赛克斯和克兰或者米勒和克兰的食物清单，我们就不能找出鸡肉沙拉这个致病因素，这两种比较都不满足求同法或求异法的要求。（尽管赛克斯和克兰都吃了巧克力派，但只有赛克斯生病了。尽管米勒和克兰都吃了芝麻菜，但只有米勒生病了。）

共变法

共变（concomitant）意味着变化在相同的时间发生。**共变法**（method of concomitant variation）在于改变一个因素并确定待解释事件的某些因素是否发生相应的变化。如果两种因素一起改变，就提供了认为这两种因素之间有因果联系的理由。

例如，如果一组对象消费的简单碳水化合物越少，他们减掉的体重越多，我们就可以推理说，在饮食中限制简单碳水化合物与体重减轻之间存在因果联系。为了验证这种联系，我们可能寻求更多精确的信息。我们可能会运用在特定情况或特定减重阶段的精确判断原则。同样，我们或许想确定一个特定时期食物中的简单碳水化合物量。由此收集到的数据能让我们画出一段时间内简单碳水化合物与减重关系的曲线，也许能以更确定的方式说明所消费的简单碳水化合物的量与体重水平之间的关系。

共变法的问题在于，它仅仅是建立关联性的一种技术，即使与其他更复杂的统计技术结合运用也是如此，但很多关联性并不是因果联系。假设随着变红枫叶数量的增加，南飞的大雁数量也增加。共变法使我们相信，枫叶变红是解释大雁南飞的原因，但真正的原因仍然是气候变冷、白天变短，而变红枫叶数量的增加以及南飞大雁数量的增加都是出于这同一个原因。

在两个因素之间建立关联性并不能证明它们之间存在因果联系，但发现关联性常常是揭示因果联系的重要步骤。关联性表明了哪些因素可能是原因，并为进一步的研究指明了方向。

密尔方法

1. 求异法

S_1：p，q，r，s 事件发生

S_2：p，q，r 事件未发生

S_1 和 S_2 的唯一不同之处是因素 s，因此，s 一定 / 可能 / 大概是事件发生的原因。

2. 求同法

S_1：p，q，r，s 事件发生

S_2：t，u，v，s 事件发生

S_1 和 S_2 的共同之处（唯一相同之处）是因素 s，因此，s 一定 / 可能 / 大概是事件发生的原因。

3. 求同求异并用法

S_1：p，q，s 事件发生

S_2：p，t，u 事件发生

S_3：r，v，s 事件未发生

事件只发生在 S_1 和 S_2 中，二者具有的唯一共同因素是 p，因此，p 一定是事件发生的原因。尽管 S_1 和 S_3 存在共同因素 s，但事件未发生在 S_3 中，因此 s 不是事件发生的原因。

4. 共变法

S_1：当 p 的数量增加，事件 E 出现的频率提高。

S_2：当 p 的数量减少，事件 E 出现的频率降低。

S_1 和 S_2 表明，p 变化，E 相应（同时）出现，因此，p 可能是 E 的原因。

另外，当以统计学的方式表达关联性时，它们可以作为预测或指导行动的基础。动物脂肪消费数量和冠心病发生之间统计学上的重要相关性会让谨慎的人减少脂肪的摄入量。二者之间的联系可能是偶然的而不存在因果原因，然而这种可能性还是存在的。

实验法

在将一种新药用于治病之前，研究人员必须进行实验以证明药物是安全有效的。求异法常用于药物实验测试中。如果能设计出在各个方面都彼此相仿的两种情形，且药物在一种情形下使用而在另一种情形下不使用，那么在后一种情形出现而在前一种情形没有匹配出现的变化都可归因于药物的作用。

假设你是一位想知道化学合成的四氢大麻酚（Tetrahydrocannabinol，简写为 THC）是否对降血压有效的研究人员。你从动物实验开始，你找到一群血压高出标准范围的实验鼠，然后将它们分到控制组和实验组，分组时注意确保两个组在所有你认为具有相关性的方面都彼此相仿。

所有实验鼠必须来自同一个遗传系，从而可能的基因变量产生的影响即使不能消除，也可以减小。而且，血压值在两个组的分配应当相同（两个组的平均血压值相同是不够的，因为这样还有可能存在血压值范围不同的情况，而这可能会产生误导性的结果）。同样，两个组在性别、年龄、身体状况和体重方面也要同等分配；两个组应当严格按照相同的方式对待：喂相同的食物，住同样的笼子，保持同样的温度，等等。在所有方面都尽可能使两个组彼此相仿。

你对待这两个组的唯一不同之处就在于只给实验组的小鼠使用 THC。当然，注射本身也可能造成两个组的差异。为了不让注射影响结果，你也要给控制组的小鼠进行注射，只是用不起作用的物质如蒸馏水代替药物。

在预定好的处理过程的最后，你测量两个小组实验鼠的血压并比较结果。如果实验组的小鼠血压比控制组的小鼠血压低，你就获得了支持药物有效的结论证据。毕竟，给实验组的小鼠注射 THC 是两个小组之间唯一的相关性差异。

这样的结果似乎是无可置疑的。然而，即使在像这个例子这样相对简单的实验设置中，也容易找到质疑因果断定充分性的各种理由。例如，可能有未被消除的**实验偏见**（experimental bias）。如果实验者知道那组小鼠是使用 THC 的，他们就可能下意识地以不同的方式对待它们。他们可能在实验鼠身上花更多的时间，更细心地照料它们，等等。这样，这些方面的差异可能真正对实验鼠血压的降低起了作用，而不是 THC。又或者，实验者在记录血压数据时犯了未发觉的错误。即使不是有意的，他们的测量可能倾向于支持药物有降低血压作用的假设。

为了防止这些可能的障碍，人们设计出了所谓的**盲试**（blind experiment），也叫面罩实验，即始终不让参与实验的实验者知道哪些动物是实验组的，哪些动物是控制组的。还有可能不让研究者知道注射的是蒸馏水还是药物。这就形成了**双盲测试**（double-blind experiment）。实验过程中出现的各种错误互相抵消，从而可能的系统性错误被降至最低。

但是需要注意，即使这样简单的实验也要假定实验者有能力识别可能影响测试结果的因素。对实验组和控制组进行分组就需要这种能力。因为两个组不可能完全相同，它们必须在相关方面保持相似。如果我们想测试药物对血压的影响，我们会假定实验组小鼠毛皮上有更多的斑点是无关紧要的。就我们已知的情况而言，毛皮上有没有斑点与血压没有联系，年龄、体重被认为与血压有联系，而皮毛的颜色没有。

然而，做这种假定时我们有可能出错。我们可能忽略了对血压有影响的变量，或者是因为我们不知道该因素存在，或者我们错误地以为它们是不相关的。这样，我们就没能在影响结果的变量上使两个组保持相同，这会导致我们错把一个不是原因的因素当作原因。

由于这些及类似的原因，因果探究常常不只是操作一个实验的问题。即使那些被认为具有相关性的因素也经常无法同时加以控制，在实验实施之后经常会提出关于其他因素的质疑。只要可行且有必要，进行一系列的实验——每个实验选择不同的因素保持不变而其他因素有变化——总是更佳选择。

科学研究中的大多数实验思维都运用密尔方法。求同法和求异法表达了受控制实验的基本逻辑，共变法则是统计关联性的基础。

习题

一、技术练习。

（一）从第二列选出最恰当阐明或说明第一列原因概念的匹配项。

第一列：

★1. 必要条件

2. 充分条件

★3. 充分且必要条件

4. 可控条件

★5. 背景条件

6. 近因

第二列：

a. 只要有 A，就有 B。

b. 如果 B 出现，A 也一定出现。

c. 当汤普森点燃了导火线，大炮开火了。

d. 缺乏维生素会引起脱发。

e. 阳光是谁都不会考虑的因素。

f. 吃蔬菜能降低癌症风险。

g. 有规律的锻炼有助于防止抑郁。

h. 如果氢和氧在一个密闭的容器中以 2∶1 的比例混合，并且能量以电火花的形式导入系统，就产生了水。

（二）对下面例子断定的明显原因加以解释。首先，每个例子提到或隐含的原因是：（a）一个必要条件；（b）一个充分条件；（c）一个充分且必要条件；（d）以上都不是。其次，如果其中可以找出某种原因性的条件，那么它是：（e）近因（或触发性条件）；（f）可控条件；（g）一个背景（或持续的）条件；（h）其他某种贡献性条件。（注意：这些分类只是近似于分析的方法，并不是每个例子都能精确地归入某个类型。）

★1．当一片挡热板脱落下来击毁左翼并引发一连串毁灭性后果，哥伦比亚号航天飞机解体了。

2．只有得到了西班牙女王伊莎贝拉的经济资助，克里斯托弗·哥伦布的新世界航海才能成行。

★3．没有自由就没有艺术。

4．氧和水的结合引起了大桥的坍塌。它们腐蚀了钢体支撑结构，然后是一辆满载牛奶的油罐车试图通过，大桥就承受不住了。

★5．705 航班的坠毁是由除冰不彻底引起的。

6．用药过量会导致死亡。

★7．细菌感染是发烧的原因之一。

8．现在人们认为高脂饮食是引发结肠癌的一个重要的风险因素。

★9．第二次世界大战期间德国军队犯下暴行的部分原因是，阿道夫·希特勒有意识地用他亲自挑选的忠诚的外行取代职业军人所造成的对德国军官群体的削弱。

10．有机分子在无氧环境中才能增殖。

★11．地震是由地壳板块的移动引起的。当两个板块以相对的方向靠近，其边缘部分卡在一起，突然脱开并滑向一侧，结果就造成了一次地震。

12．失血过半就不可能活下来了。

★13．有规律的锻炼、低脂饮食、每天一次饮酒有助于预防心脏病。

14. 当手枪锤里的撞针撞击子弹的火帽时，火药被引燃。

★15. 当没有动物进入或离开一个繁殖群体时，该群体中一个特定基因的频度增加是变异或选择导致的结果。

二、构造解释练习。

（一）说明你如何根据所给的信息和概括为下列事件构造一个覆盖律解释。

★1. 为什么将一根直的棍子一半没入水中时看起来就折弯了？

事件 E：棍子看起来折弯了。

a. 光沿着直线传播。

b. 当光线到达一个物体时，它被物体表面反射回来。

c. 当光线从物体反射回来进入我们的眼睛时，我们就看见了物体。

d. 由水面以上的棍子部分反射的光沿直线传播。

e. 由水面以下的棍子部分反射的光以不同角度出现。

f. 从两个部分反射的光线以不同角度进入你的眼睛。

g. 棍子看起来折弯了。

2. 为什么卡尔得了流感？

事件 E：卡尔得了流感。

a. 莉萨得了流感。

b. 任何免疫力差的人接触流感病毒后都会得流感。

c. 流感病毒通过与感染流感的人接触传播。

d. 卡尔在接受肾移植后服用的抑制免疫反应的药物使其免疫力变差。

e. 卡尔与莉萨一起吃了晚餐。

f. 卡尔得了流感。

★（二）为下面描述的事件提供至少两个解释。

你转动点火器里的钥匙，但汽车发动不了。

在你给出的每个解释中，要说明用到了什么概括（规律）能将你提到的因素作为原因来解释所发生的事件，即构造一个被描述为"汽车发动不了"事件的演绎性解释。

三、因果分析的密尔方法练习。

（一）讨论在下列模式中发现（可能的）原因时使用的密尔方法。

★1.（A，B，C）→事件发生

（A，D，F）→事件发生

2.（A，B）→事件未发生

（A，B，C）→ 事件发生

★3.（A，B，C）→事件发生

（A，D，E）→事件发生

（A，D，C）→事件未发生

（二）讨论在下列例子中发现（可能的）原因时使用的密尔方法。

★1. 你有两个电池驱动的、灯泡型的闪光灯，称它们为 A 和 B。A 正常工作，B 不工作。你把电池换过来后，A 不工作了，但 B 能工作。基于对闪光灯的了解，你怀疑可能跟电池有关。你将如何测试你的假说？

★2. 除了你更换电池后 B 仍然不工作外，其他事实与题目 1 中的描述相同。基于对闪光灯的了解，你认为还会出什么问题？你将如何测试你的假说？

★3. 除了你更换电池后 A 和 B 都不工作外，其他事实与题目 2 中的描述相同。出了什么问题？你将如何测试你的假说？

四、研究性练习。

（一）讨论下列例子中的实验性研究方法。（研究不一定导向我们现在认为正确的结论。）针对每个例子回答下面的问题。

★1. 一个大型数据分析表明，每天喝 6 杯以上咖啡的人患Ⅱ型糖尿病的风险比不喝咖啡的人低 40%。每天喝 3 ～ 4 杯咖啡或茶的人风险低 25%。饮用等量的脱去咖啡因的咖啡或茶的结果相同。Ⅱ型糖尿病是由于胰岛素不能将血液循环中的葡萄糖进行新陈代谢的一种疾病。

为什么咖啡或茶里的咖啡因不太可能是降低糖尿病风险的原因？如果你在进行这项研究，你会到哪里寻找影响葡萄糖新陈代谢的化学成分？

2. 约瑟夫·戈德伯格对糙皮病的原因做了经典的研究。现在，我们知道糙皮病是营养不良引起的。戈德伯格确信，糙皮病并不像很多人所说的那样是一种传染病。

为了测试他的判断，他实施了这样的实验：他和助手给自己注射了糙皮病人的血液。为了排除另外的传播源，他和助手服下了装着糙皮病人排泄物的胶囊。戈德伯格和助手都没有得糙皮病。

解释戈德伯格否认糙皮病是一种传染病的推理。

★3. 帕斯卡为托里拆利的地球被“空气的海洋”包围的假说提供了一个证据。他让姐夫皮埃尔带着一个气压计登上山顶。

气压计是将一管水银倒放在一个空盘子上做成的。托里拆利断言，水银柱将会下降至它的力与空气作用于盘子表面的力达到平衡的水平。皮埃尔带着这个气压计登山，管子里的水银降到了比它在海平面时低的水平。

解释帕斯卡认为这个结果将支持托里拆利假说的推理。

4. 一些研究表明，早期遭受过暴力的儿童长大后有暴力倾向。因此，如果我们真想抑制社会暴力，就应该启动旨在减少儿童遭受暴力的项目。坦率地说，如果我们不想让他们长大后对我们施暴，那就应该停止虐待孩子。

对孩子施加的暴力与成人暴力之间的关系是什么？由此得到的预言是什么？

★（二）分析下面的例子，然后分别从不同的视角进行讨论：（1）房主律师的视角：他想挽回房屋主人的损失；（2）设计这所房子支撑结构的建筑工程师的视角；（3）建造这所房子的建筑承包商的视角；（4）保险公司的调查员，他在这所房子的保险合同里写上了一条：排除任何自然风险所致损害的索赔权。

艾伦·赖丁是一位建筑工程师，他花了一天多的时间研究曾属于汉弗莱·博加特的一所房子坍塌之后的废墟。赖丁之前与这所房子没有任何关联。他得出的结论是，尽管将房屋固定到拉古纳海滩山坡上的混凝土支撑物从地基延伸到地下20英尺（约6米）深，但并没有沉入基岩。当连续五天的罕见大雨浸泡山坡，浸满水的土壤松动了，引起的泥石流将房屋冲下山坡并毁掉了它。

第七章

类比论证与模型

进行**类比**（analogy）是让人注意到两个不同对象之间的特定相似性。在类比论证中，相似性是为支持结论而提出的。**模型**（model），就像科学中运用的，是类比的一种特殊类型。

类比论证

类比论证（analogical argument 或 argument by analogy）是这样一种论证，因为两个不同的对象具有某些共同的特征，并且其中一个对象还有另外的特征，所以断言另一个对象可能也具有这个特征。类比论证具有如下形式：

A 类似于 *B*，它们都有特征 1、2、3……

A 还具有特征 *N*。

B 也具有特征 *N*。

（道德类比论证断言 *B* 应当具有另外的这个特征。）类比论证是非演绎论证的特殊类型，其前提支持结论，但不确保结论为真。

事实类比论证

事实类比论证用一个类比来确立关于某个事实状态（非道德的）的断言。两个被比较的对象可能是不同的人、政策、国家、仪式、服装风格等。下面这个例子比较了当前历史时期与某个其他历史时期：

这个国家正走向经济萧条。只要比较一下现在的情形与20世纪30年代之前的情形就会看到这一点。我们经历了一次大的股灾，投资者越来越不愿意将钱投向市场。有一些大型公司倒闭了。制造业在下滑，失业率在增加。迟早会发生的大量失业给社会系统造成的压力会使其崩溃——正像20世纪30年代的情形。

前提说明了当前经济与20世纪30年代经济之间的相似性，以此作为得出"这个国家正走向经济萧条"这一结论的证据。

类比论证不都是处理这类日常问题的。约翰·斯图尔特·密尔最早给出了一个说明他人心智的严格论证：我们如何知道他人的主观经验和我们自己的一样？密尔就疼痛的体验做了如下推理：

别人有着和我相同的感官——眼睛、鼻子、耳朵，等等。

这些感官运作的心理模式对他人和我而言似乎是相同的。

当我偶然割伤自己或被一个重物砸到脚时，我感觉到疼痛。

当我身上出现这种情况时，这些场合通常伴随着跳起来、面部扭曲、大骂等行为。

任何一个割伤了自己或被重物砸到脚并做出与我相同行为的人也感觉到了疼痛。

由类比进行的论证经常不像我们举的例子那么明显。例如，"狗显然会思考。你没见过当主人拿起车钥匙时狗激动的样子吗？"。这显然就是和我们的例子一样的一个类比论证。

道德类比论证

类比论证也被用于道德语境，以论证在相关方面类似的情况应当以类似的方式对待。（有些论证试图证明类似情况可以以类似方式对待，同样对待是允许的但不是道德上必须的。）由于“公正”要求我们以始终如一的方式应用规则及社会政策和法律，道德类比论证可以视为要求同样对待的论证。这种论证可以区分为两种类型。

道德类比论证的一种形式大致是，由于两件事是类似的，所以应当将对一件事已做出的处理推及另一件事。这类论证经常具有下列结构：

A 和 *B* 都有特征 1、2、3、4。
A 被以 *T* 方式对待。
B 没有被以 *T* 方式对待。
———————————————
B 应当被以 *T* 方式对待。
（或者：我们应当对 *B* 没有被以 *T* 方式对待做出补偿。）

下面这个论证就具有这种形式：

> 由于农场的移民工人是按照兼职方式被雇用的，所以雇主就合法地被免除了按照向全职工人支付最低工资的方式来向他们支付工资的义务。然而，在农忙季节，移民工人的工作时间不比全职工人少。因此，在农忙季节应当对移民工人的工作执行最低工资支付标准。

上述论证的下列变形也是成立的：如果要给予一个事件某种对待，那么对于另一个类似的事件也应当给予同样的对待：

A 和 *B* 都有特征 1、2、3、4。
———————————————
如果 *A* 被以 *T* 方式对待，那么 *B* 也应当被以同样的方式对待。

所说的对待既包括惩罚，也包括奖赏。下面这个例子展示了上述形式：

证据表明，林和霍金斯共同策划并实施了盗窃文件的行为，并且，将文件卖给外国政府后两人都从中获益。所以，如果林因在犯罪中所起的作用而被判刑，那么霍金斯也应当得到类似的判决。如果以不同的方式对待霍金斯，对他就是不公平的。

道德类比论证的另一种形式在于试图证明，如果一个事件中某个行为的合法性是不确定的，但它与另一个事件中的行为类似，则该行为就有了可辩护的理由：

在事件 *C* 中，行为 *A* 并不明显是正当的。
在事件 *D* 中，行为 *A* 明显是正当的。
C 与 *D* 在 1、2、3……方面类似。
事件 *C* 中的行为 *A* 也是正当的。

下面勾勒了一个这样的推理，该推理论证了妇女拥有流产的权利：

杀死一个无辜的人是错误的。但在某些不同寻常的情况下，每个人都承认杀人可以是道德上合法的。

例如，假设一个疯狂的科学家发明了一种可植入人体的装置以取代某个人的大脑，能删除他的意识并像控制机器人一样控制他的身体。这个疯狂的科学家把这个装置植入了你的邻居帕特的大脑。当你回到家时，帕特抓住你，将一把刀放在你的喉咙处，用一种呆板的声音说："我要杀了你。"你口袋里碰巧放着一个装满毒液的自动注射器，这种毒液能瞬间致人麻痹并死亡。那么，杀死这个大脑被控制的无辜的人在道德上是被允许的吗？

尽管不幸，但这是被允许的。对于流产也一样，即便我们假定胎儿是一个人，胎儿是无辜的，然而它对一个怀孕的妇女构成了威胁。正如她面对大脑被控制的杀手时的自卫是正当的，她也有正当理由面对胎儿进行自卫。

道德类比论证包含着一个大意是“类似的情况应当以类似的方式对待”的隐含前提。这是一个正义或平等的形式原则，该形式原则并不说明哪些因素使两个事件类似或应当如何对待它们。“除非出于自卫，否则杀死一个无辜的人是错误的”是一条实质性的原则。其中，什么算一个人、什么算无辜的以及什么算自卫，必须由论证加以阐明。

我们可以将道德类比论证看成省略三段论，其中关于平等的形式原则是隐含的前提。如果将这条原则加上，论证就成了有效的。但就像下面将要讨论的，这并不一定意味着这些论证就是好的论证。（关于省略三段论请参看第一章，关于一般有效性请参看第三章。）

模型

在自然科学和社会科学中，类比推理经常采取运用模型得出结论的形式。模型在于用一个我们熟悉的、容易理解的系统去表征一个不那么好理解的系统。假设模型的特征与我们所不熟悉的系统是类似的，就可以将关于模型的结论推广到这些系统上去。科学中的两种重要的模型分别是形式模型和实体模型。

形式模型

形式模型（formal model）是属于某个系统的一组概念和原则，用来建立对另一个系统的理解。可以用一个装满乒乓球的房间来作为气体动力学理论的一个模型。假定理想的气体是由小圆球构成的，用乒乓球代表这些小圆球，用房间代表气体的容器。我们给房间和乒乓球指定某些特征——例如，房间的墙壁有极好的弹性，与乒乓球之间的距离相比，球的直径可忽略不计。加热气体就好比使乒乓球更快地弹射，增加压力就好比将墙壁移得彼此更靠近，这就增加了单位空间内球的个数。这样的思考使我们将熟悉的事物类型上的概念和规律运用到不熟悉的事物类型上。

另一些形式模型的例子也同样为人熟知。伽利略将在斜面上滚动的弹球作为自由落体的模型，查尔斯·达尔文用人工选择下的动物繁殖行为作为自然选择理论的模型。西格蒙德·弗洛伊德精神分析理论的某些方面是通过与液压力类比提出来的，例如，压抑的愤怒就像管子里液体积累的压力。

实体模型

没有人相信气体分子真的就是乒乓球或者愤怒真的在人体的管子里流动。在形式模型中，我们只是认为模型的某些抽象性质在被模拟的系统中也成立。这与**实体模型**（material model）的情况不同。在实体模型中，一个物理系统被用来表征另一个物理系统的各个部分。这种表征依赖于这样一个假定：两个系统有足够多的共同特征，从而允许我们将在模型中的发现推广到被模拟的系统上去。

我们最熟悉的实体模型的例子是用于实验的动物。我们使用大鼠、小鼠、猴子、狗、猫、兔子及其他有机生物来研究人类疾病的原因和治疗、药物的效果以及其他化学物品对人类健康的影响。没有哪个科学家声称这些动物和人在生物学意义上是相同的。然而，有些时候，我们能够假定动物和人有足够多共同的相关特征，从而可以用动物来测试因受时间或道德限制而不能直接对人进行测试的那些假说。

例如，猕猴在营养学实验中常被用来作为人的生物样本。如果食物中的叶酸不足，猴子会贫血，这个发现就被推广到了人。这个结果被用于支持饮食缺乏叶酸的人会得贫血症的结论。

在生物和医学的基础研究中，动物样本是不可或缺的。多数科学家都承认，睡眠失调、精神分裂等精神疾病原因的研究由于缺少动物样本而受到了严重制约。

科学研究的其他领域也使用实体模型。在贮水池装上混合的水和沙子代表流沙，用液压代表岩层所承受的岩体重量的压力。地质学家用现代的垃圾堆代表古丘，用当代秘鲁的建筑技术作为古代建筑技术的模型。

在所有这些事例中，从实体模型到被模拟的系统进行的推理都是基于与模型的相似性而对系统做出断言。因此，由模型进行的推理就是一种类比论证。

评估类比推理

不存在自动地断定一个类比论证是否是一个好论证的规则。但是，有两条原则有助于我们断定其结论是否值得相信。

相似程度必须高

通常的经验告诉我们，被类比的两个对象相似性的数目越多，一者具有某种别的性质时另一者具有这种性质的可能性也越大。如果相似性的数目是100，发现两者在其他方面也相似的可能性就会比相似性数目仅为10的时候要大。但是，两个对象之间相似点的数目要相对于不相似点的数目加以平衡。如果两个对象在1000个方面不同，那么它们共有的100个特征就没有多大意义了。

对象之间相似的方面构成了**正类比**（positive analogy），它们之间不同的方面构成了**负类比**（negative analogy）。如果同时考虑相似点和差异点，则类比度就是正类比与负类比的比值。正类比相对于负类比的比例越大，类比度就越高。

当两种情况除了所占据的空间不同以外，在其他所有方面实际上都相同，就出现了高类比度的**极限情况**（limiting case）。两个氢原子或两个水分子就是极限情况的例子。我们熟悉的更大的物体在具体细节方面出现越来越多的彼此不同。源于同一块玻璃且由同一台机器一个接一个生产出来的玻璃弹珠是相似的极限情况，但是狗、人、历史事件、对话、绘画、政治局势，既隶属同一种类型，彼此间也存在巨大差异。生物学家、心理学家、社会学家、人类学家、政治学家经常指出，正是由于他们的研究对象之间缺乏精确的相似性，因此比物理、化学中的情况更难得到可靠的结果。

我们无法提出机械的程序以确定两个事例之间的类比度是否足以保证结论的合理性。判断是否应当接受一个结论，需要掌握和衡量相关的事实，但这最终是一个如何判断的问题。

例如，在不违反版权的前提下，个人能否用录像带录制电视节目以便随后观看或者通过复制做成一个图书馆供个人使用？有法院判决认为这属于合理使用，它断定视频资料与音频资料之间的类比度足够高，因此法律上已做出的关于音频资料的“合理使用”原则也适用于视频资料。另一个法院则可能不这么判，因为这里的问题是类比度，不同的人所理解的合理类比度是不一样的。

对道德类比论证持批评态度的人常常指出，尽管两个或两组对象之间可能存在相似性，但它们的不相似性更为重要。例如，当一个日托中心拒绝雇用一个曾有过骚扰儿童行为的男子而雇用了另一个条件相当的人时，这名男子几乎无法称自己受到了不公平的对待。在这种情况下，与其相对重要性相比，相似与不相似的数目就没有那么重要了。所以，我们根本不能仅仅通过计数相似与差异、算出一个比值并依据这个数字来判断是否接受一个结论，用这个比值帮助我们做决定。我们不可避免地要运用判断力。

> 尽管类比经常误导人，但它是我们所拥有的误导最少的东西。
>
> —— 塞缪尔・巴特勒

类比必须与结论相关

如果两个对象所具有的共同特征与基于一个对象具有从而推论另一个对象也具有的那个特征有密切关联，我们对结论的相信程度就会增加。这里的关联性可能是统计学上的，也可能是因果联系。

假设我们想知道新加入的一部分居民是否倾向于支持增加教育税。由于之前没有他们的投票记录，我们利用类比作为预测的基础。

当我们将新加入的这部分居民与已知其投票史情况的老居民进行比较时，首先发现这两组居民在收入分配、职业、年龄及婚姻方面有很好的匹配。看起来这两部分人之间有较高的类比度，而那些老居民总是支持增加教育税。

那么，我们能不能下结论说新加入的这部分居民将支持增加教育税？有可能。但是，如果有证据表明老居民中有学龄子女的那些人倾向于支持增加教育税，那么我们会认为结论更可信。并且，如果还知道这两部分居民中有学龄子女的人的比例大致是相同的，那我们会认为结论更加可信。

但如果我们发现新加入的居民有相当比例的人没有学龄子女，结论的可信性就会被严重动摇。没有学龄子女的人不太会投票支持增加教育税。这样，即使两部分人有很多相似性，我们可能最终不会自信地认为我们能预测投票结果。类比论证是有用的，但它并不总能解决我们的问题。

对于道德类比论证来说，如果要通过论证来支持针对不公平的抗议或者要求同等对待，那么事例之间的相似性必须是相关的相似性。给在算术考试中得了 93 分的戈麦斯记成绩 A、给得了 10 分的惠特利记成绩 F，看起来是公平的。考试所得的数字分数与学生应得的字母成绩是相关的。如果惠特利论证说，给她的成绩是不公平的，因为她考前复习所花的时间与戈麦斯一样多，她的总成绩平均分也与戈麦斯相近，我们不会接受她的断言。这些相似性与她算术考试的成绩没有相关性。相反，她在考试中的表现则是相关的。

相关性也被用来评论模型方法。反对将老鼠用于测试糖精钠（一种合成甜味剂）对人体影响研究的人声称，老鼠不是合适的模型，因为老鼠代谢这种物质的方式与人的代谢方式不同。因此，糖精钠导致老鼠患膀胱癌的发现不能合理地推广到人。新陈代谢的生理过程与膀胱癌具有相关性，所以（如批评者所称），老鼠与人的代谢差异使得动物模型不再是合适的模型。（其他科学家则不同意差异与老鼠作为合适模型使用的辩护之间存在相关性。）

没有规则可用来判断相关性。即使人们在事实和原则方面是一致的，相关性方面的分歧仍会导致意见不一。类比论证在其中起着重要作用的刑事判决、道德及社会决策领域尤其如此。尽管我们会期待相关性方面的一致意见，有时还是必须通过论证来建立相关性。

习题

一、实践哲学练习。

考虑题干后面两个相反的类比论证，以简明的形式重述论证，并讨论其强弱。

★1. 伯恩考夫人体解剖图册

医学著作《伯恩考夫人体解剖图册》(*The Pernkopf of Anatomy*)可能是曾经出版过的最精确细致的人体解剖图册。但是，该书文字部分的作者及说明的编纂者爱德华·伯恩考夫是一名忠诚的纳粹分子，用于书中部分图画的模型是犹太灭绝和其他大屠杀受害者的尸体。直到今天，医学院校还将此书用于指导解剖学教学。

该书是否应被禁止用作医学教育的教材和参考书?

支持：医学院校将这本解剖图册用作教材是错误的。如果为了钱而实施谋杀，所有这笔钱的使用都受到了道德玷污。因此，即使用这笔钱去治愈一个生病的孩子也将是错误的，因为这个孩子将从一个不道德的行为中受益。

对于《伯恩考夫人体解剖图册》也是如此。甚至尽管医生从此书的精确性方面受益并基于自身所学去帮助病人，这本书来源的道德污点玷污了从此书受益的医生的工作。

反对：只要有助于学习，《伯恩考夫人体解剖图册》就应当继续使用。如果一个孩子的母亲被杀害了，这个孩子忘记了她为了他能体面地开始生活而做出的牺牲，这是不是错误的？当然是错误的。这个孩子应当记住他母亲以及她做出的牺牲以表示对她的尊重。所以，即使图册用了纳粹受害者的尸体，我们应当记住并对他们被迫做出的牺牲表示尊重。表达尊重的一种方式就是让人们学习《伯恩考夫人体解剖图册》以增长知识，帮助他人。

2. 种族分析

2001 年 9 月 11 日针对美国发动的恐怖行动促使美国采取各种防御措施。尤其是，旅客在机场登机前的安检加强了。在美国及海外的其他恐怖主义分子卷入了走私或试图将爆炸物、武器带上旅客飞机。

是否每位旅客都需给予相同等级的审查？或者我们应进行种族分析并对选出的一些旅客予以特别注意？

支持：假设你站在街角，一个戴红帽子的男人走过来揍你的鼻子。很多戴绿帽子或黄帽子的男人从你身边走过，也有几个戴红帽子的人从你身边走过。然后，另一个戴红帽子的男人揍你。第二天，另一个男人又这样做。揍你的人全都是戴红帽子的男人。那么你会对谁特别怀疑？戴绿帽子的男人？戴黄帽子的女人？那会很荒谬。你会给予戴红帽子的男人特别注意以保护你自己。这就是为什么进行种族分析以保护旅客和飞机的安全有充分的意义。那些在 9·11 事件中袭击了美国的恐怖分子以及随后试图这样做的人都是具有中东种族背景的穆斯林或者是和穆斯林有联系的男人。在登机之前对每位旅客进行某种程度的安检是合理的。但中东种族或已经知道是穆斯林的男人应当给予更为密切的关注。

反对：这是一个民主国家，每个人与其他人一样具有价值。单挑出特殊种族群体或宗教信仰的男人予以特别怀疑——种族分析——在根本上就是错误的。这和让妇女比男人交更高的税或者让红头发的人站到队列前头没什么不同。在进行机场安检或任何其他类型的安全检查时，中东种族或穆斯林的男人应与其他人一视同仁。

★3. 贫穷白人研究

过去几十年，美国社会已经意识到某些群体的贡献和文化实质上被忽视了。作为回应，高中和大学增加了涉及种族和性别研究的新课程和项目，例如，妇女文学、非洲裔美国人小说、西班牙式建筑、美国原住民音乐、亚洲裔美国人历史、伊斯兰哲学以及LGBT研究。这些课程的增加受到欢迎，因为我们越了解我们社会的多元文化，就越对我们社会的力量心存感激。然而，一个重要研究领域被忽视了：贫穷白人的历史和文化。那些富裕的、有权势的社会精英主宰了历史书，因此那些贫穷白人的故事不为人所知，他们对社会和文化的贡献实质上被忽视了。

贫穷白人是否与其他被忽视或被边缘化的社会群体一样有资格体现在高中和大学的课程与项目中?

支持：贫穷白人绝对应当体现在教育机构的课程体系中。如同妇女、LGBT、非洲裔美国人、亚洲裔美国人和西班牙裔美国人一样，贫穷白人也在与偏见和排斥相抗争。实际上，在某些方面，他们比上述群体的境遇更糟，因为除了在电影和电视节目中被故意取笑之外，他们实际上被视而不见。(贫穷白人可能是最后一个社会性地被接受为可以取笑的社会群体。)虽然他们地位低下，但他们也对我们文化的丰富做出了贡献，他们拥有自己的音乐、艺术、文学、信仰以及习惯。他们是被我们忽视了的应重新认知的社会群体。是时候结束这种现状而给予他们应得的尊重和认可了。

反对：关于贫穷白人的最引人注目的事实并非是他们的贫穷——贫穷是各个种族和群体的条件特征——而是他们是白人。这个国家直至最近的历史都基本上被视为白人男性的历史。我们需要对边缘化或被忽视的群体如妇女和非洲裔美国人的成就做记录，因为我们传统上不把他们当回事或对其视而不见。但并无必要单挑出贫穷白人作为一个值得特别认可的群体，因为我们一直在做我们实际上所做的事——认可白人的文化和贡献。他们中的一些人贫穷并不造成任何不同。

4. 驾驶执照

佛罗里达州拒绝给萨尔塔纳·弗里德曼发放驾驶执照，因为她拒绝提供不戴面纱的照片。在她的照片上，面纱完全遮住了头部和脸部，只有眼睛是看得见的。

弗里德曼是一名穆斯林妇女，她坚持认为要求她摘下面纱拍照侵犯了她的宗教自由。

是否应当要求为驾驶执照提供不戴面纱的照片？

支持：在这个事件中，州的利益优先于宗教表达权。我们需要知道人的真实身份，警察需要确定驾车人就是驾照持有人。此外，在机场安检和各种商业及公共活动中，驾驶执照被用于身份证明。或许指纹或视网膜扫描将来会成为识别模式，但是目前用的还是照片。给戴面纱的人拍照就像是给脸上戴着滑雪面罩的人拍照。不错，驾驶执照是要表明一个人通过了驾驶测试，但对于身份证明这一目的，它几乎毫无价值。

反对：要求驾车人持有驾照是州的正当权利，因为这是为避免危及他人而要求驾车人掌握基本的驾驶技能。但要求司机提供违反其宗教信仰的照片就太过分了，州并没有要求印度锡克教族人不戴头巾，也没有要求正统犹太人不戴帽子。弗里德曼的宗教信仰也应当受到同等的保护。

二、道德类比论证。

下列论证运用了类比来支持某个特定的道德或政治结论，请以更明确的形式重述并评估这些论证。

★1. “想象一下有人把你的头固定在一个装置上。你无助地盯着前方，无法自卫，你的头被往后一拉，下眼皮被扯离眼球，接着一种化学物品倒进你的眼睛里。一阵疼痛袭来，你无助地喊叫、挣扎着，无处可逃。这就是德莱赛实验，通过化学药品对清醒兔子无防护的眼睛造成的伤害来测试化学药品的危害。化妆品公司将成千只兔子用于德莱赛实验来检验他们的产品。一个健康的社会不会对无防卫能力的人施以暴力，不会以无辜的动物为代价去追求外表的光鲜亮丽。”（千禧年公会，《纽约时报》广告）

2. “人们应该因其劳动而获得报酬。不论你是洗车还是移植心脏，你都应该获得报酬。非洲裔美国人努力工作建设国家，他们的汗水成就了国家的巨大财富。但是由于他们被迫作为奴隶而工作，他们从未得到过报酬。现在该还账了，是时候把他们挣的钱还给他们了。美国政府应当补偿每一个活着的非洲裔美国人——每一个男人、女人和孩子。”（科尔比·布朗，学生，加利福尼亚大学伯克利分校，2008）

★3. “我饶有兴趣地读了美国医学会支持的禁止医生通过实施注射来执行死刑的决议。理由是，‘医生是致力于拯救生命的职业群体的一员……’。我发现这个观点与以下事实很不协调——在这个国家有数百乃至数千医生通过参与或鼓励流产而卷入了杀死最初的人的生命的事件。”（弗吉尼娅·班纳，《达拉斯早间新闻》）

4. 一只成熟的猫的能力比婴儿要强很多。猫知道它对什么感兴趣、能接受和表达爱。而且，它的玩耍和捕猎活动显示出与婴儿同等甚至更高的智力水平。因此，如果我们认为在猫身上进行痛苦的、毁灭性的实验是符合道德的，就必须接受在婴儿身上实施相同的实验也是符合道德的。

★5. 桑德斯不应当被惠特曼学院的荣誉项目接受。她的平均绩点（Grade Point Average，即 GPA）比已接受的最低成绩低半个点。尽管桑德斯获得转学学分的华盛顿大学给学生 A 和 B 成绩的比例比惠特曼学院少，但这改变不了桑德斯的平均绩点低于要求的事实。

三、事实类比论证和道德类比论证。

辨别下列类比论证是事实类比论证还是道德类比论证，找出每个例子里两个不同话题之间的比较点并评估论证。

★1. 罗伯特·阿特金斯博士花费数年时间提出了一种减轻体重的饮食，其基本思想是最好多食用肉和脂肪而减少糖和淀粉的摄入。他声称，单糖的缺乏使身体开始燃烧储存的脂肪以提供所需要的能量。一些小规模实验证明，这种饮食在减轻体重方面比高水果蔬菜的低脂饮食更为成功。然而，为预防心脏病而支持低脂饮食的迪安·欧内斯博士这样批评阿特金斯的饮食建议："我们还知道吸烟能减轻体重呢，"欧内斯说，"可是，会有人认为吸烟减轻体重是健康之道吗？"

2. 这个国家的法律在对待海洛因、可卡因及其他被称为危险药品的使用者和售卖者方面不公平。这些药物给使用者带来健康风险，但是尼古丁和酒精也会导致这样的结果。我们不会对吸烟和饮酒者判刑或者因杂货店店主销售烟酒而把他们投入监狱。相反，我们允许人们吸烟、喝酒，因为我们认为他们有权利这样做，只要这样做不会对他们之外的他人造成影响。是时候一致地应用这条原则并将规定售卖或使用危险的毒品是严重犯罪的法律废除了。

★3. 我拒绝接受这样的观点：父母而不是国家应当通过阻止垃圾食品进入公立学校来管理学生的健康。国家已经禁止学生吸烟或持有枪支，它还要求学校食堂采取措施保护学生免于食物过敏。所以，也应当允许国家管理食堂里的垃圾食品。

4. 广播谈话节目主持人拉什·林博的辩护律师罗伊·布莱克声称，佛罗里达州检察官办公室在从几个医生那里调取林博的医疗记录时侵犯了林博的隐私权。林博承认自己服用止痛药成瘾，州检察官办公室正在以违反佛罗里达州禁止病人对不同医生要求开相同药物药方（一种称为"逛医生"的行为）的法律对他进行调查。布莱克说，正确的做法是，在调取林博的医疗记录前应该让他提前知晓。然后，州检查官办公室的詹姆斯·马茨说，如果按照这个程序做，林博和他的医生就有时间更改或毁灭关键性记录。马茨将调取医疗记录与被怀疑醉酒驾车的司机进行血样检查予以比较。"警察在街上做出一个大概的原因推定，就可以在没有传票的情况下对当事人进行体液检查，"马茨在法庭听证会上说道。（美国联合通讯社，2004年4月8日）

★5. "哈马德先生在沙特阿拉伯与足球之间进行了比较。一个国家按照与其他各个国家相同的规则踢足球。所以，沙特阿拉伯人应该知道，他们的社会也经得住其他国家所允许的那种开放式辩论和讨论。"（《纽约时报》，2005年6月9日）

★四、罗伯茨的类比论证。

不考虑你本人关于流产及妇女被无条件地许可流产权利的观点，评估下述罗伯茨的类比论证。

1992年10月6日，当司法部的副首席政府律师在最高法院提出论证时，最高法院大法官约翰·罗伯茨支持了反流产小组的“手术拯救”行动，该行动阻止诊所接诊流产妇女。手术拯救被指斥干涉了妇女的权利行使，从而剥夺了法律给予她们的平等保护。针对这一断言，罗伯茨运用类比做了如下论辩：

“设想……一个印第安部落拥有某条河流的独占捕鱼权。一些生态保护主义者聚集起来反对在这条河上捕鱼，因为他们认为这破坏了生态。他们干涉了印第安人的权利，他们的密谋影响了特定的一群印第安人，但如果由此推出他们对印第安人怀有敌意就太不合逻辑了。他们反对的是在这条河上捕鱼，而不是印第安人，即便事实上只有印第安人在这条河上捕鱼。请愿者反对的是流产，而不是妇女，即使只有妇女才能享有流产的权利。”（《纽约时报》，2005 年 7 月 21 日）

五、推理中的模型。

对下列每题，（1）区分模型和被模拟的问题；（2）讨论有哪些情况使模型不能为被模拟问题的结论提供可靠的依据。

★1. 在一项关于高血压的研究中，墨尔本大学的德里克·登顿教授检查了研究中心的 26 只成年大猩猩，发现无一患有高血压。它们的收缩压和舒张压都在 110 / 70 到 120 / 80 之间。登顿从中选出一半大猩猩（实验组），将它们食物中的盐从 5 克逐渐增加到 15 克。其他大猩猩（控制组）的食物不变。20 个月后，实验组大猩猩的血压升高至 150 / 90。停止增加食盐以后 6 个月，实验组大猩猩的血压都恢复到正常水平。

人类和大猩猩的基因与生理相似度很高，因此，登顿的研究表明，人类食物中的高盐是引起高血压的主要因素。那些想预防高血压或降低血压的人通常被建议减少食盐的摄入量。

2. 最好将原子理解为一个微型太阳系。原子的原子核居于太阳的位置，电子围绕着原子核运动，就像行星在其轨道上围绕太阳运动一样。太阳的吸引力将行星保持在它们的位置上，同样，原子核的吸引力将电子保持在它们的位置上。

★3. 精神疾病研究的最大问题是，关于最严重的精神疾病不可能有明确的动物模型。例如，不论是精神分裂还是抑郁狂躁型忧郁症，这两种主要的精神疾病都没有动物模型。很多生理性疾病如糖尿病、帕金森症等都有动物模型，但是各种精神疾病都没有。

4. 你是一个工程师和设计师团队的汽车工程师。部门经理给你们小组看一个 1937 年福特铲土机的压铸小型车模。你的团队被要求造一辆与之相同的铲土机，只是它要拥有最新的汽车技术。

六、用于预测的模型。

★1. 在一个行为观察实验中，一些未成年仓鼠在每周中每天有一个小时被放进成年仓鼠的笼子里。每次老仓鼠都威胁、攻击未成年仓鼠。这些未成年仓鼠在成年之后有了自己的笼子，其他一些未成年仓鼠（闯入者）被放进它们的笼子里。如果这些闯入者的个头与它们一样大，它们就会退缩逃走（变成胆小鬼）；如果这些闯入者长得弱小，这些仓鼠会比未成年时没有遭受过成年仓鼠威胁的仓鼠更具有攻击性（变成欺凌者）。实验者相信这项研究能说明人类少年的行为。

其中的模型是什么？被模拟的问题是什么？基于模型能做出什么预测？

2. 为解释所观察到的每 5 分钟上下摆动的太阳表面的斑点，研究太阳构成和结构的日震学科学家近期发展出一种新模型。他们认为，斑点是由太阳球体表面下的声波引起的。根据新模型，这种声波的回荡就像声波在一个钟状物中的回响。当一个金属薄板上撒有沙子并且下面有人讲话时，产生的音符会使得沙子形成一定的模型。当震动的声波极少产生时，它们堆在一起；当声波的产生非常密集时，它们分散开来。

太阳表面炽热的气体持续搅动产生的持续噪声会导致太阳表面出现与上述情形类似的模型。这种噪声包含各种可能的频率，会导致太阳内部产生数千万的共振音符，太阳表面的斑点就是这些震动的声波相互作用导致的可见结果，就像一个震动的金属板表面的沙子形成的模型。

其中的模型是什么？被模拟的问题是什么？模型是否暗示了可以进行任意观察或实验以确认模型是有用的或者有与问题相关的新发现？

★3. 采用猪的器官做器官移植以拯救人生命的最大障碍是，猪有一个编码为细胞表面蛋白的基因，这个基因被人体免疫系统识别为“非自体的”从而引起对器官的排异。科学家已经用老鼠证明了有可能培育某种基因“淘汰”的老鼠。这样，一些老鼠淘汰了生成胰岛素的基因，这些老鼠随之得了糖尿病。

请描述一个实验，通过该实验，人类最终能采用猪的器官做器官移植。

4. 佐治亚理工学院的戴维·胡及其同事制造了一只人造眼，这只人造眼由一盘水和织物构成。他们把这只“眼睛”放在风洞中，对之进行吹风，收集织物长度和水蒸发速度的数据。他们观察到，如果织物过长，它们会引导风向以增加水的蒸发率。如果织物过短，也会产生同样的结果。他们还发现，引导水周围空气流动以及减少蒸发的织物的理想长度是“眼睛”长度的三分之一。

基于这一眼睛模型，我们可以对人眼和其他哺乳动物的眼睛做出什么预测？

第八章

推理中的错误：谬误

➢➢

推理中的任何错误都是**谬误**（fallacy）。但是，传统上谬误仅指常见的、我们特别容易犯的那些错误。

我们将要讨论的谬误大部分都有拉丁文名字，这表明从古时候起哲学家就已经试图发现和描述推理中的失误（failure）。我们的目标，正如这些哲学家一样，就是降低我们被坏的论证欺骗的可能性。即便只是知道推理可能出错的几种方式，也有助于我们谨慎地评估论证。

我们将谬误分为两组。第一组包含试图证明一个断言时所犯的错误。第二组包含批评论证或回应批评时所犯的错误。这两组谬误及其子类型都不是互相排斥的，所以某些谬误可能同时归属于多个类型。毕竟，标签永远不可能代替批判性评估。（其他谬误在第四章和第十一章讨论。）

支持一个断言的谬误

某些传统的谬误性论证的问题在于，其前提与结论不相干；还有些论证其前提虽然与结论相干但远不足以构成结论的充分条件；第三种谬误在于依赖某些错误假设。

五种相干性谬误

这一组谬误在于其前提与前提所要支持的结论不相干。

1. **诉诸无知**。**诉诸无知**（appeal to ignorance；拉丁文名字为 *ad ignorantiam*）

是指，因为一个断言未被证明为假，就论证说这个断言是真的。例如：

> 我当然相信 ESP（Extra Sensory Perception 的缩写，意为“超感官知觉”）。没人曾经证明过它不存在。占星术一定是正确的，因为几个世纪以来没人否证它。

下面这个关于立法想法的例子表面上是完全合理的，但实际上是谬误的：

> 众议院发言人这样总结关于通过一项要求公立学校教师宣誓忠于美国法律的想法：“似乎没有任何理由表明我们不应当有这样的法律，”他说，“没有人向我们证明这个法律有什么不对，所以我们的结论是，这个法律是没问题的。”

概而言之，要通过论证来确立一个断言，我们必须提出支持它的理由或证据。缺乏反对一个断言的证据不等于有理由支持它。

看起来是坏推理的好推理：未陈述的前提。一些好的推理可能很像是诉诸无知的推理。例如，我们环视客厅，没看见有大象，于是得出结论说那里没有大象。表面上看，这似乎又是一个诉诸无知的推理。

> 未曾证明客厅里有大象。
> ————————————
> 客厅里没有大象。

如果我们考虑并增加一个常识作为未陈述的前提，这个论证实际上就是完全可接受的：

> 未曾证明客厅里有大象；就是说，我没看见那里有大象。
> 如果客厅里有一只大象，那我能看见它在那里。
> ————————————
> 客厅里没有大象。

站在论证者的立场这样去解释，这个论证就是有效的（一个假言推理否定后件式的例子），并且其前提几乎肯定为真。所以，尽管表面上像是一个诉诸无知的推理，这个论证实际上为其结论提供了牢靠的基础。

看起来是坏推理的好推理：背景信念。由于我们忽略了某些已知的与论证有关的信息（关于背景信念，请参看第十一章），使得一些论证看起来就像是诉诸无知。假设你接受丛林里有巨型蟑螂的信念，我回答说：

没有人曾经给出过任何好的理由能让我们认为在地球的幽暗丛林里隐藏着10英尺（约3米）长的蟑螂。

不存在这样的巨型蟑螂。

表面上看，这像一个诉诸无知的谬误。但是，在实际生活中，我们一定会依赖于我们的经验——昆虫不会长那么大。如果我们熟悉生物学，我们就还会知道巨型昆虫无法存活，因为它们的肺吸收不了那么大的身体所需要的氧气。增加表达这个知识的未陈述前提，这个论证就成了：

日常经验和昆虫的知识告诉我们，昆虫最多也不超过6英寸（约15厘米）长。

没有人曾经给出过任何好的理由能让我们认为在地球的幽暗丛林里隐藏着10英尺（约3米）长的蟑螂。

不存在这样的巨型蟑螂。

现在这个论证就为结论提供了很好的支持。

简言之，大象和蟑螂的论证看起来都像是诉诸无知，但都被理解为是假设了未经陈述的前提。如果没有这些未陈述的前提，这两个论证的确属于诉诸无知的谬误。加上未陈述的前提，它们就成了好的论证。我们绝不会希望被那些仅仅是诉诸无知的论证说服。但是，我们也希望很快地找到能表明一个论证具有任何潜在价值的解释。

看起来是坏推理的好推理：无罪结论。美国法庭的“无罪”判决可能看起来像是诉诸无知的谬误：

公诉人未能证明辛普森杀害了他的前妻。

从法律上说，辛普森没犯杀害前妻之罪。

法律的犯罪问题相当复杂，但这里并不存在什么谬误。在美国，一个人被证明有罪之前是被假定无罪的，所以“无罪”只意味着在法庭上没有被发现有罪。这个关于犯罪的论证应理解为：

公诉人未能证明辛普森杀害了他的前妻。

任何在法庭上未被证明有罪的人都是法律上无罪的。

从法律上说，辛普森没犯杀害前妻之罪。

这就是一个没有瑕疵的推理了。（这个推理与辛普森杀害了他的前妻是相容的。）

2. 诉诸不当权威。我们所相信的大多数事情都建立在权威证据的基础上，而引证一个权威也是证成信念所允许的方式。这里的合理性在于，权威人士处于提供强有力证据的位置，而我们不是。然而，当一个权威在他不擅长的领域被引证时，就出现了谬误。在这种情况下，权威的专业知识与断言无关，不能为它提供支持。

《美丽新世界》的作者奥尔德斯·赫胥黎确信做眼操（贝茨视觉训练法）能治好近视眼，因而近视眼镜是不必要的。他写了一本书来为这个观点辩护，由于他是一个卓越的小说家，其他作者经常引证他的观点来说明贝茨视觉训练法能治好近视眼。借助赫胥黎的权威来支持上述断言的作者们犯了**诉诸不当权**

威（appeal to inappropriate authority；拉丁文名字为 *ad verecundiam*）的谬误。那些将其政治观点建立在物理学家的断言之上、将其经济学观点建立在心理学家的宣称之上或者将其营养学观点建立在发型师的判断之上的人，通常以隐含的方式，也犯了诉诸不当权威的谬误。

3. **诉诸一般信念**。**诉诸一般信念**（appeal to general belief；拉丁文名字为 *ad populum*）谬误指仅仅因为人们通常都相信一个断言就声称该断言是正确的。由于没有理由认为大多数人都相信一件事就能可靠地表明这件事是真实的，所以这样的推论是错误的。

最常见的诉诸一般信念谬误的论证类型可能是这样的："全世界的人一直都相信上帝存在，上帝存在一定是真的。"（注意其前提是假的，并且与结论不相关。）有时，一个诉诸一般信念的论证包含在一个更大的论证中：

> 我们都知道大多数靠福利生活的人都是太懒而不愿工作。因此，我们应当启动一项计划，要求那些靠福利生活的人通过提供社区服务来挣钱。

在这个论证中，流行的观点被作为接受一个断言的权威，所以也属于诉诸不当权威的一种形式。但是由于难以想到在什么情形下应当把流行的观点看作真正的权威，所以诉诸一般信念是诉诸不当权威的一种特殊情况。

4. **诉诸流行的态度与感情**。流行的态度及与之联系着的感情可能被用来操纵别人以使其倾向于接受未经证明的断言。种族恐惧及偏见、爱国激情、与特定社会组织联系着的愿望是这种态度和感情的一些来源。诉诸这些因素而不是相关的理由和证据就会导致**诉诸流行的态度与感情**（appeal to popular attitudes and emotions；拉丁文名字为 *ad populum*）谬误。比如下面这个公然诉诸爱国主义的例子：

> 我要告诉你为什么我相信与伊拉克开战是正确的。因为我爱我们的国家。如果你也爱她，你就会同意我的观点。

下面这个诉诸流行的态度与感情的例子运用了与特定社会组织联系着的预设的愿望：

哈基姆，你知道马克思主义是不正确的。如果你的那些俱乐部的朋友听到你这样说，他们会怎么想？

显然，这个例子如此纯粹诉诸感情，并没有为其观点提供任何支持。

5. 赌徒谬误。**赌徒谬误**（gambler's fallacy）的一个经典例子是这样的：

按照平均数规律，如果我抛掷一枚正常的硬币，它应当有大约 50% 的次数正面朝上、大约 50% 的次数反面朝上。最后连续 10 次抛掷都是反面朝上的。所以，接下来该出现正面朝上的情况了。我们最好赌全部正面朝上。

这种推理是具有诱惑力的。正面朝上和反面朝上的次数最终应当是相等的，所以我们认为在这种情况下，正面朝上的次数会赶上来，因此我们期待下一次会是正面朝上。

尽管具有诱惑力，这个推理还是错的。每一次抛掷硬币都与其他次抛掷是相互独立的。如果这枚硬币是正常的，即便之前有 100 次正面朝上或反面朝上，也与下一次抛掷是否正面朝上的可能性没有任何关系。从一个很长的时期看，可以期望正面朝上和反面朝上的次数会持平，但是这与下一次或特定的某一次我们应当期待什么结果完全无关。

某些事情是“注定”的想法通常会在赌徒谬误中起作用。抛掷了 10 次硬币都没出现过正面朝上，所以正面朝上是注定的；过了 50 年迈阿密都没经历过大的飓风，所以飓风是注定的；最佳棒球击球员连续 20 次都没击中，所以他注定要击中了。所有这些可理解的、具有诱惑性的断言都是赌徒谬误的例子，都需要加以抵制。

两种证据不充分的谬误

这一组谬误包括的是其前提给出了相关但不充分证据的论证。

1. 虚假原因。**虚假原因**（false cause；拉丁文名字为 *post hoc*）是指，因为一个事件发生在另一个事件之前，就得出结论说前者是后者的原因。例如，假设坦普尔顿吃了一块糖，接着杀了人。如果仅以此为依据就得出结论说，吃糖引起了坦普尔顿杀人，那是错误的。

正当的因果解释应该援引一条因果律，该因果律将一种类型的事件与另一种类型的事件联系起来。因果律必须基于很多实例的数据并经由经验调查建立起来，这种经验调查须排除两类事件之间只具有偶然联系的可能性。（参看第六章的“验证因果断定”）

没有哪条因果律会将吃糖和谋杀联系在一起。（甚至没有将谋杀与人们在吃某种特定的糖后出现的心理变化联系起来的因果律。）一个事件发生在另一个事件之前与发现前者是后者的原因这两者是相关的。然而，我们不能认为所有发生在某特定事件之前的事情都是引起该事件的原因。

虚假原因

在 19 世纪，乘火车旅行还是个新鲜事。从来没离开过科罗拉多州银城的乔和莫德正乘太平洋飞行号去往圣弗朗西斯科。一个卖三明治和水果的小贩沿着过道走了过来，乔买了一根香蕉。之前两人都没吃过香蕉。他们好奇地盯着它。

“乔，你先尝尝。”莫德说。

“要是你这么说，那我就先尝一下。”乔说。他剥掉香蕉皮，咬了一口。正当他下咽的时候，火车呼啸着冲进了隧道，顿时一片漆黑。

“可别吃，莫德！”乔恐惧地喊道，“它能让你失明！”

2. 轻率概括。**轻率概括**（hasty generalization）谬误是指，基于不充分的一组事件进行概括。如果从一个庞大的群体里取出的样本太少或代表性太差，就不能构成足够的证据。假设你是一位心理治疗师，你最初的两位病人关于他们生活的重要方面对你撒了谎。如果你依据此经历就得出结论说：“所有病人都对他的心理治疗师撒谎”或者“多数病人对他的心理治疗师撒谎”，那你很可能犯了轻率概括的错误。即便你概括的结论是真的，但你的证据是不充分的，因为你的样本太小，我们没有理由认为这个样本能代表所有人。

四种不当假设的谬误

这一组谬误的共同点是援引了某些不正当的假设。

1. **假二难**。二难是指我们要在不同的选项之间做出选择的一种境况。严格意义上的二难恰好包含两个穷尽且互斥的选项。“你要么离开要么留下”提供了恰好两种可能的选择，这些选项穷尽了所有可能性，并且，从不可能既离开又留下这个意义上说，二者是互斥的。

我们通常持更宽泛的观点，认为二难包含两个或更多的选项，我们在本书中就采纳这种观点。例如，“鲁里坦尼亚政府必须要么解散，要么换掉它的首相，要么将权力移交给反对党领袖”。

再者，我们通常不要求选项在严格意义上是穷尽且互斥的（如留下或不留下），而只是在一种特定情况下的排斥关系。例如，晚餐吃鱼或者吃牛排并不构成严格意义上的穷尽且互斥的选项集，但在实际语境中，它们可能是穷尽且互斥的（例如，这两项分别出现在菜单上，而菜单上没有别的菜，那你就不能两者都吃）。

假二难（false dilemma 或 false alternatives）谬误是指，在论证中把实际上并非穷尽且互斥的选项当作穷尽且互斥的。下面是一个经典的例子：

> 你要么支持我们要么反对我们。显然你并不支持我们。所以，你反对我们。

第一个前提中的选项貌似是互斥的，但不论从严格意义上还是实际意义上，它们都不是互斥的。它们遗漏了这样的可能性，即一个人持谨慎的中立态度或者对问题并不知情。

“我们或者削减支出或者增加赤字”就是一个假二难，它忽视了增加税收的可能性。“我们或者更多地判处死刑或者仍然让那些谋杀者回到社会上”则忽略了对谋杀者实行强制终身监禁等可能性。

这样的假二难的目的在于说服我们，使我们接受某些结论（削减支出，更多地判处死刑）。一般来说，假二难用来迫使我们在给出的选项中做出选择，尽管实际上还存在着别的选项或者两者可以都接受。

2. 不当预设。不当预设（loaded question）谬误在于试图回答一个包含着未经证明的假定问题，它实际上“已经包含了结论”。一个经典的例子是“你是不是还打老婆？”。对于这个问题，不论回答“是”还是“否”，他都已经使自己承认了过去打过老婆这个隐含假定的真实性。

这种错误也可以称为复杂问句（complex question）谬误，因为我们可以把问题分析为一个陈述和一个问题：“你过去打老婆。现在你还这么做吗？”

法庭在询问证人时不允许使用“包含结论的问题”——除非所涉及的结论已经确立并且要为包含其真实性的问题设定基础。这种谬误试图在不提供任何理由和证据的情况下就默认所包含结论的真实性。

严格来说，不当预设不是真正的论证。但由于它们在未给出任何充足而正当根据的情况下就试图使人接受一个断言（隐含着的假设），不当预设类似于错误论证。重要的是，不当预设是误导性的、危险的，所以我们应当能够识别并免于被它误导。

3. 乞题。乞题（begging the question；拉丁文名字为 *petitio principii*）中的“问题”指的是当前所面对的问题，如果为结论提供的理由与结论并没有实际的不同，我们就会说该问题“被求助”（begged）了，而不是被解决了。乞题有各种不同的方式，但每一种都是将充当前提的东西作为结论来陈述。

我们所熟悉的一种做法是，结论重述前提的部分或全部含义：“詹姆斯是杀人犯，因为他不正当地杀害了某个人。”把詹姆斯称为杀人犯，意思就是说他不正当地杀害了某个人，所以这个论证是有效的。用来证成结论的前提在逻辑上蕴涵结论，但前提并没有提供独立的证据，而我们对这个论证的期待是提出让我们相信詹姆斯杀害了某人且这样做不正当的理由。我们期待的是断言的独立证据，不论该断言是结论做出的还是前提做出的。乞题论证缺乏的正是断言的独立证据。

乞题的第二种方式是，一个前提被用来支持一个结论，而该结论至少是隐含地诉诸于对前提的支持。这就是我们所知道的**循环推理**（circular reasoning）或循环论证（arguing in a circle）：因为 *B* 所以 *A*，因为 *C* 所以 *B*，因为 *A* 所以 *C*。这种论证的问题在于，用来为结论提供独立支持的前提本身又需要结论来支持。

考虑 17 世纪法国哲学家勒内·笛卡尔对一个著名论证的解释。笛卡尔考虑了这样的可能性：

> A. 有一个邪恶的魔鬼，这个魔鬼在任何依赖记忆的推理过程上会欺骗他。

假如 A 是可能的，笛卡尔就根本不能信赖任何复杂的推理。

接着，笛卡尔构造了一个相当复杂的证明，证明：

> B. 上帝存在，上帝绝不欺骗，而上帝不会允许骗子的存在。

但是，笛卡尔怎么能知道他对 B 的证明是正确的？为了知道这一点，他必须首先知道没有魔鬼在这件事上欺骗他。而为了知道这一点，他又必须先知道上帝存在且上帝不允许欺骗。也就是说，他必须首先知道 B 是真的。因此，对 B 的证明隐含地假定了 B——将 B 作为一个前提——这就意味着推理是循环的，即什么也没证明。（循环）论证越复杂，就越不容易注意到该论证仅仅是一个未被支持的断言。

4. *滑坡*。**滑坡**（slippery slope）谬误背后的错误思想是，如果一个序列上相邻的点之间没有多少差异或没有实质性差异，就认为这个序列上甚至相距很远的点之间也不存在重要差异。例如：

很多人认为州际高速公路每小时70英里（约112.7公里）的限速太高了。实际上，这个限速太低了。每个人都承认每小时55英里（约88.5公里）是尽可能安全的限速。但如果每小时55英里（约88.5公里）是安全的，那么每小时56英里（约90.1公里）或57英里（约91.7公里）也一定是安全的。一两英里没什么差别，因此58英里（约93.3公里）或59英里（约95公里）也一定是安全的。如果你认为60英里（约96.6公里）的限速会比59英里不安全，那么你肯定是不正常的。同样，在60与62之间、62与64之间、64与66之间、66与68之间也不会存在显著差别。或许在好的路面上根本就不应该有限速！

滑坡论证貌似合理，因为看起来它并没有在序列上任意特定的相邻点之间武断地画一条分界线。然而，这个论证显然是错误的，因为许多微小的、“不重要”的差异能够积累成巨大的差异。

滑坡谬误

滑坡谬误经常导致这样的断言：最极端的、难以成立的行为方式与最简单的、可辩护的行为方式之间并不存在重要差别。关于流产问题的论证，不论持哪种立场，都经常出现滑坡谬误。

一个新生儿显然是一个人，杀死他是不正当的。由于新生儿与即将出生的孩子没多大差别，即将出生的孩子也是一个人，杀死他也是不正当的。8个半月大的胎儿与比他早几天的胎儿没多大差别，所以，在此阶段的所有胎儿也都是人。类似地，8个月大的胎儿与比他早一些、再早一些的胎儿也没多大差别……以此类推，我们必须承认没有一个节点能让我们停下来。所以，刚产生的受精卵也是一个人，杀死他是不正当的。流产就是谋杀。

反方：很少有人真的认为刚产生的受精卵也是一个人，杀死它是不正当的。它只不过是一小块原生质，我们可以丝毫不受良心谴责地处理掉它。而刚产生的受精卵与几天之后的卵细胞之间几乎没有差别，再过几天、直到一周后也没多大差别。类似地，接下来几天或一周的生长也不会造成其本身的巨大差异，我们必须承认没有一个节点能让我们停下来。如果刚产生的受精卵不是人，临产时也不会有人的存在。很难理解为什么在任意阶段流产会引起反对意见。或者，就此而言，为什么杀死一个新生儿是不正当的，如果存在好的理由这样做。流产不是谋杀。

不论关于流产的观点是什么，这些都不是好的论证。（因为他们运用相同的事实来支持相反的结论，一定有一些严重的错误。）在新生儿和刚受精的卵子之间或许难以在某个特定的点上画一条线，但这并不意味着两者在所有方面都是完全相同的。因此，对一者采取的措施是道德上合法的不必然意味着对另一者采取同样的措施也是道德上合法的。

与滑坡论证相关联的一种论证是，由于一种特定的实践将导致更极端的实践形式而声称不应当启动这一实践。例如，一些批评家反对给患有注意力缺失症或多动症问题的学生增加考试时间，理由是，这会鼓励那些自称有“考试焦虑”或“社交恐惧症”问题的学生要求增加考试时间。批评家称，最终的结果是，每个声称自己有某种不足的人都能得到额外的考试时间，而这对那些不做此要求的学生而言是不公平的。

再举一个例子。考虑这样一部法律，该法律允许医生应患不治之症者的要求而实施一种致命的注射。由此可能会一步一步地发展为包括不经同意就杀死年老、患病、残障及各种不满足社会理想标准的人的安乐死政策。

这样的论证告诉我们，我们必须对“让骆驼把鼻子伸进帐篷”[1]保持警惕，因为一旦允许了这件事，很快我们就会发现自己陷入了非常被动的境地。“骆驼鼻子”的论证不纯粹是滑坡论证，因为它与一个活动引发另一个类似的活动有关。一个“骆驼鼻子”的论证可能是好的，也可能是不好的，这取决于它是否提出了有说服力的证据以说明一个活动可能导致另一个更为极端的、不可接受的活动。

批评及回应中的谬误

在批评别人所支持的断言或针对批评予以回应时经常发生一些推理错误。因此，本节讨论的这些错误最易在挑战和回答的辩论语境中发现。我们将只限于关注辩论语境，尽管一些谬误也出现在非辩论情形中。

批评中的五种谬误

1. 人身攻击。**人身攻击**（against the person；拉丁文名字为 *ad hominem*）谬误是指通过提供支持断言者或论证者个人品格方面的根据来拒绝该断言或论证。假设巴顿论证说莫扎特是比萨列里更富创造力的音乐家。有人接着争辩说“你知道，巴顿是个纯粹的笨蛋。我肯定他是错的”，那么这个人就犯了人身攻击谬误。

严格地说，提供断言的人的个人品格与其断言的真实性无关。即使巴顿是个笨蛋，他仍然可能是对的。只说不做的自由主义者、极端保守人士、教条主义者或十足的傻瓜做出的一些断言是正确的。如果我们希望自己公正、理性，就必须承认即使傻瓜给出的断言也可能是真的，即使笨蛋的论证也可能是好的论证。我们决不能由于断言和论证的来源就拒绝接受它。

但是，如果我们想确定是否仅仅由于做出断言的人所说的话而接受其断言，个人品格就是相关的。尽管撒谎成性的人、精神病人、搞恶作剧的人有时

---

[1] 指坏事发展的第一步。——译者注

也说出真理，我们最好还是别太相信这些人的话。如果我们知道一个人是精神状态不稳定的嗜酒者，他经常难以区分幻想和现实，有时他告诉我们的可能是真的，但我们没有理由仅仅由于他说了什么就认为这是真的。

考虑信息源

1999年，克林顿总统的前顾问和支持者兰尼·戴维斯被问到琳达·特里普——导致对总统指控事件的关键人物——关于总统的重要陈述时，戴维斯否认了她对总统的批评，说只需“考虑一下信息源”。

“考虑信息源”是一个常用的短语。有时它被正当地用来表示这类含义：“那不是可靠的信息源，不要靠她说的话来寻找真相。”（我们假设这就是兰尼·戴维斯的意思。）但它也可能表示这类含义：“她说了这件事，所以这件事不可能是真的。”这就成了人身攻击，因而是不正当的。当然，我们不应当依赖不可靠的信息源，但不应当因为信息源不是最好的就认为其断言一定是假的。

针对个人的一种特殊论证称为**情境化的人身攻击**（circumstantial *ad hominem*）。情境化的人身攻击的指控不是针对一个人的一般品格（他是个酒鬼，他是个偏执狂，等等），而是针对一个人在某特定情境下的可靠性。这类针对个人的论证，其背后思想的根本合理性在于，那些有理由说谎的人可能会说谎，那些有潜在利益关联的人可能存有偏见以至他们对自己都不肯承认真相。因此，一个医药公司的代表可能向我们保证他们公司的杀虫剂是无害的，一个制造商可能声称他的产品是可以安全使用的，一个官员可能称他们部门资金不足。这些都值得怀疑，因为连那些可信的、理性的人都会受环境影响。因此，我们应当怀疑某些情形下某些人的断言。但如果我们认为所给出的断言一定为假或无须考查所给出论证的价值，那我们就出现了谬误。

2. 你也一样。 **你也一样**（you too；拉丁文名字为 *tu quoque*）是人身攻击论证的一种特殊类型。例如：

库克：你那卖淫合法化的论证是可笑的。你的书里到处都是错误。

戈登：是吗？你真是个好的谈话对象，你只要一开口就会制造谬误。

类似的例子还有：

布莱索：你是个骗子，去年你有一半的收入逃税了。

曼宁：你真行！你在减税事项上撒谎，竟然把你的狗申报成一个受抚养者。

戈登和曼宁的回答——实际上就是“你也一样”——是人身攻击，与最初断言的真实性或确切性无关。库克和布莱索在对他们没做的事情加以宣扬时或许是言不由衷的，但这与他们所说的话是否真实没有关系。

3. 嗤之以鼻。对一个论证**嗤之以鼻**（pooh-pooh）就是轻蔑地撇开这个论证，认为它不值得认真考虑。例如：

我们不必浪费时间去处理汤普森女士关于“妇女不被提拔为经理”的意见。她不过是再次向我们说出了通常女权主义者的废话。

类似的例子还有：

霍尼又摆出了老套的自由主义的陈词滥调，说商业通过压低劳动力成本来压榨少数族裔。对这种观点，我一笑了之。

嗤之以鼻谬误拒绝认真地检查论证并做出公正的评价。因此，嗤之以鼻谬误试图以狡猾的欺骗来获取本应通过工作得到的东西。它也是错失方向的一种情况。

4. 稻草人。稻草人是很容易被撞倒的。**稻草人**（straw man）谬误是指曲解对手的断言或论证，使之变得容易批评或者使之显得如此不合理，根本就无须批评。尽管歪曲了的版本不过是个怪诞的东西（一个稻草人），批评者却将它与原先的版本画上等号。

历史上的一个经典例子是詹姆斯·基尔帕特里克就前最高法院法官威廉·布伦南和哈佛大学法学教授劳伦斯·特赖布的宪法解释立场所做的陈述。根据布伦南和特赖布的观点，我们无法确定批准宪法修正案的立法者的意图是什么，因此，不能通过求助立法者意图来回答修正案应如何解释的问题。基尔帕特里克把这种观点表述为：

> 布伦南和特赖布的观点是，最初的意图是无法探寻的、通常也是无关的。有意义的不是一个语词“当时”的含义是什么，而是语词“现在”的含义是什么。他们的意思是这样一种语义学：语词应当表示他们让它表示的那种含义。(《圣路易斯快邮报》，1988 年 1 月 16 日）

按照基尔帕特里克对于布伦南和特赖布所建议的立场的说明，像“法律提供的平等保护”这样的语词可以具有任意指派给它的某种含义。这种立场是荒唐的，只不过是真实情况的稻草人版本。

制造一个稻草人的通常做法是将一个复杂的论证简化为一个怪诞的简单断言。例如，某反对者不是给出当代进化论的基本概念和原则，而是以这种方式描述这一理论：

> 进化论可以概括为这样一个思想：人是猩猩的后代。

该陈述没有提出任一严肃的科学家所持有的理论。然而，批评进化论的这位反对者可能会让一些人相信他已经反驳了进化论。

5. 蓄意语词（loaded words）。若干年前，一位报刊专栏作家质疑几位参议员的私生活和财务情况，这几位参议员反对最高法院的一个提名人选。通过与被提名人的履历进行比较，这位专栏作家进一步要求我们考虑“发起司法委员会对提名人攻击的这四位参议院的卑鄙小人”的履历。

当我们使用卑鄙小人、无能、白痴、道德腐化、唯利是图、贪得无厌、堕落等这类评价性语词来描述人、政策或活动时，必须保证其使用是正当的。（像能干的、天才的、聪明的、慷慨的这类正面语词也是同样的道理。）我们必须给出理由和证据来证明，比方说，某个官员或政府是道德腐化的。实际上，必须给出一个论证来确立结论以保证这些语词的使用是正当的。

在论证中使用蓄意语词经常导致乞题。例如：

> 使用动物进行的医学研究必须立即停止。这样对无辜的生物进行折磨在道德上是不体面的，那些犯下违背生物情感罪行的人自己就没有情感。是时候停止这些无意义的暴行了。

这段文字假定了医学研究涉及折磨无辜、违背生物情感的犯罪、无意义的暴行等。通过把这些蓄意短语塞进前提，只需简单的乞题就得出了这种研究应当停止的结论。

简言之，不提供理由就使用评价性语词是另一种形式的不劳而获。由于这些语词在未经确证的情况下就假定了结论的真，它们也被称作“蓄意”的。

辩护中的两种谬误

对批评的回应要直接针对批评。如果不能做出回答，那或许我们不得不撤回或修正原来的立场。辩护的谬误通常表现为不去正视批评及其后果，只触及一些外围问题。

1. 定义回避。定义回避（definitional dodge）是指重新定义断言中的一个重要术语以避免承认一个会推翻断言的反例。

考虑一个例子。史密斯断言“所有色情作品都贬低女性”。对此，霍普金斯回应说：“约翰·克莱兰的《芬妮·希尔回忆录》呢？它通常被视为一部色情作品，但是它并没有贬低女性。”霍普金斯举出了一个与史密斯的断言显然不一致的例子，史密斯可以通过试着去证明《芬妮·希尔回忆录》确实贬低了女性因而根本不是一个反例来正当地予以回应。

然而，如果史密斯通过说“那《芬妮·希尔回忆录》就不是色情作品，因为色情作品一定是贬低女性的”来做出回应，那么史密斯就是要了定义回避的手段。他通过改变语词的通常意义使“贬低女性”成为色情作品的一个必要特征，从而为他的断言排除了一个明显的反例。这样，提出一个没有贬低女性的色情作品的例子就成了逻辑上不可能的。

如果史密斯想让“贬低女性”成为某种规定性定义的一部分，那他也可以这么做。然而，他的断言不再是关于通常所理解的色情作品的特征了，这一断言只不过成了史密斯决意坚持的“色情作品”一词的用法所蕴含的结论。

像就业、犯罪、中产阶级、有教养的、爱国的、战争、和平这样的语词经常出现在辩论中。在辩论过程中，这些语词的通常含义经常为免于反例的毁灭性打击而被改变。在存在合理分歧的语境中，几乎断言中的任何关键术语都能以不正当的方式加以定义。

两种形式谬误

有两种容易和与之相似的有效形式混淆的无效论证形式。由于涉及论证的形式，这种错误可以被称为形式谬误。

1. 否定前件式

如果 P，那么 Q

非 P

非 Q

如果辛普森是一个南非黑人，那么她反对种族隔离制度。

辛普森不是一个南非黑人。

辛普森不反对种族隔离制度。

种族隔离制度的反对者并不限于南非黑人。因此，从“辛普森不是一个南非黑人”我们不能得出结论说“辛普森不反对种族隔离制度”。

2. 肯定后件式

如果 P，那么 Q

Q
___

P

如果拉米雷斯是动物权利协会的会员，那么他反对斗鸡。

拉米雷斯反对斗鸡。
___

拉米雷斯是动物权利协会的会员。

尽管“动物权利协会的所有会员都反对斗鸡”可能是真的，其他人可能也反对斗鸡。（比较：所有一角硬币都是硬币，但是并非所有硬币都是一角硬币。）之所以很容易出现这类谬误，是因为它们和有效的假言推理肯定前件式和否定后件式很相像（进一步的讨论请参看第四章）。

2. 证明规则的例外（exception that proves the rule）。“证明”这个词可以表示：（1）确立为真实的；（2）测试或检验了的。“这个数学家证明了一个重要的定理，但他也被证明是个糟糕的老师”这句话例示了“证明”的两种用法。在某些语境中，“证明”的意义是模棱两可的，这一点突出地表现在一个传统的表达中：“证明规则的例外”。这个短语常被误以为表示“一个规则的例外确立了它的真实性”，然而它实际上的意思是“一个规则的例外是对这个规则的检验”。

这一混淆使得某些人在为一个断言辩护时会犯这样的谬误，即拒绝一个显而易见的反例，认为它构不成挑战。考虑这个对话：

韦克斯福德：女作家不过是提供娱乐的人，她们没有什么真正的过人之处。

昌：难道你忘记了简·奥斯丁和玛丽·安·伊万斯吗？

韦克斯福德：她们仅仅是证明这条规则的例外。我们是从娱乐角度来看待女作家的，不是从文学角度。

如果韦克斯福德打算承认昌提到的两个例证是杰出的作家，那么韦克斯福德的断言就不可能是真的，反例测试并证明了韦克斯福德的断言是假的。

推理中的错误总是难以避免的，也常常是难以发现的。熟悉几种重要谬误的名称可能会有所帮助，但是这并不能代替时刻保持警觉和随时质疑。

谬　误

支持一个断言的谬误

一、相关性谬误

1. 诉诸无知（*ad ignorantiam*）

2. 诉诸不当权威（*ad verecundiam*）

3. 诉诸一般信念（*ad populum*）

4. 诉诸流行的态度与感情

5. 赌徒谬误

二、证据不充分的谬误

1. 虚假原因（*post hoc*）

2. 轻率概括

三、不当假设的谬误

1. 假二难

2. 不当预设

3. 乞题

4. 滑坡

批评及回应中的谬误

一、批评中的五种谬误

1．人身攻击（*ad hominem*）

2．你也一样（*tu quoque*）

3．嗤之以鼻

4．稻草人

5．蓄意语词

二、辩护中的两种谬误

1．定义回避

2．证明规则的例外

习题

能识别一个坏的论证并说出它错在哪里比仅仅给它贴上一个标签更为重要。之所以使用标签，是因为某些坏的论证诉诸于人性中的那些东西是如此根深蒂固，以至我们的第一反应是相信这些论证是正确的。只有在经过思考和分析之后，我们才能看出论证是不好的。

一些谬误的名字已经流传了两千多年。这些名字可以视为警示性标签，它们提醒我们小心那些有特定缺陷的论证。学会使用标签是学习如何发现这些缺陷的一种方法。

尽管如此，识别出坏的论证并描述它的缺陷仍然比贴标签更重要。因此，当你完成了这些练习，即使你不能确定你是否把正确的标签贴在了你辨别出的坏的论证上，也要准备好去解释为什么这个论证在支持它的结论时是不成功的——也就是说，什么原因使其成为坏的论证。

一、实践哲学练习。

思考下面的论证并评估其价值，它们在确立其结论方面成功吗？（也就是说，这个论证是一个好的论证吗？）或者，它们是否包含

一些导致失败的缺陷?

可能那个失败的论证是一个有名称的谬误，也可能它只是一个坏的论证（并不是每一个坏的论证都能对应找到一个谬误名称）。如果你认为那个失败的论证属于本章讨论过的某种谬误，说出那个谬误并且说明原因。

★1. 不添加糖

各种即食食品，包括曲奇、碳酸饮料、能量棒和薄脆饼干的标签上都写着“不添加糖，自然甜”，接着标签通常会说明食品的甜味来源于浓缩果汁。

生产浓缩果汁的第一步就是从新鲜水果中挤压出果汁，典型的是白葡萄和苹果。然后，果汁经过一道真空蒸发工序去除大部分水分从而留下果浆。这种果浆残留着原来水果的味道，这使得它不适合被加入多数产品中，因为水果的味道将改变产品的味道。有谁想要尝起来像苹果的燕麦曲奇?

随后，食品化学家将果浆进行其他工序处理，包括中和浓缩果汁原有的典型葡萄或苹果风味的化学处理。经过这一过程，果汁变甜了，但是有一种中性的味道。处理后的果汁可以在生产过程中随意添加到其他产品中去。

制造商：标签上的说法是真实的。制造商并没有往产品中加糖，所谓添加进去的甜味剂实际上是从水果中得到的天然糖分，这正是标签上所说的。

批评者：真相远比制造商描述的情况更复杂。如果换一种描述方式，他们事实上是加了糖的。浓缩果汁中的果糖与蔗糖的化学性质完全不同，用果糖代替蔗糖对健康绝对没有好处。因此，“不添加糖”是误导，应该被从那些自豪地宣称自己产品是“自然甜”的食品标签上删除。

2. 笨手笨脚的银行抢劫犯

2004年，克里斯托弗·M.迪安戴着面具持手枪闯进美国南方银行佐治亚州分行。迪安命令银行中的所有人都蹲在地板上，然后走到柜台后，开始用左手大把大把地抓取现金。他的右手拿着枪，枪意外地走火了，但没人被击中。迪安咒骂着携3642美元离开了。

后来，迪安被抓住并被判抢劫罪。他被判处18年监禁，其中有10年刑期是强制性的，因为联邦量刑法规定，任何人如果“在犯罪和犯罪有关的期间”触发了火器，量刑时会额外增加10年监禁。

迪安的律师：量刑法显然应该只适用于那些实施犯罪时故意开枪的案件。因此，如果某人抢劫了银行并且向一名保安开枪，追加10年监禁就是适当的。即使银行抢劫犯错误地以为保安有枪并且马上就会向他射击，追加10年监禁也是适当的。

这个案件中的抢劫犯被描述使用了枪。但是迪安并没有使用他的枪，他只是把枪随身带进了银行，枪是意外走火的。

量刑法不应该适用于意外走火而非故意射击的案件。因此，迪安不应该受到额外的10年监禁。

美国最高法院：首席大法官约翰·罗伯茨书写了7比2的多数人意见，他同意因纯粹偶然事件的后果而把刑事处罚强加给一个人是不正常的。然而，罪犯必须为其违法行为的意外后果承担责任。无论是有意的还是无意的射击，都增加了有人在银行受伤的可能性。可能有人被子弹直接击中，也可能有人因子弹反弹而受伤，或者人们可能因开枪造成的惊慌失措而受伤。希望避免因意外走火带来处罚的罪犯可以把枪的保险锁上，退出子弹，在犯罪期间小心地拿着它，或者一开始就避免犯罪。所以，迪安先生理应受到法律所规定的额外10年的监禁。

★3. 成绩基准

2008年，加利福尼亚大学尔湾分校的艾伦·格林伯格做了一项关于大学生的调查。他发现，35%的学生认为他们参加了课堂学习就应该得到B的成绩，40%的学生认为他们完成了老师要求的阅读就应该得到B的成绩，将近75%的学生认为，如果他们向教授解释他们在功课上十分努力，这一点应该在他们被授予成绩时考虑进去。《纽约时报》的一份报道刊载了这项调查所引用的几个学生的观点，后来公布的信件反映了其他人的观点。

贾森·格林伍德："我认为付出大量努力的学生应该获得更高的分数，还有什么比你投入的努力更重要的？如果你投入了全部的努力却得到了一个C，那还有什么意义？如果某人上了每一节课，读了书上所有章节的内容，完成了老师要求的每一件事甚至更多，那么他理应得到与付出的努力相称的A。如果你的最大努力在老师眼中只能得到平均分，那么这其中一定存在不合理之处。"（《纽约时报》，2009年2月23日）

艾梅·拉·方丹："相信努力学习理应得高分有什么不合理的吗？我认为，美国梦的核心是这样一种观念：如果一个人足够努力，那么他可以实现任何他所渴望的伟大理想。一个人在课程上倾注全力，如果他希望这些努力通过成绩反映出来，这并不是一件可耻的事。"（来自《纽约时报》2009年2月23日的信件）

斯泰西·哈根："如果我坚持'努力应该得到高分'的逻辑，那么我们应该对努力工作的心脏外科医生和航空公司飞行员感到满意，无论他们是否展示出杰出的专业知识或天赋，更不必考虑他们是否精通必要的技能，他们只需要在医学或航空学校足够努力就可以了。"（来自《纽约时报》2009年2月23日的信件）

4. 穷人入口

被开发商称为“南河岸”的大楼地处曼哈顿上西区，那里专门为大楼公寓的业主们修建了一个宏伟的入口，还有另一个与这个入口分开的专为大楼公寓的租户们修建的特别简朴的入口。那些豪华公寓的售价是每套300万美元，买主自然是相当富有的人。然而，大楼中的一些公寓却被租给那些家庭年总收入在35,000到50,000美元的人们。

这个不寻常的高档公寓和租住公寓在同一栋大楼的结合体是各种税收优惠和提供给开发商区划津贴的结果，这些都以开发商分配一定数量的公寓作为“经济适用房”为前提。开发商满足了这一要求，随即采取行动修建了两个入口来避免公寓业主与租户偶然碰到一起，并且要求租户使用被一些租户斥为“穷人之门”的那个入口。

开发商的举动在纽约激起了相当大的争议。在《纽约时报》（2014年9月1日）的来信中，有些作者站在开发商一边，但是其他人则谴责了“住在同一大楼的租户和公寓业主应被要求从不同的门进入”这个极端的观点，以下就是信中辩护观点的总结：

欣森：为什么富人被允许表现出对穷人的不尊重？

拉尔：这根本就是一场伪争论。有一个是业主入口，还有一个是租户入口。干得漂亮！

赛格诺夫：这是高收入阶层对低收入阶层歧视的生动例子，这是不对的。我们不能容忍大楼管理者要求不同种族、性别或宗教的人们走不同门的规则。

昌：如果你想住在豪华公寓里，那么你必须为此付钱。如果你能在曼哈顿的豪华高层看到哈德逊河的全景并且能进入设备齐全的娱乐场所，那你就得付钱。如果你在大楼拥有一间公寓，那么你已经为这种优越体验付了300万美元的费用。但是，如果你仅仅花费了每月1000美元这么少的费用在大楼中租住一间公寓，那么你必须支付享受相同优越体验的那部分费用，就是你必须走一个不那么壮观的租户入口，而不是宏伟的业主入口。如果你不愿意付这部分费用，那么你应该找个别的只有一个入口但不那么豪华的地方住。

凯菲尔：不让租户和公寓业主碰面只是一个好的经济策略。公寓业主不喜欢与租户共享一栋大楼。租户是暂时的，不能指望他们会一直在公寓居住。但是，维持大楼公寓的转售价值是必要的。因此，不断提醒公寓业主他们正在与租户分享他们的大楼，这很可能使业主出于对保护他们投资的担忧而决定卖掉自己的公寓，而一旦有业主卖掉公寓，其他业主也会倾向于跟着卖掉自己的公寓。因此，出于保护财产价值的目的，明智的做法就是防止租户和业主混着走。

★5. 触发警告

十多年来，女权主义博客已经开始讨论一些潜在地令人不安的话题（例如，强奸、家庭暴力、流产、对妇女的暴力行为），并向读者发出警告，他们将看到可能具有困扰性的内容。一个遭受过性侵的女人可能不想读到相关的题目或者不希望意外地读到它。

最近，大学生发起了一项运动，要求教授为了那些可能使某些学生感到沮丧或受冒犯的课程材料而提供给学生类似所谓的触发警告。奥柏林学院指南草案建议教授对其教学大纲中任何可能“导致创伤”或可能干扰学习的材料予以说明，包括残疾人或变性人比其他人低贱的暗示。

事实上，这样的指南会要求在用作课程材料的书籍或电影上贴警告标签。例如，《杀死一只知更鸟》：包含露骨的种族主义叙述和赞成死刑的意见;《告别往事》：包含战争和战争伤害的描述场景;《了不起的盖茨比》：包含厌恶女人者的暴力、阶级歧视、反犹太主义、种族主义;《俄狄浦斯王》：内容涉及乱伦和描述自残。

塞莱森斯基：我认为触发警告是正当的，因为任何可能意外地令你感觉不快的事情都需要事先提醒你。

雷道夫：关于文学作品触发预警的全部观点简直太愚蠢了，以至在一个理性的世界中根本不必去讨论它。

克莱姆森：坚持捍卫触发警告概念的大学生不过是些懦弱的、反智的家伙，他们没有能力面对和应付现实生活。下一步他们会让新闻网站要求浏览者在获取关于战争、犯罪和自然灾害等困扰性内容之前先点击一个同意协议。

斯迈利：大学生可真是适合提倡预警触发的人，他们每天都用吵闹的声音、肮脏的谈话和挑衅的衣服激怒别人。

二、技术练习。

（一）下面的大部分段落都表达了论证，但有些段落没有。一些论证是合理的，但是其中大多数有相关性谬误（诉诸无知、诉诸不当权威、诉诸一般信念、诉诸流行的态度与感情、赌徒谬误）或证据不充分的谬误（虚假原因、轻率概括）。要求：（1）识别每一个论证；（2）判断它是否有谬误；（3）如果有，用适当的名字标记它。如果你不确定谬误的名称，那么就请解释这个论证错在哪里。

★1. 死后经历是真实的。尽管多年来很多人都试图揭穿它，但从来没有人能够证明那些关于墓地的报道都是由于错误、欺骗或简单的幻想造成的。

2. 查尔斯·达尔文可能是19世纪最伟大的科学人物，他比其他几十个成就与他相比望尘莫及的科学家们更朴实而谦逊。

★3. 人们认为你的姐姐看起来比你年轻吗？你可能从未感觉到你看起来会比一个大你几岁的女人年长。但不幸的是，也许就是这样。世界上许多女人都和你一样关心甚至分享了一款使她们看起来更年轻的神秘美容液的秘密。在美国，这个秘密就是众所周知的玉兰油。

4. 美国人拒绝枪支管制。美国国家狩猎协会最近进行的一项调查显示，被采访的50个人中有71%的人反对法律管制，包括突击步枪的注册。

★5. 一个社会为支持其教育制度而征收的税收是合理的，即使纳税人没有孩子从这项制度中获益。受过教育的大众对社会财政和社会福利是至关重要的，其间接利益被所有人所共享。

6. 没有人想在公众场合说这些，但是我们都知道移民没有像我们这些出生在这里的人一样对这个国家做出承诺。

★7. 现在没有人证明伊拉克没有大规模杀伤性武器，在缺乏这种证据的情况下，继续把伊拉克拥有大规模杀伤性武器作为美国入侵伊拉克的正当理由是合理的。

8. 在哥伦比亚大学深造的考古学家简·齐默强烈要求联邦委员会撤销从一个缺乏稳定政府的国家进口古代文物的批准。在接受《波士顿环球报》记者的采访时，她表示“仅仅由于收藏家可以贿赂官员以允许他移走一部分国家的艺术遗产，进口文物就是不对的”。

★9. 给地毯公司打电话的最佳理由是什么？没有理由不打！所以今天就打电话来吧，我们会把你的地毯处理得像新的一样。

10. 在我们这里工作的一个女人的母亲得了癌症。她喝了卡巴拉水之后，癌症消失了。（伦敦卡巴拉中心的员工，2005年6月17日，20点20分）

★11. 我看见骰子被掷了三次，连续三次都看到了七次旋转。因此，我敢肯定下一次掷骰子一定不会产生七次旋转。

12. 在整个历史上，每一个社会的崩溃都是因为内在的腐败。社会崩溃总是发生在普遍对诸如公共场合裸露的羞耻感的迟钝之后并由此触发。

（二）不当假设的谬误包括假二难、不当预设、乞题和滑坡谬误。每种谬误在下面的段落中至少出现了一次，请加以识别。

★1. 女人们仍然因为缺乏经济或情感支持而在体育赛事中表现不佳吗?

2. 显然，一个得了绝症的人可以被允许结束自己的生命。如果他自己行动不便，那么他可以被允许请其他人帮忙做这件事情，他人的决定便成为了主导因素。从自愿安乐死（自愿的或被授权的）到直接对一个签写授权书的病人执行安乐死，再到作为社会政策的一部分执行的非自愿安乐死，只有一个短短的步骤。（J. 盖伊－威廉斯，引用自罗纳德·芒森《干预与反思》一书中的“安乐死的不合法之处”）

★3.《圣经》是不会错的——也就是说，是一贯正确的。这就是我们如何知道上帝爱我们，对我们的生活有一个计划，终有一天我们将与上帝重聚。《圣经》还告诉我们，我们可以依靠上帝来告诉我们有关我们的世界、历史和命运的真相。上帝告诉我们真理，这意味着依靠《圣经》我们可以不犯错误和谬误。

4. 要么和我们站在一起，要么和恐怖分子站在一起。（乔治·W. 布什）

★5. 据说宠物狗因其对人的特殊依赖性而享有医疗保健权。但如果我们采取这种推理，那么所有宠物（包括猫、金鱼、仓鼠及其他宠物）也必须被给予治疗。事实上，家畜如马、猪、牛、鸡等也必须如此，因为它们也都依赖于人。然而，实际上仅仅为鸡提供的治疗总额就足以使国家破产。所以，最好不要给生病的狗请医护人员，这样就不会使我们很快破产。

6. 通奸永远是不正当的，因为一个已婚人士永远不能被接受与其配偶之外的任何人发生性行为。

★7. 为什么《纽约时报》总是把穆斯林描写得很糟糕?

8. 我们可以通过谈判或战争来解决俄罗斯入侵乌克兰的问题。谈判毫无结果，所以除了派遣军队还能做什么?

★9. 一旦我们不强制执行法律来禁止乱扔垃圾、游荡和乞讨，那我们或许也放弃了对袭击、强奸和谋杀的强制执法。

10. 克隆宠物是不对的。人们想拥有一只完全像他们所爱的死去的那一只一样的狗或猫，这是可以理解的。然而，为了创造猫或狗的基因复制品而去使用这种昂贵复杂的基因程序根本不是合理的使用，所以我们应该承认克隆是不对的，我们应该合理地使用技术。

★11. 我们将停止为整容的老人付款，以此类推，接受社会保障金的人需要支付药物费用。

12. 参议员安森投票反对提出的将禁止焚烧美国国旗作为一种抗议形式的宪法修正案。立法者要么支持修正案，要么支持烧毁国旗者。参议员安森已经做了他的选择，在即将到来的11月，选民将做出他们的决定。

（三）批评中的谬误有人身攻击、你也一样、嗤之以鼻、稻草人和蓄意语词谬误。辩护中的谬误有定义回避和证明规则的例外谬误。识别出下面段落中的谬误。

★1. 格洛丽亚·格雷认为，打击恐怖主义是错误的。她是一个明智的专家吗？不是。她当过警察吗？没有。我告诉你她是什么，她是一个商业面包师。对，一个做饼干的人。

2. 如果哈伦女士不能提出除宣称我们的政策贬低女性的陈词滥调以外的东西，我不想用任何理由去回答她的指控。

★3. 你从来都没尝过威士忌，因为你从来都没尝过单一麦芽威士忌。

4. 你是怎么知道像简·梅多斯这样激进的保守主义者说谎的呢？检查一下她的嘴唇是否在抖动。

★5. 埃文斯顿：美国未来的安全需要我们与我们的欧洲盟友建立密切的外交关系，让他们相信我们，采取重大军事行动前征求他们的意见。

查维斯：埃文斯顿希望我们在采取任何行动保护我们的国家之前去欧洲并获得他们的赞成。

6. 蒙迪诺：我喜欢罗伯特·弗罗斯特，他的聪明之处在于他的所有诗都写得很押韵。

哈拉：但是《修墙》不押韵。

蒙迪诺：啊，但那属于我所证明观点的例外。

★7. 你指责我逃税，这真是个可笑的指责，你在交税的时候居然声称你的三只猫是家属。

8. 蒙蒂尔：将基础医疗范围扩大到4000万缺乏保险的美国人是正确的做法，基础医疗应该被视为我们社会的一项权利。

布鲁斯特：蒙蒂尔想让我们不计成本地允许每个人去医院得到他们想要的任何治疗，我不认为我们的社会应该继续支持将肉毒杆菌作为赠品。

★9. 建议：我们国家应该要求高新技术企业为他们的员工支付与其工作相关的教育成本，这将有助于我们国家拥有更有效和更具响应力的劳动力，使其更有能力在全球环境中进行竞争。

答复：对那些无力支付员工教育费用的小企业主罚款不会使国家更具竞争力。相反，这样做会导致一个国家破产。

10. 丹尼特认为，只有那些具有特定书籍主题专业知识的人，才有资格评论它们。然而丹尼特自己，一个哲学教授，他写了很多非专业领域的话题。（格雷格·伊斯特布鲁克，《纽约时

报》，2005年2月20日）

（四）下面的大多数段落都表达了论证，但有些段落没有。一些论证是合理的，但是其中大多数都存在谬误。要求：（1）识别每一个论证；（2）判断它是否有谬误；（3）如果有，用适当的名字标记它。如果你不能确定谬误的名称，那么请解释这个论证错在哪里。

★1. 国家冰球联盟的暴力行为真的那么糟糕吗？那是人们参加这项运动的主要原因吗？

2. 一位目击者昨天在华盛顿参议院办公大楼听到参议员亨利·哈德逊问达纳·拉弗朗斯博士："你能给我们解释一下色情和乱伦之间的因果关系吗？"

★3. 唐·钱斯医生告诉我们班，人的胚胎是一个人，就像你我一样，有权接受和我们一样的待遇。唐医生是一位产科医生，所以我打算相信他所说的，流产就是谋杀，我们要抵制这种行为。

4. 税收政策既可以帮助那些投资者，也可以帮助那些月光族。但是，那些投资的人为其他人创造了就业机会，这就是为什么我们的税收法应该给他们最大的优惠。

★5. 我们决定，如果没有任何反对的理由，我们将取消作为学校日常部分的休息。

6. 为什么那么多人都想成为我的朋友？难道是因为我比他们身边的人都聪明吗？或者是因为我有某些天然的领导素质？

★7. "保罗·戈德伯格没有资格审判我的建筑，"建筑所有人唐纳德·特朗普回应来自《纽约时报》的建筑评论家，"他穿着廉价西装。"（《纽约时报》，1989年7月16日）

8. 我听到一个响亮的、重复的、像一千把剪刀剪东西的声音。然后，这种生物突然出现，笼罩着我，它像昆虫一样的下颚骨强烈地张合，它的牙齿边缘滴着黏稠的唾液。我把激光枪向前推进，希望直接射击它正在靠近我的黄色的多面眼睛，但是太迟了。它的嘴突然咬住了我的手腕，咬断了我的右手，一股鲜红的血液喷到了山洞里光滑的水晶地板上。

★9. 得克萨斯州的一家康复医院定期带宠物来宽慰病人。一天，一只德国牧羊犬舔了一个名叫汤姆·洛奇的男孩的脸，他因为一次事故已经昏迷三个星期了。一个星期后，他恢复了意识。“就是那只狗使汤姆从昏迷中苏醒过来的，”汤姆的妈妈说道。

10. 盖洛普民意调查组织的一项 2003 年的民意调查显示，48% 的美国人接受神创论，而只有 28% 的人接受进化论（其余的人要么不确定，要么倾向于神创论）。这意味着，根据民意调查，相信鬼神的人数（68%）几乎是相信进化论人数的两倍。这就是科学已经产生的一些最强有力支持神创论的非宗教证据。

★11. 我们需要对机场实行更严格的管制，以防止传染病进入美国。一位感染 H1N1、SAARS 甚至埃博拉病毒的乘客可能在亚洲或非洲登机，几个小时后在旧金山或纽约着陆，像这样的一个人足以引起疫情的传播。

12. 从网上下载音乐就是偷窃。周而复始，仅此而已。

（五）实践练习。

培养对包含错误推理论证敏感意识的方法就是自己亲自去构造一些谬误。针对下列谬误的类型举例：

1. 人身攻击
2. 虚假原因
3. 诉诸无知
4. 诉诸流行的态度与感情
5. 不当预设

第九章

定　义

定义对于理解来说至关重要。如果关键词的意义不确定，就不太可能恰当地理解一个断言、论证、规则或解释。

“定义”的定义

定义（definition）是对语词意义的一个解释。语词的意义是支配该语词用法的一组规则或条件。因此，给一个语词下定义就是陈述该语词用法的规则或条件。这里所说的规则可能是实际运用中所遵守的，也可能是出于某种特殊目的所采纳的。由此我们可以说，给一个语词下定义就是解释该语词实际如何被使用或者将要如何被使用。

我们给语词、术语、表达式、符号以及其他语言实体下定义，我们也给这些语言实体所表述、表达的概念和思想下定义。出于便利，本章只谈语词的定义。

两种定义类型

根据所做的意义描述是关于语词用法的报告还是对于语词用法的规定，定义可以划分为两种类型。

报告性定义

如果一个定义的目的在于解释语词实际上是如何使用的，那么这个定义就称为**报告性定义**（reportive definition）。报告性定义是对语词实际用法的报告，以使被定义的语词按照与所说条件相符的方式被使用。

例如，我们将“姑奶奶”定义为“一个人的奶奶或爷爷的姐妹”。根据这个定义，“姑奶奶”这个词被恰当地用于指称是奶奶或爷爷的姐妹的那个人。任何满足这个条件（符合这个描述）的人都可以被称为“姑奶奶”。

作为一个事实性断言，报告性定义可能是真的也可能是假的，可能是准确的也可能是不准确的。将“姑奶奶”定义为“一个人的奶奶或爷爷的兄弟”显然是假的。类似地，将“uncle”（指叔叔、舅舅、姑父、姨夫）定义为“一个人的母亲的兄弟”是不准确的。在英语社会，这个词还指一个人的父亲的兄弟以及一个人的姨妈或姑妈的丈夫。对“uncle”一词既正确又完整的定义是“一个人的父母的兄弟或者其姨妈或姑妈的丈夫”。

大多数语词都有几种意义，这些意义有可能完全不同。例如，英语中的“plate”一词有大约 20 种意思。它被用在体育、印刷、拍照、金属制造、地质学、生物学、电子学等领域。如果一个定义未能报告出一个语词的所有不同用法，并不能说这个定义有瑕疵。尽管我们会指责一部词典，说它没有告诉我们一个词的各种意义，一个定义则只是要正确而完整地解释其一种意义。因此，“plate”的定义“盛食物或者从上面吃东西的浅盘”就是对这个词正确使用的其中一个方式的好的解释。

报告性定义既包括日常用法的解释，也包括专门意义的解释。据此，报告性定义又分为三种类型。它们之间的不同提示我们，某个语词在一个领域具有的用法在其他领域未必成立。

1. 词典定义。一个**词典定义**（lexical definition）报告语词的日常用法。这种定义解释了一个语词在日常或通常情况下的意义。前面将“uncle”一词既正确又完整地定义为“一个人的父母的兄弟或者其姨妈或姑妈的丈夫”就是一个正确的词典定义。

2. *学科定义*。一个**学科定义**（disciplinary definition）报告语词在某个特定学科或特殊领域中的用法。这种定义解释了一个语词在那个学科范围内被接受的意义。

经常的情况是，同一个语词既有日常意义又有学科意义。例如“acute pain”（剧痛）这个词。在日常用法中，“acute pain”（剧痛）指尖锐的刺痛。在我们没有适当地把一种疼痛称为“acute pain”（剧痛）以前，可能会见到“尖锐的刺痛”这样的描述。但是作为一个医学术语，“acute pain”（剧痛）则是指突然产生的、没有预兆的疼痛。一种疼痛是否是尖锐的、痉挛的、灼烧的、酸痛的，与是否是医学意义上的“acute pain”（剧痛）无关。

“acute”这个词在其他学科中还有另外的意义。在几何学中，“acute”用来表示小于 90 度的角（acute angle 即锐角），在诗歌中，它指格律的重音。（此外，“plate”的 20 种意思中的多数都是特定的或者技术性的。）有一些学科中的语词是纯技术性的，没有与之对应的日常用法。

3. *历史定义*。一个**历史定义**（historical definition）报告语词在某个特定历史时期是如何使用的，这种定义有可能是词典或学科意义上的。如果是词典意义上的，定义解释的会是某一个时期的语词的日常用法。如果是学科意义上的，定义解释的会是语词在某一个时期、某一个学科中的用法。

语词，与人类文化的其他表达一样，有其发展历史。一些语词出现了，另一些语词消亡了；一些语词的意义在很长的时期持续存在，另一些语词原有的意义消失之后又获得了新的意义。还有一些语词的意义发生了变化，在没有完全丧失原来条件的情况下获得了新的条件。不掌握语词的历史意义，就不能正确地解释以往的文学、政治、宗教、科学以及个人的文献。

即使我们对某个语词很熟悉，也必须确保其意义没有发生显著变化。例如，在 18 世纪，说某个人是个“flasher”是说此人以炫耀夸张的方式穿着。那些只了解语言当前意义的人可能会对 18 世纪的文字意义产生错误的印象。

理解历史意义的重要性还反映在技术领域。从 16 世纪到 19 世纪，“syphilis”（梅毒）所指的疾病包括各种皮肤病，但现在这个词只限于指由某种螺旋体引起的特定的疾病。

需要避免的一种与历史定义相关的常见错误是，假定一个语词以前的或最初的意义是它“真正的”意义。“alternative”（选项）这个词曾经的恰当用法是仅指有两个选项的情况，这并不意味着现在说比如“three alternatives”（三个选项）就是错的。当代用法只是与以前的用法不同而已。

规定性定义

做出规定（to stipulate）就是列出一个规则或条件。**规定性定义**（stipulative definition）是对所定义语词应当遵守的用法规则的陈述。一个规定性定义是以某种方式使用一个语词的决定，它赋予该语词一个特定的意义。因此，与报告性定义不同，规定性定义没有真假。根据所赋予的意义是任意的还是由已有意义改编而来的，我们将规定性定义区分为两种类型。

1. 任意性定义。一个新的语词、缩写或符号一般是通过列出其用法的规则引入的。由于我们可以自由地选择所喜欢的规则，这类规定性定义可以看作任意的（arbitrary）。一个典型的例子是：

> 用“D”代表“可支配收入减去储蓄”。
>
> 我将用写在一个字母后面的“！”表示“罗马字母表中直到该字母且包含该字母的所有字母”。这样，“C！”表示“ABC”。“BASIC”将代表“Beginner's All-purpose Symbolic Instruction Code”。

通过任意规定的定义引入的语词有可能后来被纳入语言并成为标准意义。托马斯·莫尔的“乌托邦”、卡雷尔·恰佩克的“机器人”、弗朗西斯·高尔顿的“优生学”就是这样。在这样的情形下，语词用法的条件可能与发明语词的人列出的条件是类似的，但通常语词的意义会发生实质性的变化。“乌托邦”不再只是莫尔的理想社会的名字，而是用来表示任意的理想社会。

2. 厘定性定义。规定性定义中的**厘定性定义**（precising definition）是限制一个语词的日常意义，以使其在某个语境下更为精确。例如：

出于税收的目的，“户主”（head of household）将用来指“家庭中收入最高的那个成员”。

“储蓄金”（savings），按照我的理论，就是用于投资的钱。

在这里，“崩溃”（crash）应当理解为计算机程序和数据全部丢失。

厘定型的规定性定义是将日常语词转化为技术性术语的一种方式。赋予一个语词的更为精确的意义与该语词的标准意义是联系着的，但所赋予的意义并不是对语词标准用法的报告。“户主”这样的短语有着比税收者出于特殊需要所要求的更为宽泛的普通意义。

即便规定性定义没有真假，它们也不是不可批评的。一个定义可能由于引入了不必须的、误导性的、笨拙的或者考虑不周的术语而成为有瑕疵的定义。例如，批评家曾指出，引入“adience”（喜欢）和“intense adience”（爱）来描述人们之间的关系是不必要的。特别是，社会科学常因热衷于引入不必要的名称而备受指责。

厘定型的规定性定义还可能导致有意的欺骗或偶然的误导。在阅读合同、文件、保险单文本时，很容易假定其中的关键词有着通常的意义。所以，当这些语词具有限制的意义时——即使在文件的附则中写了出来——一个天真的、未受过良好教育或粗心的读者也可能会被误导。为了得到一次“免费旅行”，不谨慎的消费者可能不得不签署一份为开销和正常花费之外的“手续费”付钱的合同。一次免费旅行包含了旅行的花费。

定义的类型

1. **报告性定义：**解释一个语词实际上是如何使用的。

（1）**词典定义：**一个语词在日常生活中是如何使用的。

（2）**学科定义：**一个语词在某个特殊领域是如何使用的（技术用法）。

（3）**历史定义：**一个语词过去是如何使用的。

2. **规定性定义**：解释一个语词将要如何被使用。

（4）**任意性定义**：作者或说者决定如何使用一个语词。

（5）**厘定性定义**：作者或说者将以何种方式限制一个日常语词的意义以使其更为精确（将其转化为一个技术性术语）。

定义的方法

能够解释语词用法的任何方法都算是定义的方法。因此，关于有多少种定义方法，不存在一个确定的数目。下面讨论的五种传统的定义方法是经受了经验检验并证明是有帮助的。没有哪一种定义方法对每一种情形下的每一个语词都是最好的，所以我们应当毫不犹豫地采用新方法，只要这种新方法同样有效。

同义词定义

同义词定义（synonym definition）要求提供一个与被定义的语词意义相同（或大致相同）的语词或词组。这或许是最常见的一种定义方法：

“公寓”（flat）与“套房”（apartment）指的是同样的东西。

“向阳的”（heliocentric）的意思是“以太阳为中心的”（sun-centered）。

一个“两院制”（bicameral）立法机关是有两个议院（with two houses）的立法机关。

可能并不存在两个意义完全相同的语词。在某些语境下，用这对语词中的一个替换另一个一定会造成句子意义的改变。但在实践中，这通常不会有什么困难。在提出一个同义词定义时，我们知道必须选一个在同一语境下有差不多相同意义的语词。这样，当“flat”（公寓）被用于指称住处时，可以用

"apartment"（套房）来代替它。而"flat"（瘪的）被用于指轮胎时，就不可以用"apartment"（套房）来代替它。

属种定义

属种定义（genus and species definition）就是先指出一个特征，根据该特征语词指称的对象属于一个类，然后指出另一个特征，根据该特征对象属于前一个类的一个子类。较大的类是"属"，（真）子类是"种"。在"民主"的定义"一种政府形式，在该形式下人民自己管理自己"中，属是"政府形式"，种是"人民自己管理自己"。

属和种是相对的。如果把"人民自己管理自己"作为属，我们又可以将"人民以直接的方式自己管理自己"和"人民通过代表来自己管理自己"作为种，这两个子类对应着直接民主和代议制民主的区分。

有时候，我们仅指出将对象归属于一个大类的那个特征，而不提将对象归属于一个子类的特征。（可能是由于我们不知道这个特征或者认为它不重要。）例如，在某些情形下，告诉别人"柳珊瑚"指的是"一种珊瑚"、"回旋曲"是"一种音乐形式"等就够了。

实指定义

实指定义（ostensive definition）就是指向被定义语词正确地指称的一个对象。如果我指着某种动物并且说"美洲虎"，我就是通过说明这个语词在典型情况——指没有争议的、直接的事例——下是如何使用的而给出了该语词的意义。

指出一些容易和美洲虎混淆却又不能正确地用"美洲虎"指称的动物（如猎豹、美洲狮等）对语词意义的说明是有帮助的，但实指定义只包含指向和命名。

有些语词如"红""黄"这类颜色词，只能通过实指定义的方式加以定义。尽管"红"可以等同于电磁光谱上的某个波长，但这种等同不是对"红"这个词的定义。不仅仅是在那种波长不存在的时候可以有看见红色的经验，必须也能命名红色以识别与之联系着的波长。

用作专有名词的那些语词是最适于实指定义的。我们可以按照相同的方式指着一个人说“那是理查德·福特”，我们可以通过指向恰当的物体来定义那些命名颜色、树、动物、植物、化学药品、桥、地层等的语词。

举例定义

在无法实际地指向一个对象时，我们可以通过提出语词所指的那种事物的若干例子来定义语词。例如，

> “营养不良性疾病”指坏血病、糙皮病、脚气病等这类疾病。
>
> “偶数”是2、4、6、8等这类数。

有些语词本身无法通过实指或举例来定义，像“悲哀”“快乐”“痛苦”这类描述主体体验的语词就是这样。这些体验不能以直接的方式指出或引用例子，但我们可以描述产生这些体验的环境。按照这种方式，通过描述一个典型情况就能说明这些语词的正确用法：疼痛就是，你光着脚走路时，脚趾头踢到某个东西时你的感觉。

我们可以用相同的方法来定义那些不是必然地指向我们的主观体验的语词，即通过想象或描述构建一个范例，比如：

> 审查制对我们造成的“寒蝉效应”(chilling effect)是什么？想象你写作时停下来搜索合适的词、思想或形象。在你进行思索的时候，如果你突然想到“我做出的选择会不会导致我被关押、罚款或者被羞辱”，这就是寒蝉效应。这个想法本身就可能影响实际做出的选择。

在日常生活中，我们熟悉的其他一些用例子定义语词的方法有：指向图画中的东西，邀请别人闻一闻或尝一尝，描述行为模式、情境、情况、人等。

枚举定义

有些语词可以很容易地通过把它所指的对象**枚举**（enumeration）出来（列清单）的方式加以定义。例如：

阿拉伯数字：1，2，3，4，5，6，7，8，9，0

苏联的波罗的海三国：爱沙尼亚、拉脱维亚、立陶宛

轴心国：德国、意大利、日本

枚举定义在给出规定性定义时也是有用的。像“南部各州”“欧洲联盟”这类短语，可以通过说出该短语用来指称的对象的名字来消除可能的模糊性。

定义的表述方式通常足以确定列出的对象清单是否是一个完全的枚举。“例如”这个短语就表明给出的是不完整的清单。

尽管报告性定义也能以这种方式给出，但多数语词不能用完全枚举的方式定义，因为它们指向的是一个潜在的无穷的类。例如，不可能用这种方法给出“树”的报告性定义，因为提供不了过去、现在、将来的每一棵树的枚举。其他种类的语词，像“政治权力”，就不像“树”那样以直接的方式指向任何事物，也不能枚举。

这五种方法是有用的且经常被应用。但只要是有助于解释语词意义的方法都属于正当的定义方法。

定义的方法

1. **同义词定义**：提出一个意义相同的语词。

2. **属种定义**：指出一个特征，根据该特征语词指称的对象属于一个类（属），然后指出另一个特征，根据该特征对象属于前一个类的一个子类（种）。

3. **实指定义**：指向该语词指称的一个对象（典型实例）。

4. **举例定义**：给出该语词所指的那种事物的例子。

5. **枚举定义**：列出该语词指称的所有对象。

定义的标准

一个定义从一种目的看是适当的，从另一种目的看则未必适当。一篇生物学流行文章的读者可能只需要知道“哈迪－温伯格定律”是“关于一个种群的基因变化频率的定律”，而研究种群基因的学生则需要知道这个定律的定义及其应用参数。即便流行文章里的定义不能满足某些其他语境中的要求，也不能因此就认为它有缺陷。

不论下定义是出于什么目的，某些错误是应当避免的。

定义整体上不能循环

将“套汇者”定义为“从事套汇的人”是没有意义的，因为它几乎没有提供任何信息。能理解“套汇”意义的人不太可能不理解“套汇者”是什么意思。由于定义的目的在于解释语词的意义，那些需要预设对其中关键部分之理解的定义是失败的。

避免使用晦涩、隐喻性或有歧义的语言

用来表达定义的语言有可能会妨碍解释语词意义的目的。

安布鲁斯·毕尔斯给通俗语词“吃”所下的讽刺性定义很好地说明了晦涩的语言是如何使定义变得无用的：“连续地（并成功地）实施咀嚼、润湿及吞咽的功能”。

比喻有解释的作用，但仅仅用比喻来给一个词下定义对于理解这个词的意义没有多大帮助。一本计算机手册定义“DOS”（Disk Operating System 的缩写，即磁盘操作系统）为“在机器里面指挥交通的警察”，这对于解释“磁盘操作系统”的意义没有多大帮助。

一个有歧义的定义是失败的，因为无法确定定义的哪种解释是正确的。将“minuscule”定义为“中世纪发展起来的一种书写形式”，人们就不清楚它是指一种书法还是一种文学作品。

避免偶然特征

定义是要陈述支配语词用法的条件。但在某些情形下，语词与其他特征有联系，而这些特征并不是定义的真正组成部分。为了与确定语词用法的“本质”特征相比较，其他特征称为“偶然特征”。

例如，“妇女”的定义“受剥削更多的性别的成员”用到了一个偶然特征。作为一种事实情况，这里提到的条件恰好被现代社会的女性所满足。但是，我们完全可以设想社会发展反转了这种情况，从而使得男性成为受剥削更多的性别。如果真是这样，“妇女”的意义就发生了变化。因此，“受剥削更多”是“妇女”的一个偶然特征，不是定义性的刻画。

避免定义过宽或过窄

支配一个语词用法的条件确立了一个对象的类，该语词能正确地适用于这些对象。支配“猫”（一种具有某些猫科动物特征的哺乳动物）这个词用法的条件确立了能用“猫”指称的事物的类。

过宽的定义——给出的类太大，因而包含了不能正确地用这个词刻画的对象——是失败的。如果定义过窄——给出的类太小，因而排除了能正确地用这个词刻画的对象——也是失败的。因此，“苹果”的定义所确立的类应当包含所有苹果且只包含苹果。如果还包含橘子就太宽了，如果不包含黄元帅苹果就太窄了。

即便有些语词不能如此精确地加以定义，谈论其定义确立的类包含过多（太宽）或包含过少（太窄）也仍然是有意义的。如何给“艺术”下一个精确定义是个难题，这个难题困扰着几代思想家。不过我们仍然可以自信地说，托尔斯泰关于“艺术”的著名定义“传达了人类的宗教情感”太窄了，例如，它排除了多数非表征性的艺术。我们也能看出托尔斯泰的定义同时又过宽了，这个定义包含像朝圣这类诚挚的感情表达，没有人会认为朝圣是艺术。

托尔斯泰的有着明显瑕疵的定义可以用来说明最后一个要点——语词及其意义是重要的。仅仅把一个对象称作艺术作品就赋予了它某种地位。换一种方式来看，我们可以把它放在博物馆里或者以高得多的拍卖价格卖掉它。同样，当我们把一个人称为“英雄”，说一个嫌疑人是“有罪的”，将一位科学家描述为“天才”或者谴责流产是“谋杀”，我们部分地是借助于这些语词（其本身仅仅是语言）的意义做出重要的判断。措辞真的会造成巨大差别。

定义的标准

1. 定义整体上不能循环。
2. 避免使用晦涩、隐喻性或有歧义的语言。
3. 避免偶然特征。
4. 避免定义过宽或过窄。

如何下定义

下面我们通过对含糖饮料征税进行立法设计的例子来说明语词的定义方式会对现实生活产生什么样的影响。

赞同征税的人首先从这样的前提出发展开论证：高糖饮料（包括含大量果糖的玉米糖浆）的消费是社会上胖人增加的首要原因。肥胖又会诱发糖尿病（Ⅱ型）——一种引起失明、心脏病、中风以及导致脚或腿截肢的循环系统问题的疾病。含糖饮料的消费因此被视为大众健康的主要隐患，需要加以重视。

对一种产品征税是抑制这种产品消费的一种方式。对香烟征税有助于减少吸烟并能拯救生命，同样可以指望对含糖饮料征税（支持者说）能减少含糖饮料的消费。这将拯救生命，增进公民健康，降低医疗支出。而且，征收的税款可用于资助其他健康医疗。对每盎司（约等于 29 毫升）含糖饮料征税 1 美分，一年就能征收 150 亿美元。

我们假设（先不考虑反对意见）应当对含糖饮料征税。要从法律上强制执行这样一个税种，就必须先定义“含糖饮料”。也就是说，法律首先必须包含一种方法以断定什么算是含糖饮料并应纳税。

这个定义不应当是任意的，否则就可能遭到这样的指责，说它不公平地将某些生产商或某些种类的产品排除在外。它必须基于人们通常认为什么是含糖饮料的看法，但是对短语“含糖饮料”实际用法的报告所划定的类别又不足以满足征税目的。（包含一点甜味液体的儿童糖果算是含糖饮料吗？）看来我们需要一个精确的定义。

在思考如何设计这样一个定义时，不要忘记重要的一点，就是对含糖饮料征税的主要目的是通过抑制含糖饮料的消费（而不是禁止）来保护公众健康。这样的话，我们应当知道的一个相关情况是，在美国食品药品管理局（Food and Drug Administration，简称 FDA）推荐的每日正常饮食提供的 2000 卡路里中，大部分应当来源于富含维生素及其他营养的食物，只有 100 ～ 300 卡路里可以来源于其他随意吃的东西。这一部分可以是（当然不必须是）没有什么营养价值的加糖饮料或玉米糖浆提供的“纯卡路里”，也可以是来自精加工的谷物、增甜果汁或是为改善口感而加了糖的零食。

一普通茶匙的糖大约重 4 克、含 15 卡路里。每盎司经典可乐含 4 克糖，所以标准的 12 盎司一罐（即约 348 毫升）的经典可乐含 48 克糖，这相当于 12 茶匙的糖或者 180 卡路里。因此，仅一罐可乐就用尽了健康饮食所允许的一天的“随意”卡路里的量。

每盎司含 4 克糖的经典可乐是最传统的无酒精饮料，可以代表大多数无酒精饮料（包括七喜、百事可乐、芬达、激浪饮料等）的情况。然而，在过去 10 年左右的时间里，无酒精饮料的类别已经增加到包括能量饮料、维他命水、茶、果汁和咖啡。尽管几乎所有这些饮料都添加了糖，但多数人似乎不认为这些是“含糖饮料”。所以，报告性定义可能无法涵盖这些种类。

但是，这些饮料应当包含在“含糖饮料”之中吗？我们的精确定义应当适用于它们吗？为了获得对健康问题的更为客观的看法，我们以某个喝咖啡的人为例。速溶咖啡不含糖，但是就简・西姆斯的情况而言，她每天喝掉 4 杯咖啡，每一杯咖啡加一茶匙糖。她是在拿自己的健康冒险吗？她是不是将自己的咖啡变成了“含糖饮料”？

再来看一组相关的数字。标准的咖啡杯是5盎司，西姆斯摄入了20盎司液态和4茶匙（16克）糖，这相当于60卡的“纯卡路里”。这个量远低于FDA所推荐的每天100～300自由支配卡路里的指导值。

看起来西姆斯喝加糖咖啡没有对健康造成什么风险。对那些喝其他含糖饮料的人也可以这么说吗？我们将那些饮料与西姆斯的加糖咖啡做个比较。西姆斯的咖啡每盎司含0.8克糖，可乐类饮料每盎司含4克糖，新型饮料也都差不多。能量饮料如焦特饮料（每盎司含4.6克糖）、潘趣酒（每盎司含5.25克糖）通常会高一些，立顿轻灵（每盎司含3.25克糖）、健怡蜜桃绿茶（每盎司含3.5克糖）等这类茶饮料含糖略低一点。星巴克的浓缩咖啡（每盎司含3.25克糖）与茶饮料类似。果汁类饮料与传统的无酒精饮料差不多。即使像维他命能量水（每盎司含2.25克糖）这样的营养强化水也含有相当比例的糖。（注意，20盎司这样的水含45克糖，而西姆斯的加糖咖啡只含16克——几乎少了三分之二。）

商业化含糖饮料的含糖量与人们在咖啡、茶这些日常饮料里加的糖之间的差异是巨大的。在设计“含糖饮料”的定义时，必须将这一差异考虑在内，从而可以对含糖饮料征税，同时不会因此而被迫向一个往茶里加了两勺糖的人征税。

设计“含糖饮料”的精确定义的合理方法是参照商业饮料每盎司的含糖量和FDA的自由支配卡路里的指导值，将其定义为“每盎司含糖大于2克的饮料”。这似乎能把传统的无酒精饮料、新型能量饮料、茶饮料、咖啡饮料和营养强化水纳入征税范围，同时定义又不会过宽。

纯果汁如葡萄汁每盎司含5克糖，橘子汁也差不多。但我们不想把它们当作“含糖饮料”，因为我们的目的在于促进国民健康，这些果汁同时含有重要的维生素（特别是维生素C）及抗氧化剂。来自果汁的卡路里不是“纯卡路里”。

因此，我们应当修正定义以达到这样的效果：避免对应当鼓励人们消费的东西而不是各类无酒精饮料征税。单独的糖含量达不到这个效果，所以需要再加些条件：

出于这部法律的目的，“含糖饮料”指的是经工业化过程生产的、饮料中所含的各种糖（蔗糖、葡萄糖、果糖等）总量加起来超过了每盎司2克。如果饮料的糖是天然地包含在产品中的，即使其含糖量超过每盎司2克，也不认定为“含糖饮料”。

定义一个语词就是解释它的意义。这个定义是对认定为含糖饮料产品征税的法律中的短语“含糖饮料”用法的解释，因为我们想通过这种方式抑制含糖饮料的消费。就这个目的而言，该定义还是难免受到批评。它可能没能达到本来要达到的目标，可能引起某些未预见到的、不可接受的后果。它可能不完整，难以适用或者包含模糊的术语。厘定性定义只是一个工具，如果一个定义起不到应有的作用，我们就必须做出修改。

习题

一、实践哲学练习。

重大的社会和法律问题常常涉及该如何定义一个关键的语词或短语。思考以下例子，并在回答问题时解释不同的定义是如何可能导致不同后果的。

★1. 什么是“同意”？

“知情同意”是医学研究中一个很重要的问题。在临床试验中，究竟谁应该被认为有资格同意成为一名被试？合法的同意不仅仅是表示同意。否则，我们就不会反对把年幼的孩子、智力有缺陷的人或那些喝醉酒的人作为试验对象。相反，我们认为，在一项临床试验中招募这群人的调查人员应当利用他们的优点。

讨论应该用什么标准来定义“什么是合法的（道德上可辩护的）‘同意’”。是否所有年龄的孩子们都应被认为不具备同意的能力？我们通常在“主动同意”（同意）和“让步性同意”之间做出区分，这对构造一个“同意”的定义有帮助吗?

2. 律师的言论自由?

肖恩·康韦作为一名律师出现在佛罗里达州布劳沃德地区法院。康韦先生的当事人被控重罪，主审法官阿莱曼通知康韦先生准备一星期之内出席审讯。

因为大多数法官给律师一个月或更长时间准备审讯，康韦先生认为法官给他的指令是一种迫使律师要求延期的情况。为申请延期，被指控犯重罪的当事人必须宣布放弃他们的案子必须在175天之内审理的权利。这可能会导致案件长时间的拖延，也就意味着当事人可能在那段时间必须待在监狱。

为了发泄愤怒，康韦先生随后发表了一篇博客，在这篇博客中，他把阿莱曼法官描述为一位“邪恶的、不公正的女巫”。康韦先生告诉约翰·施瓦茨记者，“我能做的只有发表我的言论了”。

然而，作为一名律师，康韦先生被认为是法庭的工作人员。佛罗里达律师协会的观点是，根据延续了几百年的古老法律传统，法院的工作人员没有权利像其他人那样彻底表达自己的观点。佛罗里达律师协会为此谴责了康韦先生并对他进行了1200美元的罚款。

州最高法院审查了律师协会的行为，并要求对此予以说明。美国公民自由联盟认为，康韦先生在博客里发表意见的行为应在通常定义的“言论自由”之列，佛罗里达律师协会的行为是不合理的。

州最高法院裁定，康韦先生在网上评论阿莱曼法官并没有打算揭露一个重要的社会问题，但却构成“人身攻击”。因此，他在博客中的陈述“没有受到宪法第一修正案的保护”。

如果律师代表当事人在法庭上发表的评论是在法庭外就已经

写好的，那么是否应该将这些评论视为“言论自由”？

★3. 品客是薯片吗？

在英国，大多数食品没有增值税（VAT）。然而，土豆片（或“薯片”）和“用土豆片或土豆粉做成的同类产品”却是被明确要求纳税的。品客薯片的制造商——英国宝洁公司（P&G）认为，品客不属于这一类，因为它们不是土豆片或“同类产品”。虽然它们含有大约40%的土豆粉，但也含有玉米、大米和小麦。根据宝洁公司的说法，品客薯片只是简单的“点心”。增值税法庭不同意这种说法。虽然品客薯片是由几种原料制成，但该产品是“由土豆粉制成的，就某种意义而言，没有人能说它不是由土豆粉制成的，而且其中土豆粉的比例还很高，超过了40%”。所以，增值税法庭判决应该向品客薯片征税。

上诉法院推翻了增值税法庭的判决，理由是品客薯片含有的土豆成分的比例比薯片少。这个判决被税务机关上诉到了最高法院。宝洁公司认为，品客薯片只是“由土豆制成”，而其他产品的成分却全部或几乎全部都是土豆。

雅各布法官推翻了上诉法院的判决。他同意并援引了增值税法庭通过考虑品客薯片的外观、味道、配料、生产工序、销售和包装来解决这个问题的方式。当这些因素都被考虑进去之后，雅各布法官认为，“虽然在很多方面”品客薯片“不同于薯片且如此靠近分辨薯片的分界线，但它与薯片的相似性多到足以”被允许征税。由于这一判决，英国宝洁公司欠了16亿美元的税款。（《纽约时报》刊载了这一判决，“哈斯大法官裁定：品客薯片是薯片”）

要解决这个问题，需要对“薯片”进行定义吗？是否存在一些解决这个问题的非任意的方式？（例如，这对于将薯片作为纳税产品的原因审查有帮助吗？）

4. 可再生能源？

美国对进口石油的依赖促使国家大力发展多种形式的可再生能源。例如，太阳能和风能是显而易见、毫无争议的可再生能源形式。联邦政府通过补助金和贷款政策鼓励发展可再生能源。因此，为了得到联邦资助资格，一些州扩展了“可再生”的定义。例如，在宾夕法尼亚州，废弃煤块的燃烧、矿井中甲烷的回收均被作为与太阳能板和风力涡轮机一样的可再生能源。有14个州把焚烧垃圾发电作为可再生能源。

从国家的发展导向考虑，各个州采取的做法是不是对国家政策的正当响应？

★5. 新兴剧作家

斯坦伯格·特拉斯特发现，在决定如何将一个新设立的10万美元的奖金授予一位“新兴剧作家”时存在问题。谁应该算是“新兴剧作家”？是刚起步创作的剧作家？是已经出版了大量作品从而展示出才华的人？是已经成功并显然值得肯定的人？还是说，候选人对钱的需求要在评定过程中起作用？

解释你将如何解决这个问题。你将如何证明你提出的解决方案是合理的？

★6. 客观合理

1989年，最高法院认为，如果警察有“客观合理”的恐惧，即犯罪嫌疑人对警察或其他人的生命构成威胁，或有可能对警察或其他人造成严重的人身伤害，那么警察对犯罪嫌疑人使用致命武力就是正当合理的。

如何定义“客观合理的恐惧”才能让这个定义在警察培训中

可能是有用的？如何才能将“客观合理”的恐惧与其他类型的恐惧区分开来？

7. 直系亲属

弗吉尼亚州前州长鲍勃·麦克唐纳被指控在2014年接受商人约翰尼·威廉斯的商品、服务和资金。作为交换，他向威廉斯的草药补充剂生意提供便利。在麦克唐纳案的审理过程中，检方指控州长没有公开弗吉尼亚州办公室成员和他们直系亲属的经济利益明细，威廉斯曾给过麦克唐纳一张15,000美元的支票来支付他女儿婚礼的酒席费（麦克唐纳后来归还了支票，但这只是发生在他将明细单上交之后）。

麦克唐纳在法庭上声称，他没有被要求公开经济利益明细单上的钱数。麦克唐纳还在法庭上说，“我女儿不是我直系亲属中的一员，因为她没有和我住在一起”。

如果你正在起诉麦克唐纳，你会接受他提出的成为直系亲属一员所隐含的条件吗？那个条件是什么？按照通常的用法给这个短语下一个定义。

★8. 仇恨犯罪

联邦上诉法院于2014年推翻了萨缪尔·缪赖特和他的8个追随者的罪名。缪赖特是俄亥俄州一个门诺教派的领袖，他在2012年和他教派的15名成员涉嫌剪掉敌对门诺教派男成员的胡须和女成员的头发，因而被判仇恨犯罪。

辛辛那提市第六巡回上诉法院裁定，原审判中的法官为陪审团提供了“过度膨胀的仇恨犯罪定义”。该法官在2012年的审判中暗示陪审团，受害者的宗教成为他们遭受攻击的唯一重要因素。根据上诉法院的说法，法官是这样说的：为了将袭击定为仇恨犯罪，受害者的宗教必须是“主要的激发因素”。控方没有提出充分证据支持这一论断。

上诉法院的结论是，“总的来说，相当多的证据都支持被告的理论‘人际与家庭之间的分歧，而不是被告的宗教信仰，引发了攻击’”。

当犯罪本身（例如，物理攻击）完全相似时，“重要因素”和“主要的激发因素”之间的差别是否引起了非仇恨犯罪与仇恨犯罪之间的不同？举一个你认为是仇恨犯罪（依据上诉法院的定义）的例子，并将它与你认为不是仇恨犯罪的例子加以区别。

二、技术练习。

（一）运用指明的定义方法给下面列出的语词下定义。

★1. 同义词定义：

一打　警察　汽车　尽快　犬

自行车　律师　OS　小费　面包师的一打[1]

★2. 属种定义：

三角形　教科书　铅笔　衬衫　狗

母马　艺术博物馆　交响音乐会　杂志　奇数

3. 实指定义：

鞋　地板　红色

纸　人　头部

★4. 举例定义：

家畜　家具　水果　饮料　定义

押韵对句　宠物　英语句子　恶意软件　贵金属

★5. 枚举定义：

英语元音　原色　双亲

---

[1] 指面包师为了避免因分量不够而被罚款，在一打面包外再多给一个的惯例。——译者注

美国主要政党　　同胞兄妹　　地球的天然卫星

（二）你肯定知道一些常人不熟悉的语词（或意思）。它们可能是俚语，也可能是音乐、电影制作、表演、科学、电脑黑客、体育、烹饪或许多其他领域的专业术语。

选择两个常人不熟悉的语词，用任何你认为合适的方法为它们下定义。

（三）报告性定义可以进一步区分为词典定义、学科定义和历史定义；规定性定义又可以分为任意性定义和厘定性定义。基于这些类别对下列定义进行分类。

★1. **防核爆冰箱**：毁掉一个电影系列；通常指制片人或导演的无知毁掉了一部电影。这个术语源于《印第安纳·琼斯和水晶头骨王国》（*Indiana Jones and the Kingdom of the Crystal Skull*）的场景，在这个场景中，主人公躲藏在冰箱里从而在一场核爆炸中生还。

2. **失败**：新用法主要来源于网络，涉及把动词转换成名词，例如“完败”。

★3. “这本杂志的规定是不接受或发表任何‘代写作品’的投稿。这里，‘**代写作品**’的意思是，在对研究或写作有重大贡献的方面有任何不诚信的作品。”（《美国医学会杂志》，2009年9月23日）

4. **耳廓成形术**：一种复位耳朵的外科手术过程，通常指从头部伸出来的引人注目的耳朵。

★5. “**作者**就是对于研究、研究结果分析、文稿起草、核准文章定稿做出实质性贡献的人。”（国际医学期刊编辑委员会，2009年9月）

6. **同心协力**：这个表达用中文来说就是“合作”。在第二次世界大战期间，它被一家美国军事单位用作座右铭，最后被用到任何一个热情的士兵身上。

★7. **素食者**：一个不吃肉、不使用动物制品并倾向于只与其他素食主义者发生性关系的人。

8. **忍者贷款**：在金融业，忍者贷款被提供给那些没有收入、没有工作、没有资产的人。

★9. **生石灰**：根据炼金术士的说法，“生石灰”就是物质燃烧后剩下的灰烬或不变的那部分。

10. **皇家同花顺**：在通常的扑克牌游戏中，皇家同花顺就是由穿着同一套衣服的 A、K、Q、J 和 10 这五张卡牌组成的顺子，无论其花色是方块、梅花、红心还是黑桃。

★11. **网络钓鱼**：试图通过使用在线欺骗手段获取计算机密码或其他私人信息。

12. “**抗生性**这个词最早是由弗莱明在 1889 年用来描述一个有机体排斥另一个有机体生命的现象。”（P. R. 伯克霍尔德，《抗生素》）

★13. “谷歌的首席执行官拉里·佩奇表示，他想知道一家可能被谷歌收购的企业是否能通过**牙刷测试**：你每天都会用它一两次吗？它会让你的生活更美好吗？”（《纽约时报》，2014 年 8 月）

（四）语词可以用这些方法来定义：同义词定义、属种定义、实指定义、举例定义和枚举定义。检查下列定义并辨别其所使用的方法。

★1. 如果你想象一条直线从北斗七星直接向外延伸，那么你会看到在线的末端是北极星。

2. 旧世界的动物（old world animals）有马、水牛、骆驼、老虎、猪、牛等。

★3. “办公室之外的地方都是非办公场所，包括库房、清洁间、计算机室、图书馆、办事员及销售员的卡夫卡式的网格桌子。”（C.B. 霍斯利，1990 年 6 月 18 日）

4. 完美数字是一个除了自身充当约数以外的所有正约数之和就等于其本身的正整数。

★5. “榴弹炮：炮管比以中等速度通过不平坦轨道发射炮弹摧毁目标的迫击炮长的大炮。”(《美国传统词典》)

6. 医疗处方上的“一日三次”的意思是“一天服用三次”。

★7. “使用中的术语‘按揭’，应包括信托契约、信托书或其他担保法律文件。”（美国土地产权协会标准规则 3360）

8. “谬误通常被理解为任何不可靠的论证模式，看起来它对有关问题非常确定并要求我们相信其为真。但实际上并不是。”（理查德·惠特利,《逻辑原理》)

★9. “就我们的目的而言，语言可以被定义为对特定文化群体中的所有人来说都有意义的声音的系统化组合。”（托马斯·派尔斯，《英语的起源与发展》)

10. 萎靡是这么一种感觉，当你早晨心情低迷地醒来，你不想起床，这天你唯一想做的就是重回梦乡并遗忘一切。

★11. 在这篇文章中，我将使用“DSP”这个表达式来简称“different senses of possible”。

12. 一位流派作家是像斯蒂芬·金这样的人，一位文学作家是像乔纳森·弗兰岑这样的人。

★13. 语言学家用术语“叠字”来指称两个相同成分组成的词语，例如“楚楚”。

14. 回文是一种像“Madam，I'm Adam”和“A man，a plan，a canal，Panama”这样的表达方式。

★15. ISIS 是伊拉克和大叙利亚伊斯兰国（Islamic State in Irap and Syria）的简称。

16. “这个在伦敦被称作‘清醒标签’的装置在美国被叫作自律式辐射监测器（安全连续远距离监控)。”（2014 年 8 月）

（五）定义可能是错误的：定义过宽或过窄；使用偶然特征；使用晦涩、隐喻性或有歧义的语言；整体循环。考虑下面的定义，解释为什么它们犯了某种错误（如果有的话）。

★1. **裸卖空**：未经出售许可就卖空他人也拥有的股票的有风险的行为。（2008 年 12 月）

2. **戏剧价格**：为房子设定一个足够低的价格以吸引买主的行为。

★3. 这个便携式播放器有一个明亮的 **OLED** 屏幕（OLED 表示有机发光二极管）。

4. **椅子**：一件四条腿的家具。

★5. **尼龙**是由杜邦公司在 1940 年制造并销售的产品。

6. **三角形**：各个边和各个角都相等的几何图形。

★7. **三角形**：一个封闭的各个角都相等的三边平面图形。

8. "**锯**：带齿的工具，通过摩擦木头或金属来达到切割的效果。"（塞缪尔·约翰逊，《英语词典》）

★9. "**真理**是存在透过本质王国投射出的影子。"（乔治·桑塔亚纳，《怀疑主义与动物信仰》）

10. **心怀不满的人**：一个与当权者疏远或对政府缺乏忠诚的人。（美国国防部，《军事术语词典》）

★11. 一根**车前横木**（singletree）与一根马车前端的横木（whiffletree）是相同的。

12. "（**诗歌**）是这样一种语言，它的每一行，不论是由于其文采，还是因为其如此有力地集中于不为人注意的事情上，它比大多数语言都有更强的感染力。正是这种语言不断孕育着希望，散发出光和热。"（劳伦斯·珀赖因，《声音与意义》）

★13. **悬挂的碎屑**（Hanging chad）就是当投票者不能紧接在前边的人之后用力按投票针时残留附着在选票上的碎屑。正是由于 2000 年美国总统选举中佛罗里达州那些悬挂碎屑的选票导致了选举结果最终由美国最高法院裁定。

（六）假设你被指派了一项任务，给从世界偏远地区来到我们生活的社会的一群聪明的高中生当导游。运用你所学到的有关定义的知识为他们解释下列语词的意思。

★1．e-mail（电子邮件）

2．社交网络

★3．本土膳食主义者（Locavore）

4．NGO（非政府组织）

5．YouTube（美国的一家视频网站）

第十章

含混与歧义

含混与歧义经常被混为一谈，但它们是两个不同的概念。一般来说，**含混**（vagueness）是指术语缺乏精确性，**歧义**（ambiguity）则是指语词有几种可能的意义，但每一种意义都可能是精确的。

含混

我们将讨论表现为模糊的含混和量与类型的含混，然后考虑人们为什么会有意地使用含混的表达。

表现为模糊的含混

表现为模糊的含混是“含混”最基本、可能也是逻辑上最重要的一种理解。表现为模糊的含混的术语在这样一种意义是含混的——其边界不清，或者说边缘部分模糊——因而存在一些该术语可以适用也可以不适用的边界情形。（自1965年以来，一个崭新的领域“模糊逻辑”发展起来，这个逻辑就是关于在这种意义上含混的术语的使用的。）

表现为模糊的含混的一个经典例子是“秃头”这个词。一个长着浓密头发的人显然不是秃头，一根头发都没有的人显然是秃头。但一个人若只是脑袋边缘还长着一圈头发，那他是不是秃头呢？或者，一个人头顶秃了一大块，那他是不是秃头呢？“秃头”这个词不够精确，无法对这些问题给出清楚的回答。这样的边界情形越多，术语就越含混。因此，含混有个程度问题。

人们常说，日常语言的所有语词根本上都是有某种含混性的，这个说法可能是真的。然而，一些术语要比另一些术语含混得多。蓝色、蔬菜、起瓶盖器就不像高、大、小、民主、淫秽这些词那么含混。判断一部作品是不是淫秽的要比判断一件东西是不是蓝色的不确定得多。

使用含混的语词通常不会产生什么问题。说他聪明、受过良好的教育、工作努力，这样的描述对于很多目的来说就足够了。不过，考虑下面这个例子：

> 如果来营训练的运动员**超重**，他将每天被罚款 1000 美元，直至他恢复到**正常体重**。
>
> 我不需要这么多**金黄头发**的演员。把所有多余的金黄头发的群众演员都解雇了。
>
> 任何在互联网上传**儿童色情作品**的人都应当被逮捕并被判 10 年以上的监禁。

每个加粗的语词都具有模糊边界，尽管在很多情形下其适用是足够清楚的。一个体重 500 磅（约等于 226.8 千克）的人肯定是超重了，但是，多重才算是不超重？多黄才算是金黄？儿童的年龄是多大？什么算是色情作品？在某些情形下，我们确实不知道该如何使用这些术语。

解决含混术语的适用问题的一个简便的方法是，给含混的术语设定某种厘定性定义。

> 任一运动员的**正常体重**是上一年度其他球队在他的位置上的首发队员的平均体重。
>
> **金黄头发**是指全部天然地呈现浅黄颜色的头发。
>
> **儿童色情作品**被理解为任何关于不足 18 岁的未着装状态的人的图画或描述。

这样的做法太过简单，因为这是在以随意的方式来决定重大事项。为什么一个比平均身高高出 3 英寸（约等于 7.6 厘米）的四分卫运动员的体重应当是平均值？群众演员的金黄头发是天然的还是故意染的会造成什么差别？按照上述规定，任何出现没穿衣服的婴儿的图画都算儿童色情作品。

通过规定厘定性定义来减轻含混的问题是完全适当的，问题在于定义应当经过仔细考量且切中要害。例如，假设我们必须完成一项任务却由于以下原因无法继续：（1）我们不确定一些术语是否适用于某种特定情形；（2）我们需要断定术语是否适用；（3）我们无法通过获取更多的事实来解决这个疑惑。具体来说，假设我们必须执行一项法律，该法律允许对其称为“农产品”的生产者进行价格支持的资助。种植小麦、玉米、水稻的人适用于这种资助，我们毫不怀疑他们种植的作物使其合法地接受资助。

现在，种圣诞树的人出现了。圣诞树应当被认为是“农产品”吗？法律并没有明确地包含或排除圣诞树。只有在决定了圣诞树是否算是“农产品”之后，我们才能执行法律。就这个问题而言，“农产品”是一个含混的短语。

我们很容易看出“农产品”这个术语适用的情形（小麦、玉米、水稻）和明显不适用的情形（卡车、煤、计算机）。但是，它适用于圣诞树吗？我们如何做出判断？

获取更多的事实信息是没有帮助的。我们所知道的是，“树农”种植、培育圣诞树，并在圣诞节收获、出售。关于圣诞树，了解到的其他情况都不能帮助我们判断圣诞树算不算是“农产品”。因此，为了以一种合理的、站得住脚的方式完成任务，我们必须设法消除该短语的含混性。

为了消除含混性，我们可以设定一组准则以确定“农产品”这个术语能否用于作为价格支持而提出的各种商品。这组准则不能是随意选定的，也不能是带有偏见的，而必须是通过考量如何处理显然的无争议情形而提出并经受检验的。

想一想怎样做到这一点。“农产品”这个术语显然能用于大豆和南瓜，但不能用于汽油和砖。为了满足可接受性，这组准则必须能包含大豆、南瓜而排除汽油和砖。将大豆排除在农产品之外的准则显然是有缺陷的，因为这就过窄了（排除过多）。将砖包含在内的准则也是有缺陷的，因为这就过宽了（包含过多)。理想的情况是，这组准则所定义的类应当包含所有肯定是农产品的东西，同时排除所有肯定不是农产品的东西。

假设经过对所提出的准则进行验证并根据需要加以修正之后，我们最终得到了下列准则:(1)植物或植物的一部分(叶子、根、果实);(2)是人工培育的(以区别于野生的);(3)是被收获的;(4)用作食物或加工产品的原料。

这四条准则似乎恰当地构成了肯定是农产品和肯定是非农产品的东西之间的差别。普通的蔬菜属于农产品的类别，木材、鲜花和装饰性灌木被排除在外。如果这组准则是可接受的，现在就能运用它解决疑难问题，这样就能以非任意的方式判定存在争议的东西是该包含在农产品之中还是排除在外。

按照这四条准则，圣诞树不是农产品。尽管圣诞树是植物，是人工培育的且是被收获的，但它不是用作食物或加工成其他产品的原料。就此而言，它更类似于鲜花而不是蔬菜。所以，我们必须拒绝向农产品支持计划申请资助的圣诞树种植者。

种植者可能不同意我们的决定，声称立法者的意图是使法律涵盖他们的产品。但是，除非他们能证明我们的原则对明显无争议的情形有包含过多或排除过多的缺陷，否则，我们的立场就是正确的。他们只能求助于从法律中寻找将圣诞树包含在农产品中的明确指令。

日常语言中有数以千计像文学作品、保守的、富有的、腐败的、无能的这样有用却偶尔引起麻烦的词语，当我们希望或需要确认其意义、理性地消除其含混性时，我们就可以运用与上面那种程序类似的方法。

量与类型的含混

提供更为确定的事实信息能够解决量与类型的含混问题。在熟食店柜台，埃文斯对售货员说:“我要一两千克肉片。”售货员显然会问:“你到底要多少？你要的是哪一种肉？”售货员不得不提出这些问题，因为埃文斯关于她想要的数量和种类都不够明确。她的话在这两方面都太笼统，意思含混。

严格意义上说，含混与上面讨论过的模糊相关。但在日常生活和语言中，我们经常指责别人太含混，意思是他们的话太笼统。(“别只说你下午来这里，要确切说明什么时间。”）如果报纸含混其辞地说强盗带着“武器”，我们并不能知道真正发生了什么（一把刀？一支枪？一个手榴弹？到底是什么？）。这种类型的含混陈述所提供的信息比我们希望知道的要少。只有当我们以为陈述提供的信息比实际上多的时候，它们才是误导性的。（比如，我们错误地以为“下午”就是下午 3 点钟之前，或者强盗的“武器”就是枪。）

实际上，这类含混在一般情况下是可以接受的。我们不太可能去指责一个说“撒哈拉沙漠是一片广袤的沙地”的人，批评他使用了“广袤”这个词而没有提供精确的数量信息，这个词在语境中是不会招致反对的。类似地，像大、高、短、胖、很高这样的表达也能满足我们所要求的精确性。我们可能只需知道人群是一大群，而不需要知道总共有 80,000 人在那里。一个人为另一个人写购物清单时可能只写：“一小条面包”而不是“1 磅（约 0.45 千克）重的一条面包”。只要能满足实际目的，即使有能力提供数量化的表达方式，也经常不需要提供，否则会显得书呆子气。

但是，在某些情况下，我们会需要或者希望得到准确信息。一个绘制世界地图的绘图人不可能对仅仅知道撒哈拉沙漠广袤而感到满意。为了完成工作，他需要知道“它到底有多大”。为了回答这个问题，他需要借助于某种适当的度量系统如平方公里、公顷等。在绘制地图的情境下，“广袤”一词就是含混以至不可接受的。同样，人口统计学家可能想知道有多少人居住在尼罗河流域，他想要的是一个数字，对于“有不少人”这个说法，他会认为太含混而不可接受。

有时候，由于没有一种度量系统为我们提供数字化的精确描述，采用相对的表达是最佳方法。我们没法度量爱、魅力或友谊，也没法用一个数字表示我们有多么厌倦或这个冰激凌有多好吃。但在多数情况下，我们能毫不费力地理解像“这个演讲无聊极了”及“我对你的爱难以言喻”这样的表达。

总之，如果一个数量词提供的精确性低于我们所需要或所希望的程度，该语词就可以被认为是含混的、不可接受的。为了消除含混，可以用更精确的描述替代它。描述语可以是相对的（如没有那么重、相当重、非常重），也可以是以某个度量系统的术语（如 118 磅，即约 53.5 千克）表示的数量词。基于一种特定目的或需要被认为是含混得不可接受的语词，按照其他目的或需要看未必是含混的、不可接受的。

同样的考虑也适用于类型的含混。我可能只需要知道你口袋里装的是一把螺丝刀（而不是一把刀）就够了。但在某些情形下，“螺丝刀”就太笼统了。按照指令，我需要一把螺丝刀组装一张课桌，我需要的是十字头的螺丝刀还是一字头的螺丝刀？什么尺寸的最好？还是任何尺寸都行？正如量的含混，在特定语境下，类型方面的含混可能导致也可能不导致不可接受的含混。如果含混程度是不可接受的，就必须设法获取更具体的信息。

有意的含混

通常情况下，任何说出或写下一件事的人都希望表达得尽可能清楚。但也存在一些特殊情形，我们认为使用有意保持含混的语言是可取的、适宜的。阿尔法计算机公司的 CEO 接受采访时被问到他们公司的新机器怎样提供运行速度，她可能不愿意说出那些能帮到竞争对手的信息。因此，她会限制自己，仅仅说“在制造过程中对芯片进行掩膜的新方法”。即使她能更精确地说明其公司采用的新技术，她也会选择保持含混。

想要委婉地拒绝别人邀请的人可能会给出一个含混的回答。当别人问“明天能否一起吃晚餐”时，他可能这样回答：“抱歉，我有别的安排了。”直接拒绝别人通常被认为是粗鲁的。

协议、条约、法律和决议中的某些关键词常常有意保持含混。（这些语词也可以说是蓄意含混的。）这些小心翼翼地选用的语词避免了精确性从而可以做出不同的解释。一份国会决议指令联邦机构对遭受“外国政府政治迫害”的难民提供“帮助和支持”，就对提供多少及什么方式的支持、哪些政府应被认为是施加政治迫害的外国政府这些关键问题保留了开放性。这样的语言给联邦机构、国会议员和实际执行机构留下了很大的政治操作空间。

有时人们会有意选用允许原则性协议的表达，而将语言的解释权留给后人。设想谢诺兰（Xenoland）承诺采取实质性步骤以保护其公民的人权，因此美国允许给予其一年期的特殊贸易地位。美国并没有要求谢诺兰采取任何具体做法，以使其可以宣称自己的主权未受损害。但是到了年末，美国可以对所发生的变化做出评判。允许报纸批评政府是采取了“实质性步骤”吗？释放政治犯或允许自由选举呢？在决定特殊贸易地位是否延至下一年之前，两国政府必须就这些问题进行磋商。

含混的语言经常令人困惑、误解，使问题恶化。但在合适的情形下，含混的语言也是一种有价值的工具。

歧义

为了避免实践及理解上的混淆，需要识别三种重要的歧义类型。当然，列出的三种并不是穷尽的，它们之间也不是互斥的。

语义歧义

除了少量的技术性术语，像英语这样的语言中的每个词实际上都有不止一种意义，但我们不会仅仅由于这个事实就说语词有歧义。一个语词是有歧义的（ambiguous），如果（1）它有一种以上的意义且（2）从语词出现的语境看不出它是在哪种意义上被使用的。

通常情况下，用一个词表示什么意思在语境中是非常清楚的，以至我们要做出特别的努力才能想到另一种可能的意义。然而，有时也会出现这样的情况，语词的多种解释在语境中都有意义，究竟该选择哪一种并不那么清楚。

假设物理系主任告诉一位教授：“在年底之前，我们不能要求学校增加研究资金。”这里的“年”指什么？是指学年、日历年，还是财年？如果不具备这所大学预算要求程序的知识，我们就不可能知道他说的“年”是什么意思。

这类歧义是最容易消除的。在这个例子中，教授只要问一问哪种意思是正确的就可以了。然而，有没有提出这种问题的能力又取决于你是否知道这三种可能的解释。如果一个人从未听说过财年，他显然不可能问“年”是否指财年。如果一个人的职业是工业领域的，他可能不会想到大学是按照学年做预算的。因此，一个人可能会错误地理解这句话，而他根本不知道有出错的可能性。当我们不确定是什么意思时，澄清混淆相对容易。但如果我们出了错却不知道自己错了，麻烦就可能以料想不到的方式浮现出来。

推理中的一种错误是把一个语词的两种不同的意义当作相同的，这种错误传统上称为**混淆谬误**（fallacy of equivocation）。设想有人这样论证：

> 任何人（men）都享有正当法律程序的权利是一条有良好根据的宪法原则，但沃尔特斯女士不是男人（a man）。所以，宪法没有为她提供这一保障。

第一句话中的“men”显然指人类，第二句话中的“man”特指男性。所以，这个论证实际上是这样的：

> 任何人（men）都享有正当法律程序的权利是一条有良好根据的宪法原则。
>
> 沃尔特斯女士不是男性（male）。
>
> ---
>
> 宪法没有为她提供这一保障。

照这样恰当地表述出来、消除了混淆之后的这个论证显然是没有任何价值的。

像自由、能力、义务这类政治术语和道德术语在推理中很容易出现混淆谬误，人格、社会、智力、文化这些词也容易出现混淆。

指称歧义

我们用语词和描述来指称特定的人、物或事态。我们通常依赖语境和共享信息使别人清楚我们要指向的到底是什么。因此我们会这样说：“你的车钥匙在桌子上。”“那个多话的人因为不服从而被解雇了。”“可怜的乔治自战争爆发以来就几乎没正确过。”我们假定听者明白哪张桌子、谁是那个多话的人以及我们指的是哪一次战争。

当这种假定失败、指称性表达式能被解释为指向多个事物时就出现了**指称歧义**（referential ambiguity）。这会产生两种可能的结果：一是另一个人不确定我们指的是什么。你的车钥匙在桌子上，是哪张桌子呢——餐桌、书桌，还是咖啡桌？另一种结果是听者错误地以为我们指的是某个对象而实际上不是，因为他根本就没想到我们说的是餐桌，他以为我们说的是咖啡桌。

一旦认识到歧义的存在，我们只要问一问就弄清楚了。但一个错误地相信他知道我们指的是什么的人可能会被导向某种其他的错误。这种错误既可能是微不足道的，比如多花了几分钟才找到钥匙，也可能是意义重大乃至致命的。

语法歧义

如果不约定先算乘除后算加减，那么数学公式 $2\times3+4$ 可能读作 $2\times(3+4)$，也可能读作 $(2\times3)+4$。按照第一种读法，这个公式等于14；按照第二种读法，这个公式等于10。由于这个公式有歧义，需要引入括号以表明想要表示的意思是什么。

像英语这样的语言的语法也存在类似的歧义。一个句子是**语法歧义**（grammatically ambiguous）的，如果（1）它的语法结构允许一种以上的理解方式，并且（2）从语境看不出要采纳哪一种理解。

如果有人在某日常语境下说："So you like target shooting? I like to shoot myself."[1] 我们能看出，第二个分句可以理解为说话者喜欢将子弹射进自己的身体。但是，由于很明显说话者不可能是这个意思，因此，即使我们意识到有这样理解的可能，自己也不会真的采纳这种理解。

---

[1] 这句话是有歧义的，既可以理解为"这么说你喜欢射击？我自己也喜欢射击"，也可以理解为"这么说你喜欢射击？我喜欢向自己射击"。——译者注

“所有 X 并非是 Y”（All Xs are not Ys）这种形式的句子一直有两种可能的意思。例如，“所有男人并非是性别歧视者”到底是什么意思？这句话可以以两种很不相同的方式理解为：（1）“每一个男人都不是性别歧视者”。（2）“并非所有男人都是性别歧视者”，即“有些男人不是性别歧视者”。这种句子意义的差异是相当大的，如何解释最初的断言可能会造成政治或意识形态的巨大差异。就算这种差异很重要，我们却不能从句子本身断定应当采取哪一种理解。

语法上正确的句子仍然可能存在语法歧义（上面方框里的例子就是这样的）。但在某些情形下，语法歧义是由语法错误造成的。来看这样一个例子：“经过长途旅行之后回到家，狗认不出他了。”谁经历了长途旅行？尽管这个例句有错置修饰词的错误，我们还是能比较容易地理解说话者的意思。

但是标题“Court Upholds Man’s Right to Die in California”表示什么意思是否同样清楚呢？有可能是说“法庭判决某个人有去往加利福尼亚并死在那里的权利”。但似乎不太可能是这样一种解释。出于为安乐死辩护，很多人论证了个人有死的权利，但没有人论证人有权选择死在什么地方。假设这个标题应当解释为“法庭支持加利福尼亚人有死的权利”或者“加利福尼亚的法庭支持人有死的权利”，但如果没有更多的信息，我们无法确定说话者是哪种意思。

为了解决使用含混语词造成的困惑，我们通常代之以更精确的表达或者提供额外的信息。如果这种办法不适当而问题又很重要，我们可能就不得不提出一套准则以决定在有争议或不明确的情况下如何使用一个语词。

歧义的问题之一是，我们没有注意到存在歧义，结果错误地理解了句子所要表达的意思。一个词是什么意思、一个词用来指称什么、句子有什么语法结构，这些都有可能造成句子的歧义，知道歧义是如何发生的有助于避免受歧义的困扰或误导。

第十一章

合理的信念

当提出论据来证成一个断言时，我们把某些断言当作前提并用它们来论证结论的真实性。假如每一个断言都必须通过在先的论据来证成，显然，我们就找不到论证的起点，也就永远无法开始进行推理。所以，我们需要某些起点，即某些不基于之前的论据的断言。这样的断言是从哪里来的呢？

被认可的断言与被接受的信念

关于作为起点断言的来源问题有两种解释。如果我们想知道在某个特定的讨论中为什么一些断言被用作前提，答案很简单：只要参与讨论的各方都接受一个断言，这个断言就可以用作前提。

设想你和我都同意一起去看电影。当讨论看哪一部电影时，我们发现两个人都想看喜剧。有了这个一致的意见作前提，你可能有力地论证说最有意思的喜剧片是威尔·法瑞尔最新的电影，这样问题就得到了解决。

现在设想同样的情境，我们想一起看电影。但是我脑子里想的是凶杀片，想看 20 世纪 40 年代黑色电影节的影片。如果是这样，我不会接受应当选一部喜剧的断言，你也就不能以此作为论证我们该看什么电影的出发点。类似地，在 1955 年，一个南方的政治家在面对白人选民的演讲中可能会将“应当抵制学校取消种族隔离”作为论证的前提，而到了 1980 年，这种观点就不再被假定是成立的。

在一个特定的讨论中，人们选择哪些断言作前提并不取决于断言的真实性甚至合理性。南方政治家的观点既不真实也不合理，但是，在1955年，他不需要对此加以论证。在实践中，对于人们已经接受的观点是不需要再给出理由的。我们把某个特定论证中一致同意的前提称作**被认可的断言**（granted claim）。

现在考虑作为起点的断言来源问题的第二种解释。假设我们考虑的不是某个特定讨论中的前提，而是某个人在任何时间都接受的断言的集合——这个人的全部信念集。人们都认为自己的信念是（至少希望是）合理的。为什么这些信念是合理的？有些信念由于得到了论据的支持因而是合理的。但是正如我们所说，我们的信念不可能全都建立在论据之上，因为必须有一些信念来充当任意论证链条的起点。（即使是某个特定论证中被认可的断言，最终还是要予以证成，如果我们要相信这些断言为真。）不是基于论据的那些信念称为**被接受的信念**（accepted belief）。

被接受的信念至少有三种类型：自明的、基于经验的以及基于其他权威的。

自明的（必然）真理

多数哲学家认为一些断言是自明的（self-evident）。这样的断言不需要论据、证据或经验的支持，因为对任何一个有着清晰思考的人来说，其真实性都是明明白白的。仅仅对其加以思考，就使得这些断言必定为真成为一件显而易见的事，因此，这类断言也称为**必然真理**（necessary truth）。

自明断言的最好例子是**分析性陈述**（analytic statement）。分析性陈述是指那些由于其形式或其中所包含的语词的意义而为真或为假的陈述。分析地为真的陈述是**重言式**（tautology），分析地为假的陈述是**矛盾式**（contradiction）。

下面这组陈述由于其形式而分析地为真：

玫瑰是玫瑰。

如果这是毒药，那么它是毒药。

简或者活着或者死了。

下面这组陈述由于其中所包含语词的意义而分析地为真：

所有正方形都有四条边。

玫瑰是花。

你永远都不会再一次获得第一印象。

$4+7=11$。

下面这组陈述分析地为假：

女人是男性。（基于意义）

既在下雨又不在下雨。（基于形式）

三角形有四个角。（基于意义）

这些陈述必定为假，因为它们的形式或者其中所包含语词的意义使其自相矛盾。男性的女人、有四个角的三角形都是自相矛盾的描述。一个既肯定天在下雨又否定天在下雨的人是自相矛盾的。所以，这样的陈述不可能为真，它们必然为假。

由此，我们不仅知道了分析地为假的陈述，也获得了一种思考一个陈述是否分析地为真的方法。如果一个陈述的否定是一个矛盾，则这个否定不可能为真，因此，被否定的陈述自身一定为真。所以，如果考虑一个陈述并发现否定它导致矛盾，那我们就知道该陈述必定为真。也就是说，该陈述分析地为真，它是一个必然真理。

知道某些陈述不可能为真（它们分析地为假），而某些陈述不可能为假（它们分析地为真），就不会对这些陈述感到疑惑不定，也会避免提出一些愚蠢的问题和探索。我们不必调查世界上有没有活的尸体，也不必一个角一个角地进行测量以便知道两个直角之和会不会小于 180 度。我们无须进行民意测验以断定不赞成的选民是不满意的选民。通过大量计数来验证 $73+93=167$ 是毫无意义的。我们甚至不需要经过法律研究才知道在美国一个人不可能与其寡妇的妹妹结婚。

简言之，自明的断言在人的理性信念的集合中有着特别的地位。由于这种断言必定为真，它们就不会有遭受质疑的可能，而即便是有着最充分论据的非自明断言都有可能遭到质疑。

最后一点，我们必须对于将什么视为自明真理保持谨慎。多数人会认为很多事情是显然的——火带来温暖，人比牛聪明，谋财害命是错误的，大西洋里的生物比一个浅水池里的生物多。但这些断言没有一个是自明真理，因为其中任何一个在理论上都能被设想是假的。这些断言是真的，但它们并不必然为真。（“克洛弗夫是一头比任何人都聪明的奶牛”可以被设想为真，尽管我们很确定实际上这不是真的。）如果不能牢记“显然”与自明真理之间的不同，就有可能认为从具有良好根据的信念到最坚定地持有的偏见全都是特殊的自明真理。

某些哲学家断言存在着非分析性的必然真理。下面列出的就是几例：

红色的事物占据一定的空间。

每一个事件都有其原因。

任一有意义的断言或者为真或者为假。

也许（有些人已经这样提出了），即便算术与几何真理，尽管是必然的，也并不真的是分析性真理。

然而，以上任一例子确是必然的但不是分析性的这一点并不是显而易见的。“每一个事件都有其原因”看起来根本不是必然的。“红色的事物占据一定的空间”似乎是必然的（它怎么可能是假的呢？），但它也可能是分析性的，因为，“红色”的部分意义是“有颜色”，而“有颜色”的部分意义是“占据一定空间的事物”。对于“任一有意义的断言或者为真或者为假”这个例子来说，我们又如何解释某些数学命题的真难以确定这个事实呢？结果是，辩论总是无休无止。

幸运的是，我们不需要对所有这些问题做出断定。我们只需承认，只要任一真正理解其意义的人都能看出它必然为真，那它就是一个自明的真断言。(一个假断言是自明的，如果任一真正理解其意义的人都能看出它必然为假。）我们可以将任一自明的真断言包含在我们的合理信念集合中并以此作为论证的基础。

经验

经由我们自己的经验建立起来的信念也是一种被接受的信念。特别是，我们的感觉是这类信念的重要来源：

这是勃艮第葡萄酒，我尝过了。

从气味我能断定煤气泄漏了。

从手感判断，这种布料不可能是纯羊毛的。

别告诉我附近没有马，我听见它叫了。

我们通常最依赖视觉。我们认为天上有云是因为我们抬起头看见了云。我们相信房子里有一只老鼠，因为我们看见它跑过去了。很多人由于目击证人指认其犯下罪行而被关进了监狱。常见的一种说法“眼见为实”或“亲眼看见我才信”反映了我们对于感觉特别是视觉的信赖。

但并不是所有经验都有着同等程度的可靠性。灯光昏暗、眼睛近视、距离遥远等诸多因素可能导致看见的景象也并不可靠。感冒会影响人的味觉和嗅觉，坐飞机会暂时性地损伤听力。当这些因素存在时，我们就不能完全信赖我们的感觉。如果鼻子塞住了，我们可能误把洋葱当成石榴。

导致出错的另一种不那么明显的原因是缺乏正确感受某种事物所必需的知识。如果一个人相信生活在海洋里的生物都是鱼，那么，当看见海豚跃出水面时，他意识不到所观察到的是哺乳动物的行为。同样，如果一个人不懂天文学，当透过望远镜观察时，他也意识不到所看见的光是数百万年前从遥远的星系发出的。

再有一点就是，即使拥有正确解释现象所需要的知识，我们通常也不会对看见的每一件东西都加以注意。如果我想找个地方坐下来阅读，我可能会注意到房间里的一把舒适的椅子，但不太可能去注意椅子靠背的高矮。我们倾向于按照兴趣或需求的类别方式来观察事物：椅子——适于坐着读书，汽车——挡住了我的路。处于这种类别方式之外的细节经常不会被注意到。

所以，尽管我们的经验是理性信念不可或缺的一个来源，它却既不简单，也不像我们认为的那么万无一失。我们必须注意保证条件是适当的，从而我们能够准确地看、听、闻、尝、触摸。我们必须掌握必要的知识以便在了解情况的前提下去感知事物，我们还必须确保对事物的所有重要特征都给予充分的注意。满足了这些条件，我们的经验总体上说就成了理性信念的可靠来源。

依赖他人

在我们的理性信念中，大量的信念是建立在他人言辞的基础上的。我们相信高速公路发生了交通堵塞，因为我们听了交通高峰时段的电台报道。我们相信戏剧《奥赛罗》的票售空了，因为一位朋友说她刚从售票处空手而归。我们相信小行星造成了恐龙灭绝，因为一位古生物学家是这么说的。如果我们试着去追踪每一件信以为真的信念的来源，马上就会发现有很多、也许是大多数的信念是以某种方式建立在他人言辞基础之上的。

世界太大、太复杂，我们不可能将所有信念都建立在自己的经验或者我们自己构造的或知道的论据的基础上。这样并没有什么不对。只要经过谨慎评估，他人的言辞也能作为理性信念的可靠来源。

然而，只有当我们确信一个人处于了解相关话题真相的有利位置且对此问题不存偏见时，我们才应当信赖他的言辞。这些条件结合起来使得这个人可能（确实）知道问题的真相。当然，有的人知道事情的真相却在这件事上撒谎。因此，在将某人的言辞作为我们自己信念的依据之前，要确保这个人没有故意欺骗我们。

1. 处于了解真相的有利位置。我们不会听信一个孩子谈年老的感觉，也不会听信一个文盲谈论詹姆斯·乔伊斯的《尤利西斯》是如何运用想象力的。孩子和文盲都不是处于了解相关问题真相的有利位置的人。一般来说，除非我们能合理地期待一个人知道真相，否则我们不愿意采纳他关于某个断言的言辞。而除非一个人处于了解相关问题真相的有利位置，否则我们不会期待他了解真相。但是，“处于了解真相的有利位置”是什么意思呢?

（1）**一般情况**。根据话题的不同，各种类型的人会处于了解真相的有利位置。目击证人对于目击事件处于了解真相的有利位置，棒球迷处于知道哪些队最近三年赢得了职业棒球赛的有利位置。我们可以直接向这些人索求信息，但也会经常依赖于不那么直接的信息源。

报纸、杂志、电视报道、网站、百科全书、地图册以及各种书籍（包括小说）都是重要的信息源。我们信任这些信息源，因为我们相信这是研究者、作者、编辑们的作品，而这些人都处于了解其学科知识的有利位置上。

并不是所有信息源都具有同等程度的可靠性。在阅读或倾听时，我们必须加以判断。我们认为,《纽约时报》比超市小报更为可信，新的地图册比 50 年前的老地图册更为精确。比起售卖营养品的公司的网站，我们更信任国家医学图书馆的网站。我们必须评估各种因素以判断信息源的可靠性。在多数情况下，我们关于信息源的性质及其出版商声誉的经验能让我们充分地评价其可靠性。

（2）**专家**。有些人因为拥有某个学科的专业知识而处于了解真相的有利位置，这些人被称为**专家**（expert）。他们拥有专业知识这一点通常使别人在形成信念、做出断言时可以合理地信赖他们。

受过教育并且拥有经验，通过这两者的结合，一个人成为专家。经年累月的高水平化学研究可以使一个人成为化学领域的专家，数年的从商经历可能把一个人变成企业经营方面的专家。广泛的学习和临床经验可以将一个内科医生变成医疗诊断专家。所以，当我们这些不是某领域专家的人想要确定谁是专家时，我们要找那些受过相关教育并有经验的人。

名望和地位也能表明一个人的专业能力。拥有在重点大学或大公司任职的声望或者在业内为人所知、受人尊重的人比仅仅是受过专业教育且有经验的人更有可能是合格的知识来源。

在很多情况下，一个人受过相应的教育且有经验显然能使他成为那个领域的专家。专门研究18世纪文学的英语教授应当是早期小说《帕梅拉》和《约瑟夫·安德鲁传》的权威。给一家大报写了20年篮球文章的人在近年篮球运动发展的问题上是值得信赖的专家。

相反，如果由于某个报刊作家的篮球经验而相信他关于《帕梅拉》和《约瑟夫·安德鲁传》的话，或者假定一个有英语文学博士学位的人是篮球方面的可靠的信息源，那显然就是错的。

不幸的是，这种显然的错误却很常见。在某个领域为人所知、受人尊重的人到了另一个完全不同的领域常常依然被当成专家。广告商频繁地雇用运动员、演员或其他名人做代言，仿佛他们是牙膏、电子产品或汽车方面的专家。这实际上是在鼓励这种错误。如果我们对此稍加思考，我们就不太可能相信演员关于感冒药或交通工具的说法。

（3）*复杂情况与弱权威专家*。在某些问题上，我们发现，很难知道谁是专家或者到底有没有专家。以流产问题为例。有些人认为，流产是否是道德上可接受的取决于人的生命从何时开始，在他们看来，生物学家、医生显然是回答这个根本问题的专家。

关于人的生命始于何时，这些专家能告诉我们什么呢？他们会说，从受孕那一刻起，受精卵就有了生命，成了一个人。但是，精子和卵子自身就是有生命的，就像驼鹿、蘑菇或其他生物的任一个体细胞一样。受精卵是人这一说法的科学意义仅仅是说，它是智人这一物种的产品，在合适的环境下能发育成这个物种的一个成员。受精卵不是猫、鲨鱼或橡树的产品，不可能长成猫、鲨鱼或橡树。

当被问及人的生命从何时开始时，我们感到疑虑的肯定不是这些科学事实。这些事实我们都知道，不需要去咨询生物学家和医生，来让他们告诉我们这些常识性的真理。因此，当我们关注流产问题、提出生命始于何时的疑问时，我们一定是想知道一些与此不同的东西。

我们真正想知道的是，是否应当把胚胎当作人，是否应当以对待有权利和特权的个体的方式去对待它。科学的事实不能回答这个问题。实际上，真正的问题根本不是科学问题，不可能从生物学家或医生的专业角度获得答案。

我们应该到哪里去寻找关于是否应当把胚胎当作人这个问题的专家呢？或者更一般地说，流产是正当的吗？在这个问题上有没有专家？在一系列这样的问题上——摩西的上帝是否存在、生命有没有意义、蒙娜丽莎的微笑有什么含义、出于自卫而杀人是不是道德上正确的——有没有专家？在这样的问题上可能有专家吗？

我们的第一反应可能是对此予以否定，这在一定程度上是正确的。对这类问题来说，可能不会存在像数学专家、物理学专家、体育史专家、电视维修专家那种意义上的专家。有关上帝、艺术、道德的问题，在某种意义上说不是那么直接的。结果就是，我们不会以不加质疑地听从物理学家对热力学第二定律意见的方式将艺术评论家关于毕加索的《格尔尼卡》的看法视为毫无问题的“专家”意见。我们都相信，在宗教和政治问题上我们有权利持有自己的见解，而对于 225 的平方根是几或袋狸是不是有袋类哺乳动物，我们就不具有坚持个人见解的相同权利。

虽然这些看法是正确的，但如果认为在艺术、道德、宗教问题上不存在任何意义上的专家，那也是极端错误的。而如果这些领域的每一件事都“仅仅关乎意见”或“一个人的意见总是和另一个人的意见同样好”，那就错得更离谱了。艺术史学家和艺术批评家关于《蒙娜丽莎》和《格尔尼卡》的意见就比其他人更站得住脚。受过哲学训练的人通常更有资格去评价关于上帝存在的论证的有效性和意义。心理学家、哲学家、宗教学者以及拥有其他研究领域知识和经验的人可能比其他多数人处于清晰思考人生意义问题的更为有利的位置上。

这些人不是**强权威专家**（hard expert）。强权威专家是指其他没受过很多专业训练的人必须完全服从的专家，就像非物理学家在物理学问题上必须服从物理学家那样。如果一些人在某些事情上的观点比其他人更站得住脚、考虑得更细致，我们称这些人为**弱权威专家**（soft expert）。

但我们不应当完全听从专家的意见。最终我们必须对流产、上帝是否存在、生命的意义、应当选谁当总统等问题做出自己的思考。但是，如果在独立思考之前没有先学习那些更有知识的人的思想，那我们自己的结论几乎可以说一定是肤浅的、不可靠的，并且很可能是错误的。

> “科学家”“专家”这类一般性语词常被错误地用来表示专业技能。“科学家说了，进化论是不可能的。”但经过仔细考察，我们发现所说的“科学家”不过是几个机械工程师、一位物理学家和一位尸检专家。他们都不是生物学家，也不是进化论领域受过专业训练的科学家。如果不够细心，我们就可能受“科学家”这个词的误导，以为相关领域的专业科学家说了进化论不可能发生。
>
> 在另一些情形中，我们无法知道“科学家”“专家”到底是什么人。“专家怀疑遥远太空的智能生物正关注着我们。”所说的“专家”是谁？他们的专业领域是什么？
>
> 根本就不存在一般意义上的“科学家”。有物理学家、生物学家、化学家、天文学家，在这些领域之内又有分子物理学家、细胞生物学家、有机化学家和理论天文学家，等等。“专家”一词涵盖的范围更广，不仅包括科学家，还包括历史学家、社会学家、厨师、出租车司机、电视维修师等。在合适的情况下，我们可以信赖任何一种意义上的专家，但必须在正确的场合、选正确的人。

2. 偏见。处于了解真相的有利位置并不足以保证一个人是可靠的信息源。即使某人是专家或细心的观察者，如果他与断言的真假有重大利害关系，那我们也不应当相信他。我们质疑跳水比赛中给自己儿子打了最高分的裁判的公正性。我们对为医药公司有偿代言的呼吸道疾病专家所宣称的没有证据表明该公司的哮喘药会引起肺气肿持怀疑态度。在这些情形下，与其说我们认为这些人撒谎，不如说我们怀疑他们有**偏见**（bias），他们的利益使其无法在相关问题上保持客观。

任何人都会受偏见影响，即使受过专业训练的专家、最严谨的记者、最细心的目击证人，如果利益影响了客观性，都有可能最终被发现是不可靠的权威。因此，当某人的专业判断与其利益发生冲突因而受到损害时，我们必须对是否采纳其断言保持格外的谨慎。

我们还应当警惕自己的偏见，以免这些偏见扭曲我们的信念。我是不是因为感到社区机场有待改善且所任职的公司将会获得建筑合同才去支持机场发行债券的？是否由于我是从某种外科手术中赚钱的医生，我才无视表明这种外科手术毫无意义的证据的？为了将信念建立在理由和证据的基础上，首先就要认识到偏见在特定情况下存在的可能性。

3. 故意欺骗。我们的经验表明，只要人们知情，他们总是倾向于说真话。然而，在某些场合，我们认为一个人很可能会撒谎。我们一般认为被控犯有重罪的人会否认其罪行，不管他是不是真的罪犯。我们认为汽车推销员给我们的第一次报价不会是我们实际购买的价格。仅仅是出于礼貌，客人会向主人说一些善意的谎话。

这些并不意味着我们要假定任何人在任何场合都撒谎。但这确实表明，对那些有理由不说真话的人，我们有必要保持警觉。

新的断言、背景信念与理性

在接受一个新的断言之前，我们不仅仅需要评估支持它的那些依据的性质，还必须考虑它与我们已有合理信念的符合程度。例如：

> 你的邻居告诉你狗把你晾的衣服从晾衣绳上拖走了；或者一个邻居说7头河马撞倒了你固定晾衣绳的柱子。
>
> 你向雾气缭绕的海湾望去，似乎看见一只帆船正迎着风费力地航行；或者你似乎看见一条船在水面上航行，船上的一些骷髅微笑着向你招手。
>
> 你推理说，由于多数汽车的价格都不超过40,000美元，你可以用不到40,000美元的钱买一辆道奇小型货车；或者你由此得出结论说，你能用不到40,000美元的钱买一辆保时捷敞篷车。

例子中的每一对陈述都给出了恰好同样让人相信的理由。但是在每一对例子中，相信前一个断言是合理的，而相信后一个断言就不合理。因为每一对例子中的后一个断言都与我们的背景信念是矛盾的。

在任意给定的时间，我们每个人都有着一个复杂的信念集合，我们认为这些信念都是理性的。任一新的候选信念，不论是来自论证、观察还是来自另一个断言，都必须参照已有的信念加以考量。即使引起我们注意的断言被认为是自明的，也必须参照已有的信念来考量。

关于本地野生动物和动物园安全措施的信念使得我们不太可能相信河马会出现在我们的院子里。这些信念如此可靠使得看起来更像是邻居搞错了（有可能是他喝醉了或者在开玩笑），而不会是真有河马。我们的物理知识及“活的骷髅”使得所看见的在水面上飞行的船以及船上干柴一样的鬼怪更可能是幻象。我们拥有的背景知识和用不到40,000美元的钱买一辆保时捷敞篷车也是矛盾的。

如果认识不到我们必须将新的候选信念置于与背景信念的关系之中加以考查，就可能犯下严重的错误，会轻率地相信很多原本不该相信的事。考虑下面这些例子：

> 通灵会的人常常坚持说他们感觉到桌子在空中漂移，听到坟墓发出的声音，看见死去亲人的灵魂。
>
> 有人坚持说看见有意念能力的人轻轻一碰就将一把坚固的钢勺折弯了。
>
> 还有人声称曾亲眼看见“通灵手术”，手术中的“医生”用手伸进病人的肌肉移除了生病的组织。

那些以为目睹了这些事件发生以及相信其他声称见过这些事件发生的人的描述的人经常因受到别人质疑而感到愤怒。“所有见证人说的都一样。没有一个目击者否认它。你们这些怀疑的人不过是些思想保守、教条独断的家伙，你们不理性。”

其实，相信这些事的人才是不理性的。他们的轻信达到了易受骗上当的程度，因为他们没考虑到背景信念的重要性。我们不需要目击证人告诉我们说："我就在现场，我看见'通灵手术医生'所说的病人生病的组织真的是他摘下来的一块鸡肝一样的东西。"我们拥有有着充分根据的背景信念集合，由此排除了直接用手进行手术操作却没在病人身上留下表面痕迹的可能性。我们的背景信念同样给出了很好的理由否定了灵魂现身或用精神方法折弯勺子这回事。

认识不到背景信念的重要性还会使我们错误地以为所有来自同一信息源的断言都同样地可信。如果因为我已经认识我的朋友很久了，当他告诉我他在军队服役以及曾经是法学院的学生时我相信他，所以现在他坚持说自己是个宇航员，成了 CIA 和克格勃的双料间谍，那我也必须相信他，这么想就是错的。

一个类似的例子是，我们经常听到别人说，接受基本宗教文献（《希伯来圣经》《新约》《古兰经》）的一部分叙述却不接受另一部分叙述，这种态度是不一致的。不论是基督教原教旨主义者还是宗教怀疑论者，他们有时都会坚持认为接受《新约》记述的耶稣生于伯利恒、学过木工、把货币兑换商逐出寺庙但不接受他真能在水面上行走或把水变成酒是错误的。毕竟，这些故事都是基于同一个文献的权威。因此，或者必须全部接受或者必须全部拒绝。基督教原教旨主义者的目的在于支持他们的这样一种观点，即《新约》中讲的每一件事都必须完全从字面上理解、接受。宗教怀疑论者的目的则是从那些怀疑水面行走或将一种化学成分的液体变成完全不同的另一种化学成分液体真实性的人的头脑中摧毁整个文献的可信性。

实际上双方都错了，这就好比说，因为我相信我的朋友在军队服役因而就必须相信他是一个双料间谍。我们的背景信念告诉我们，后者远不如前者的可能性大，所以需要有更好的理由才能相信它。要接受他在军队服役这样一个平平常常的断言，朋友的言辞对我来说就足够了。根据背景信念，我们知道很多人在军队服过役。同样的言辞却不足以使我相信他是一个双料间谍，这件事太特别了。同样，对于《希伯来圣经》《新约》和《古兰经》，我们也不必采取那种不是全对就是全错（all-or-nothing）的态度。我们似乎更应该接受那些比较符合常规的叙述，同时对与背景信念尖锐对立的叙述持怀疑态度。不看重背景信念的重要意义就会导致这些常见的错误。

最后，该如何看待“教条独断”的指控？如果没有证人出来否定桌子漂移或意念力能折断勺子这些断言的确实性，拒绝相信这些事的实际发生就一定是不理性地思想保守吗？假如有人说一切与我们的背景信念冲突的新断言都不能理性地接受，那么他是教条独断、完全不理性的，但是没有人这么说。

要点在于，一个断言与我们背景信念的契合度越高，我们对它必须提供的凭据的要求越低。（明尼苏达州 12 月份会下雪的断言不需要很强的凭据就能被接受。）一个断言与背景信念的契合度越低，它所必须提供的凭据就越强。（佛罗里达州 7 月份会下雪的断言就需要很强的凭据。）任何一个新断言，不论它有多奇特（即不论它与我们的背景信念多不一致），都有可能令人信服地证明为真。但是，有些断言如此奇特，以至它们必须有超强的凭据才可能被认真对待。

当我们站在超市门口从小报上读到这样的标题：“我被外星人绑架并做了手术”或“两人离婚后雕像流泪了”，我们应当站在批判的立场，基于街头小报的出版声誉和我们自己的背景信念去看待这些断言。如果没有更多进一步的证据支持这些断言，不经调查就拒绝它们并不是教条独断。毋宁说，这正是一个理性的人应该做的。

习题

一、现实生活中的问题。

（一）结合你的知识和实际经验，并考虑所给的背景信息，评估下列问题中结论或断定的合理性。

★1. 你正在参观一个农场，从篱笆后面的树丛里传来了“哞——”的声音。你得出结论说，附近至少有一头牛。

认为有一头牛近在咫尺——尽管你并没有看见——这是合理的吗？为什么你会认为这比你听到的是牛叫声的录音更为合理？假设你正在参观时代广场，你听到了同样的声音，你是否需要更多的证据才能得出相同的结论？

2. 三位不同的赛车机械师都说，如果要保持你的 1968 MG-B 运行良好，你必须更换发动机，这将花费 4000 美元。你得出结论说，你必须攒钱更换发动机，否则你最终就没法开这辆车了。

这要比相信三位机械师串通起来骗你更为合理吗？他们有可能串通起来骗你吗？

★3. 兰道尔近视得这么厉害，不戴眼镜他就读不了印在纸上的字。一个寒冷的早晨，他走出前门取邮件，当时他没戴眼镜。他向右瞥见有人从他邻居巴布的房子里跑了出来。事后，兰道尔告诉巴布，那个人穿的夹克衫与她前夫常穿的红夹克颜色一样。

兰道尔的话可信吗？如果你认为可信，你为什么会相信一个没戴眼镜的眼睛近视的人的证言？

4. 珍妮特·罗斯托是一个银行支行的副行长，她在一个刑事审判中作证说，有三个人参与了她目击的银行抢劫。她声称有两个人拿着长筒枪，三个人都穿着蓝牛仔裤、黑运动衫，带着滑雪面罩。但是她说不出滑雪面罩的颜色，她也说不出那两个抢劫犯拿的是猎枪还是步枪。

被控犯抢劫罪的三人的辩护律师论辩说，陪审团不应相信罗斯托的任何证言，因为她对滑雪面罩和枪的观察或记忆有问题，这表明她不是一个可靠的证人。

如果你是陪审团的成员，你会认同辩护律师的论辩吗？

★5. 上个月，你坐在纽约广场饭店的橡树吧里啜着拿破仑金尊干邑白兰地，品味着它精致的口感和香气。今天，你坐在新德里欧贝罗伊饭店的酒吧里，喝着主人为你叫的白兰地，喝了几口之后，你断定正在喝的就是拿破仑金尊干邑白兰地。

你的判断合理吗？尽管你不是白兰地专家？

6. 像可口可乐这样的碳酸饮料直接威胁所有消费者的身体健康。它们强烈的刺激性味道来自磷酸，而磷酸能溶解肌肉。将一块牛排放在碗里，往里倒一瓶可乐，经过三天至一个星期，你会发现牛肉的相当一部分被溶解了。所以，你每次喝可口可乐或类似的碳酸饮料时，你的胃的内壁都在被溶解。

这样描述喝可乐的危害会是正确的吗？这个地球上每天都有数百万人的胃的一部分被溶解掉吗？

★7. 欧洲人把一种红色黏土叫作“pygg”（与猪的英文“pig”发音相同），中世纪时，这种黏土被用于制作各种家用器皿，如盘子、锅、罐子和壶。少量的钱会放在这种粘土做的碗里。18世纪的英国人把这种碗称为“pygg 存钱罐”（pygg bank）。

18 世纪晚期或 19 世纪早期某个时候，“pygg bank”（陶制存钱罐）变成了“piggy bank”（猪形存钱罐），陶工开始将这种存钱罐做成猪的形状，在其后背上留一个开口。

为了接受关于猪形存钱罐来历的这个描述，你需要先证明或取得什么样的背景信息？关于猪形存钱罐的来历有没有可能无法确立一个可靠的答案？为什么很难（如果不是不可能的话）得到一个值得相信的答案？

（二）考虑到所给的信息和通常所接受的背景信念，评估下面所描述的不同寻常的事件在多大程度上是值得相信的，并思考每个例子中你还需要哪些额外的信息来确定你是否相信。

★1. 新疗法

人的身体寄居着数百种细菌，这些细菌活在皮肤、口腔、胃、小肠、结肠和直肠里，活在头发毛囊和指甲缝里，活在人的耳道和鼻子里。我们每一个人都是一栋住满细菌的公寓大楼，这些细菌在里面生活、工作、繁殖。

每个人身体里或身体上的这些细菌统称为人体微生物群。每一个菌群有大约100万亿个细菌，这意味着我们容纳的细菌数是构成我们身体细胞数目的10倍（光是活在消化道里的细菌就有几千克重）。我们身体里的DNA（不在我们细胞里的）大约有99%是细菌DNA。

多数细菌或者是无害的自由居住者，或者是履行着在消化过程中分解食物这样的重要功能，它们还占据着否则会被致病细菌占据的位置。科学家现在怀疑细菌同样在消化和疾病预防方面起作用，对此我们还不太了解。例如，容易发胖的人可能遭受了某种细菌失衡，由于这种细菌失衡，即使他们和体重正常的人吃相同的食物也会发胖。同样，某些长期被认为是自身免疫性疾病的消化病如溃疡性结肠炎、克罗恩病等也可能部分是由某种细菌缺乏或细菌类型的错误混合引起的。

将来有可能把细菌作为药物使用。这实际上已经用在"坏"细菌艰难梭菌（clostridium difficile，简记为c. diff）引起的疾病上了。艰难梭菌大肠炎是医院里的常见病，通常发生于抗生素杀死大肠内的正常细菌时。当艰难梭菌替代了大肠内的正常细菌，它们释放的毒素引起炎症并损伤肠黏膜，导致的症状是疼痛、痉挛及可能转化为慢性的出血。

c. diff大肠炎的标准疗法是使用很强的抗生素，但这并不总是能奏效。一种有前景的新疗法称为粪便疗法。c. diff病人服用含冻干的健康人粪便的胶囊，以清除有害的细菌和病毒。尽管还处在起步阶段，但结果非常成功，治愈率大约是98%，这个数字几乎是抗生素疗法的两倍。

基于你对细菌和疾病的知识，你认为让 c. diff 病人服用含冻干的健康人粪便的胶囊来治病是合理的吗？如果你是 c. diff 病人，你愿意接受粪便疗法吗？

2. 百慕大三角

百慕大三角是大西洋中的一楔形区域，佛罗里达、百慕大、波多黎各分别位于三角形的三个顶点。数以百计的船只和飞机、数以千计的人员消失于该海运死亡陷阱，显示出一些未知的、可能迄今尚未被认识的力量在这一看起来很普通的海域发挥作用。

非同寻常现象存在的一些最具说服力的证据是空军飞行员执飞的飞行器的意外损失。此类案件中最具戏剧性的可能是“失巡”号案件。1945 年 12 月 5 日，受命于飞行领队查尔斯·泰勒中尉的五架“复仇者”鱼雷轰炸机在本应为例行巡逻的期间消失。

人们认为泰勒中尉向位于劳德代尔堡的军事基地指挥塔发出了无线信号：“我们不知道哪边是西，所有都是错的……好奇怪……我们无法确定任何方向。甚至海洋看起来也很不寻常。”

下午 4 点 45 分，来自另一飞行员的另一无线寻呼据说被控制塔接收到：“我们一定是位于基地东北方大约 225 英里（约 362 千米），看起来我们像是……”信号传输在此时突然中断了。

基地马上派出载有 13 人的“马丁·马里纳”号飞艇。该飞行器能落于水面且在必要时救起幸存者。然而，在几次例行的无线传输之后，“马丁·马里纳”号飞艇归于沉默，并且指挥塔未能再捕捉到该飞行器。

最终，对“失巡”号和“马丁·马里纳”号飞艇消失的海域进行了搜索。然而，并未发现机组人员和飞行器的踪迹。在百慕大三角作祟的神秘力量还造成另外的 18 位牺牲者。

你是否愿意相信百慕大三角存在的非同寻常的因素应为令人

费解的飞行器、船只、乘员的消失负责？你期望什么问题被解答？你是否能想象出其他解释？

★3. 死里逃生

尼古拉斯·阿尔克玛德是第二次世界大战时期承担轰炸任务的一名飞行员。当他在德国上空飞行时，飞机被防空火力击中后燃烧起来，当时尼古拉斯被挤压在没有降落伞的一个狭小空间里。为了不被活活烧死，他从飞机上跳了下来。

像火箭一样穿越大气层的尼古拉斯确信自己会摔死。但他不知道的是，飞机被击中时正飞过一片茂密森林的上空。尼古拉斯没有直接摔到地面上，而是掉到一棵松树顶层的树枝上。树枝减慢了他下落的速度，最后他落在树下厚厚的雪地上。尽管有些擦伤和淤青，他最严重的伤仅仅是扭了脚踝。俘获他的德国士兵非常困惑为什么找不到他的降落伞。

尼古拉斯的故事可信吗？毕竟，它挑战了当一个人从上千米高空的飞机上跳下或掉下来时会发生什么的可能性。日常经验在这件事上不再可信了吗？

4. 尼斯湖水怪

第一次有记录的目击到尼斯湖水怪是在公元565年。从那时起，如果不是数千，则也有数百次目击被报告。有人认为湖中住着水栖恐龙——也许是蛇颈龙——它躲过了使其他恐龙灭绝的一系列灾难性事件。或者，也许是鲸鱼的远祖陷入该冰川湖且未进化。各种推测都有。

为了一劳永逸地确定实际生活于该湖的、可能与传说中的怪物相关的生物，过去几十年，人们进行了数次考察。由于溶在水中的数十亿的泥炭颗粒，视觉观测被认为是几乎不可能的。腐烂的植被污染了湖水，将其变为高密度的墨黑色以至阳光只能透射到水面下几米。水肺潜水员和小型潜艇中的人员下潜至湖里，但并没有得到科学家认定为可靠的视觉观测。然而，1968年，一个科学家团队利用声呐设备对该湖进行了调查。该团队获得表示某种大型物体正在水下移动的回声。但并没有任何动物被直接观测到，而且声呐因产生模糊的结果而臭名昭著。

关于来自20世纪50年代的著名照片“Nessie”（尼斯湖水怪）是否实际描绘出湖中的生物的争论依然在继续。怀疑者认为该照片刻意伪造，而一些人则将其作为真品予以接受并声称其提供了某种动物生活在尼斯湖的黑暗深处的最佳证据。

关于尼斯湖水怪，一个人有理由相信什么？像蛇颈龙、生活在中生代的海洋爬行动物这样的一些史前生物是否有可能幸存至当代？

★5. 辅助性交流

受益于一种新技术的引入，20世纪80年代出现了美妙的事情使得与自闭症儿童的交流成为可能，这项技术仿佛打开了自闭症儿童以往的封闭世界。只要有一个展示字母表的板子和一个“辅助性”的人，自闭症儿童就能指着板子拼出他们想说的话。辅助者扶着孩子的胳膊好让它选择字母。

结果是令人震惊的。以前被认为智力低于正常水平的孩子现在被送到正常学校里学习，他们和其他孩子一起上课，完成阅读作业，参与课堂讨论——这些都是在辅助者的帮助下完成的。之前不能读“跑”“高”这些词（或者不能就基本生活需要进行交流）的孩子突然就能写出描述自闭症的诗，在公众集会上演讲，写出关于莎士比亚的复杂论文。最重要的是，他们能对爸爸妈妈说多爱他们。许多州用特殊教育专项基金来支付辅助者费用。

鉴于几十年来神经学家、心理学家、心理医生的研究表明自闭症是由不明原因引起的脑功能紊乱，孩子们取得的成功就尤其令人惊讶。在很少的情形下，像达斯汀·霍夫曼在1988年的电影《雨人》中演的那个角色一样，自闭症患者具有某种令人震惊的大脑功能。这些“有特殊能力的人”能完成一些智力游戏如说出遥远过去或未来任意的某一天是一周里的星期几，或者仅仅一瞥之后就能画出图景中的微小细节，或者只听一遍就能重复音乐的复杂片段。然而，这些有特殊能力的人像其他自闭症患者一样缺乏某些正常的智力要素，需要别人的照料。

心理学家针对自闭症儿童及其辅助者设计的测试集中在这些方面：当给他们展示杯子、钥匙、船这些东西的图片时，他们能否说出其名称。结果显示，当自闭症儿童及其辅助者都能看见图片时，他们总能正确地说出东西的名称，而当辅助者看不见图片时，他们说出的名称的错误率是100%。

而且，其他观察发现，当指着字母板拼写时孩子没有看字母板，而扶着孩子的辅助者在看字母板。实验者的结论是，这些证据表明，辅助性交流存在“辅助者控制”，自闭症儿童不是发出讯息的主体。

但是，一些家长、自闭症儿童保护者和至少一个心理学家相信辅助性交流是真的。这位心理学家认为，自闭症儿童不好做测试，由于他们在“找词”方面有困难，所以让他们说出某种东西名称的测试是不公平的。

关于自闭症儿童的辅助性交流的断言可信吗？辅助性交流与我们关于交流和智力能力的其他信念一致吗？为了判断辅助性交流的真实性，可以尝试其他哪些测试？

6. 外星人魅惑

1969年，约翰·费尔法克斯乘坐划艇穿越大西洋，从英格兰海岸出发到达佛罗里达的劳德代尔堡。约翰·费尔法克斯告诉一位来自《劳德代尔堡新闻》的记者，在行程期间，他遭遇到了只能将其描述为飞碟的物体。他之前从不愿相信此类事情的存在，并对有关目击持怀疑态度，但现在他不得不相信自己感知到的证据。

费尔法克斯描述说，当碟形物靠近他时，他能够感受到一种来自碟形物的超自然力量，一种好似要将他拖向飞碟的力量。费尔法克斯告诉记者："我与其抗争，嘴里说着'不，不'。这就像心灵感应，如同被催眠。"

在多大程度上，费尔法克斯的描述可信？哪种替代解释也许更像是真的？

二、哲学训练。

下列断言都是在哲学上有争议的问题，在这些问题上取得一致的意见（如果可能的话），需要进行讨论和论证。讨论下列断言并提出你认为相关的支持或反驳性论据。思考你的讨论可能需要提供的定义或需要做出的区别。

★1. 有些机器是能思考的。现在我们每天都要靠操作电脑来完成曾经只有人才能完成的任务。如果我们坐在键盘前提问，就能从电脑屏幕上获得答案。我们并不知道这些答案是来自人还是机器。我们是不是因此而应该说机器——电脑——能思考？

2. 足球和扑克是游戏，但单人纸牌不是。

★3. 当人的大脑半球受到的损害使其丧失智力反应能力（例如，识别人脸、按照指令行动、表达情感）时，人就死亡了。这些人的大脑还能测到脑电活动，从这个意义上说，他们不能算是"脑死亡"。所有这些都意味着自主神经系统仍然保持着调整心律和呼吸等日常活动。这样的人应当被认为是死亡了。

三、技术练习。

（一）判断以下断言是哪种陈述：（1）分析地为真；（2）分析地为假；（3）非分析性的；（4）无法归类（概念上不一致）。

★1．星期一后面是星期二。

2．氦原子戴着一个滑稽的帽子。

★3．水是最好的消渴剂。

4．我的狗不是犬。

★5．氢原子的质量为 1。

6．所有三条边的图形都是三角形。

★7．过去的都过去了。

8．帮助无助者是值得赞扬的。

★9．他妈妈的弟弟是家里唯一的孩子。

10．她醒着呢，我看见她的窗子有亮光。

★11．$10-4=5$。

12．色情作品贬低女性。

★13．4 的平方根正在客厅里跳舞。

14．所有人都感到痛苦。

★15．灵魂的暗夜是在凌晨 3 点至 4 点之间。

（二）按照要求给出一个例子。

★1．一个重言式。

2．一个矛盾式。

★3．一个由于其中语词的意义而为真的句子。

4．一个由于某个事实而为假的句子。

★5．一个由于其中语词的意义而为假的句子。

6．一个概念上不一致的句子。

★7．一个由于错误地表示世界的某种状态而为假的句子。

8．一个可能为真也可能为假的句子。

第十二章

写作规则

本章讨论的不是一般的写作，而是议论文的写作。很多学科如历史、哲学、政治学、社会学、文学分析乃至自然科学的专业论文都是议论文体。在这些专业领域，学生的作业也被要求写成议论文。

一篇议论文要陈述一个论题并提出相关的理由和证据来支持它。文章或论文（我们将使用“论文”这个词）可能会报告研究结果，但它的主要目标是论证某个特定的解释、态度或观点。因此，一篇议论文可以视为第二章所讨论的那种论证的一个扩展。

一篇论文在支持其论题的过程中还会完成其他一些任务，包括给出一些实质定义、阐述论题的意义和重要性、考查其他竞争性论题的可能性并提出反对理由或者思考并批判针对自己论题的反证。论文可以做任何事情，只要能使其论题清晰而有说服力。

我们将分析论文的结构，给出论文写作应遵循的一些写作风格的规则。这些规则都是关于如何写作的，而不是指导如何做研究或如何进行写作所必须进行的思考的。而且，就像这方面的所有规则一样，它们只不过是几条实用的建议。

论文结构

作者必须按某种次序来组织论文的素材。不然的话，这些素材就仅仅是混乱的一堆，也许其中的每一个论点都有意思，但组合不出什么东西来。结构的作用在于保持融贯性，并表明各个部分如何能结合成一个完整的画面。

下面要描述的是多数学术论文的典型结构。其他结构也是可行的，但理解这种类型肯定是有意义的。首先，它有助于读者更好地理解专业论文的论证过程。其次，它为那些要完成作业论文的学生提供了可资参考的范例。有范例总比没有要好。

我们建议的结构就像“一、二、三”那么简单：每篇论文都有个开头、中间、结尾。其中，每一部分在论文中都应当起到它该起到作用。开头部分应当起到开头的作用，后两部分也一样。

开头部分

论文开头部分（导言）的任务是帮助读者为理解文章后面的内容做准备。导言是作者与读者初次相遇的地方。作者希望能吸引住读者，让他继续读下去并说服他接受论文的论题观点。读者则希望作者别让自己感到厌倦、困惑，也别做一些愚蠢的、毫无根据的断言。

除了引起读者兴趣的这几个方面，论文的开头部分还要完成三个具体任务。

1. 设定背景。开头部分应该设计一个场景，使论文要讨论的疑问和问题能安置在这个场景中。从更宽泛的角度看问题对作者和读者都有帮助。

为了表明背景，并不需要进行详细阐述和提供细节。有时一个简单的句子就够用了：

> 对低龄儿童的原始研究（original studies）提供了先天性别角色差异的主要信息来源。但这种研究经常存在设计和实施上的瑕疵。

这句话为接下来的讨论设定了边界。读者知道这篇论文是——以某种方式——关于性别角色差异的。并且，作者将不会简单地接受本领域研究的表面结果。这样，这句话不仅表明了论文总的话题，而且表达了作者在某个方面的明确态度。

第二句话可能需要详加解释才能表明这篇论文关注的主要问题是什么：

然而，迄今为止，还没有人对这些研究做过系统的梳理或者对其中的错误加以分类。

然而，迄今为止，还没有人尝试将这些研究的可接受数据与其他可接受数据加以整合。

然而，迄今为止，还没有人尝试将对成年人的研究结果和对儿童研究获得的数据进行比较。

以上每一个句子都对背景问题做了进一步的限制，将读者的注意力引入到该领域一个尚未得到说明的问题上来。所以，即使只用两个句子也能传递大量信息，为读者提供很大的帮助。

2. 陈述论题。在导言部分，作者对论文将要完成的工作进行了总的概述。在议论文中，这意味着陈述论文的论题——你所要确立的主要断言：

在这篇论文中，我将考查所谓的性别角色行为的生物学决定因素。我将论证，通常用来证明人的某种行为模式是由基因决定的证据或者面临直接挑战或者不能证明生物决定论者就此所做的断言。

论文写作的新手有时认为吸引住读者的最佳策略是直至论文结尾才明确陈述论题，其理论依据是读者会被悬念牵住。但是，这通常不是一个好的策略。读者更想知道作者得到的结果是什么，而不是享受悬念。作者揭示论题越迟，读者就会越恼火。

在导言部分陈述论题给读者提供了一个参考点。他能立刻明白你是否做出了有趣的断言，在阅读的时候也好留意去判断你的陈述是否与论题相关或是否具有说服力。

3. 将你的论文与其他人的研究联系起来。导言应当说明你的论文与其他人的研究工作的关系：

> 斯蒂芬·J. 古尔德曾经论证说，人类基因决定论的证据仅仅是类比性论据。我接受古尔德的观点，并将证明从人类学获得的数据——威尔逊及其他人正是以此作为人类基因决定论的证据——无法支持这一解释。我将和古尔德一样拒绝基因决定论的一般断言。

这样的表述不仅说明你熟悉同一领域其他人的工作，也能让读者明白你的论文究竟是想补充、支持还是反对别人的结论。

中间部分

论文的中间部分应当提出支持其论题的证据和论据。在论文的这一部分要试图证明论题得到了充分支持并且是值得接受的。所以说，中间部分是论文展开实质性工作的地方。在导言、中间和结尾的三明治结构中，它相当于肉的那一层。

在中间部分，你应该兑现你在导言中承诺要做的所有事情。如果你说过要给出与你的断言矛盾的数据并解释为什么它不重要，那么你也必须这么做。

中间部分也应当具有某种形式的内在组织结构。学术论文的一种常见的形式是，首先提出支持论文论题的某个特定论据，然后评论并回答针对该论据的反对意见。这样的论文可能具有下列结构：

> 论题：社会中的个体有权利自行决定是否安乐死。
>
> 论据 1：宪法保障人的隐私权。这意味着我有权对直接影响自己生活而对他人只有间接影响的事情做决定。例如，我可以自由地决定是否收养孩子、花钱旅行、结婚等。安乐死是对自己有最直接影响的决定。因此，如果我已经没有治愈的希望，我有宪法规定的权利来决定是否结束自己的生命。
>
> 反驳 1：宪法没有提到隐私。谈论隐私的宪法权利是荒唐的。
>
> 对反驳 1 的回答：尽管“隐私”一词确实没有出现，但法院包括最高

法院都一再重复这样的观点：有一些行为属于“隐私”的范畴因而拥有宪法依据。

这种模式可以用于对论据 1 的其他反驳继续展开，也适用于论题的其他论据以及针对论据的反驳。

学术论文的另一种常见的模式是评论反对论题的论据，给出拒绝这些论据的理由，然后提出支持论题的论据。采取这种方式，作者首先要处理三种反对安乐死合法化的主要意见，然后再提出正面论据。

第三种模式也常见，就是在论文一开头就给出最有说服力、最少争议的数据和论据来支持论题。这样，作者就能希望读者一开始就同意论题并将这个态度一直保持下去。

还能容易地找到其他模式，不过这三种就足以提出用于决定如何组织论文的一些原则。重要的是，论文的中间部分应当具有某种明显的结构形式。

结尾

论文的结尾是它的结论部分，应当集中于整体工作的所有重要因素。如果论文很长，所有支持论题的证据和论据都应当简要地加以总结。主要论据应当按照论文给出的顺序再次提出来。

最重要的是，应当让读者完全明确论文的论题是什么。在结尾部分要以和开头部分呼应的方式重复论题：

> 我已经努力证明了用于支持人类行为模式的基因决定论的证据是经不起推敲的。

对论题的这种重述可以作为结论的第一句话。这句话出现在这里的作用在于导入对支持论题论证的主要线索的总结。

上述三分结构法能为各种题材的论文提供一个明确的次序。实际上，有人会认为这种结构太浅显了，按照这种方式写出来的论文不够有趣、优雅。这很难说。论文的主要趣味不在于其结构，而在于其主题、论题和论据。好的作者不必受三分结构法的束缚，水平稍逊的作者则可以按照这种写法提高写作水平。

写作风格

这里的“风格”是指与清晰有效的阐述有关的那些写作特征。依照传统，我们以规则或建议的形式提出关于写作风格的意见。还是应当记住，这些规则仅仅是一些大致的指导性原则。

简短

保持简短的一种做法是删除所有不必要的语词，不要啰啰唆唆的。“波士顿是否将选择加入仍有待观察”可以改为“波士顿可能不加入”。“关于前面提到的问题”与“无须指出的是”这类短语几乎总是不必要的。

保持简短的另一种做法是省略铺垫，直奔主题。论文中的每一个句子都应该是起作用的，没用的句子就要删掉。

风格最直接的论文通常就是最好的。像下文这样的冗长铺陈是没有必要的：

> 从古时候起，哲学家就对此十分关注。后来，认知心理学家、神经学家、计算机科学家都对传统上称为心身问题的难题进行了研究。我无意去尝试梳理这个问题的复杂历史，而会将注意力集中在 J.J.C. 斯马特为之辩护的所谓还原唯物论的版本上。

按字数计酬的作者或者是努力满足篇幅要求的学生可能会这样写东西，但这段文字只有最后一句话的后面一半才真正是有意义的。最后一句话的后面一半还算有用，其他都是废话。

简单

写作的根本目的在于促进理解。如果读者无法理解你写的是什么，其他目的（比如说服、美感、娱乐）就都不能实现。简单的写作有助于别人的理解。以下几种保持论文简单的做法值得借鉴：

1. 使用日常语词。不要仅仅为了装饰你的文章而搜寻那些不常用的、怪异或技术性的字眼。能称“妻子”的就不要用“拙荆”。技术性语词（基因组、侵权、法律权利、国民生产总值）有其合理运用的地方，但如果没有必要就不要使用。

2. 使用日常语句。英语的语法能让我们写出很长、很复杂的英文句子来。如果一个单句能表达你关于话题的主张，那就使用单句，同时提供一些话题的其他信息。不仅很多人阅读时需要努力地厘清语法结构，长句子本身也是容易导致混乱的。

与其将太多的信息硬塞进一个长句子里，不如使用两个或更多的短句子。比较下面这两段话，从某种角度看，第二段是否更为可取？

> 芝诺，生活于公元前 5 世纪的希腊，被后人称为“埃利亚的芝诺”，他提出了一个远非过时的难题，而是持久地引起数学家和逻辑学家兴趣的逻辑悖论。
>
> 希腊哲学家芝诺生活于公元前 5 世纪，被后人称为“埃利亚的芝诺”。他提出的逻辑悖论并不是一个过时的难题，而是持久地引起了数学家和逻辑学家的兴趣。

使用主动语态

被动语态对简单、直接、简洁都没有什么帮助。被动语态通常要比主动语态用的字数多，也更可能让句子发生歧义。最好不要这么写：

> 政府被希望支持成立由立法机关提出的委员会，该委员会负责监督医

疗隐私保护原则的实施，这项原则被国会在上一次会议要求为强制性的。

而应写成：

我希望政府支持成立一个委员会来实施医疗隐私的保护原则，国会的上一次会议已经将此作为强制性的。

使用被动语态有时是必须的，但一般情况下尽量不用。

考虑用第一人称

我们都有大量向别人讲述我们做了什么或者发生了什么事的经验："我上了从机场开往旅馆的大巴，然后给航空公司打电话问他们能否找到我的行李。"这样的经验可以转化为第一人称的写作优势。

不要这么写：

本文将致力于证明侵入势力引入的统治机制只是因其利用了现有社会结构才得以成功。

而应写成：

我将证明侵入势力引入的统治机制只是因其利用了现有社会结构才得以成功。

学术论文常常避免使用第一人称，尽管很少是出于好的理由。即使你是作为研究团队的成员来写论文，你也应当考虑使用第一人称——用复数的"我们"。仅仅因为第三人称听起来更"权威"或"科学"而避免使用第一人称是愚蠢的。"我们将每个人分到实验组或者对照组"并不比"每个人或者被分到实验组或者被分到对照组"科学性差。

运用例证

如果不伴以例子，原则、规则、程序描述及其他抽象概念的解释是难以把握的。

想想如果不举例子，乘法运算有多难理解。如果不是至少举一个例子辅助说明，“代议制民主”“正义战争”“市场经济”“法律侵权”“使用与提及的区别”这些术语可能就更难理解了。

为读者写作

写作是导演一场单边对话的过程。你有些想法要告诉读者，尽管你准备让读者聆听，但他却没法向你提问。这意味着你不得不将自己置于读者的立场，尽力想象他知道些什么、需要你告诉他什么、在什么问题上最难被说服、在什么问题上最易困惑、在什么问题上需要特别的帮助。

要始终记住你所写的东西将被和你一样的人阅读。如果你觉得所写的某些内容令人困惑、难以理解，你可以确信读者也会有同样的感受。如果你感觉有些内容有可能导致困惑，那就很有可能别人真的会困惑，这些内容就要修改。

确认你的读者群。你是希望所写的东西适于《时尚》杂志的读者还是《社会心理学杂志》的读者？你的论文会被社会心理学课的学生读到吗？会不会在校报上发表？论文对所有读者都是一样的，但面对不同的读者群，你提出论据和证据的方式肯定要有所不同。

修改

没有人能一次就把所有事情都做得妥妥当当。

每个人都得修改论文，却不一定都按同样的方法。有些人习惯先快速写完草稿然后再回头改正，这种人会把初稿从头到尾完整地过几遍才能完成论文。另一些人每次只专注于一个段落，反复修改之后再往下进行。

按照你最擅长的方式修改，但是切记论文要修改。

检查拼写与语法错误

错别字与语法错误让读者分心而不能专注于论文的主题。而且，如果作者缺乏正确使用文字语言工具的能力，读者也会怀疑他的文化素养。

很少有人具有完美的拼写能力、不写错别字，所以要养成查字典的习惯。文字处理程序拼写检查工具的词汇量有限，对语境不敏感，所以读者在选择电脑给出的选项时务必仔细。（如果你不懂得 it’s 与 its、they’re 与 their 的区别，那你得学。）

而且，现在的电脑还不那么擅长语句分析，你不能依靠语法检查软件来保证论文语法正确、标点无误。电脑程序会标出一些问题提示，你必须自己有能力回答这些问题。这就要求你必须掌握语法和标点符号的用法（至少会到参考书里去查找）。

如果不努力付诸实践，写作建议毫无价值。写作技能就像攀岩和冲浪一样，是可以掌握的，但只有付出努力的人才能掌握它。

直接与读者合作有很大帮助。当你完成了论文初稿并且感觉不错时，让别人读一读，然后和他讨论，看看是否某些部分不够清楚、沉闷、混乱或者与主题无关。问问对方论文的思想是否清晰、论据的表述是否清楚。最后，让对方就如何让论文更有力度提些建议。

诗人拜伦曾说：“写得轻松，读得吃力。”所以，我们的规则是，花力气写，让读者轻松。

习题答案 部分解答、提示与说明

一些习题有直接的答案，还有一些习题要依赖于对其意义、意图和情况的解释。这里给出的答案是基于合理的解释，但也可能存在产生不同答案的其他合理解释。在这种情况下，比得到“正确”答案更为重要的是，认识到存在多种可能，并且以质疑和分析的态度接近这些可能的解释和答案。

正如标题所示，有时我们给出的提示与说明比答案还要多。

第一章

一

1. 不是论证。没有哪个断言是用来为其他断言提供支持的。
3. 一个复杂论证。第一句话中的“所以”表明后面跟的是结论，该结论是从它前面的断言推出来的。正如“因此”所表明的，这个结论同时又是“这个工作非赫尔伯特莫属”的前提。
5. 一个简单论证。尽管没有指示词，但前三个断言都独立地充当最后一个断言的证据。
7. 不是论证。
9. 不是论证。
11. 一个简单论证。第一个句子是一个断言，为最后一个句子提供了支持。
13. 一个简单论证。这段引文构成了男人支持的结论，即他的妻子有权自杀。
15. 一个简单论证。结论是“我们也绝不能拥有禁止焚烧国旗的宪法修正案”。接下来的断言都是为了支持这个结论。

17. 一个简单论证。“将饮酒年龄调回到 18 岁”是一个规定，但是它可以重新被组织成一个结论，即“我们应该将饮酒年龄调回到 18 岁”。此断言后的句子都是对这一断言的支持。
19. 这段话有两个不同的论证，一个是复杂的，另一个是简单的。两个论证的结论是相同的：“应当有著作权法。”复杂论证是这样的：补偿鼓励人们创造更多的作品，而社会将从这些作品中受益。所以人们有权从其作品获得补偿。所以应当有著作权法。简单论证不太容易看出来：如果没有著作权法，创造性作品只能来自政府和有钱人资助。但是，除了源于政府和有钱人资助的作品，还应当有其他创造性作品。所以应当有著作权法。

二

1. 未明确陈述的前提：任何有意引导我们以新颖和有趣的方式观察普通的物体的都是真正的艺术作品。
3. 未明确陈述的结论：洛佩斯作为公职官员应当辞职。
5. 未明确陈述的结论：允许霍维参加竞赛是不公平的。
7. 未明确陈述的前提：任何杀死一个活着的人的事件都是谋杀。
9. 未明确陈述的结论：我不应当完全相信我的感觉。
11. 未明确陈述的结论：不存在上帝。
13. 未明确陈述的前提：任何冒犯我们大多数人的生活方式的行为都不应当合法化。
15. 未明确陈述的前提：如果一度没有任何事物存在，那么现在也不会有任何事物存在。
17. 未明确陈述的前提：当我改变视角时，桌子本身并不改变。
19. 未明确陈述的结论：凶手是塞巴斯蒂安·莫兰。

第二章

一

1. 一个解释。 3. 一个解释。 5. 一个解释。 7. 都不是。
9. 都不是。 11. 一个论证。 13. 都不是。 15. 一个解释。

17. 都不是。　　19. 一个解释。

二

1. 不论那些快车手怎么想，[1] [提高限速将会导致高速路上更多不必要的死亡。] 所以 [2] [不应当提高限速。]

   图式：

   标准形式：

   1. 提高限速将会导致高速路上更多不必要的死亡。

   2. 不应当提高限速。

3. [1] [不增加税收的话很快就会发生恶性通胀。] 但是，[2] [国会拒绝增加税收。] 所以，[3] [不久会发生恶性通胀。] 这意味着 [4] [你现在应该尽量多地借钱。]

   图式：

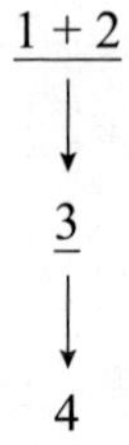

   标准形式：

   1. 不增加税收的话很快就会发生恶性通胀。

   2. 国会拒绝增加税收。

   3. 不久会发生恶性通胀。　1，2

   4. 你现在应该尽量多地借钱。　3

5. [1] [研究历史的人比不研究历史的人聪明。] [2] [研究历史让人不易重复过去的错误]，而 [3] [不重蹈覆辙是智慧的标志。] 由于 [4] [教育的主要目标是产生智慧]，所以，[5] [所有大学都应当要求学生学习历史。]

图式：

$$\frac{2+3}{}\downarrow$$

$$\frac{1+4}{}\downarrow$$

$$5$$

标准形式：

2. 研究历史让人不易重复过去的错误。

3. 不重蹈覆辙是智慧的标志。

1. 研究历史的人比不研究历史的人聪明。　2，3

4. 教育的主要目标是产生智慧。

5. 所有大学都应当要求学生学习历史。　1，4

7. 在这样一个信息广泛传播的时代，[1]［任何不寻常的事件都被记录下来并在网络上传播。］所以，我们可以确信，[2]［外星人光顾地球的说法是捏造的。］[3]［外星人光顾地球是很不寻常的事件。］但是[4]［网络上没有与外星人交流的真正可信的证据。］

图式：

$$\frac{1+3+4}{}\downarrow$$

$$2$$

标准形式：

1. 任何不寻常的事件都被记录下来并在网络上传播。

3. 外星人光顾地球是很不寻常的事件。

4. 网络上没有与外星人交流的真正可信的证据。

2. 外星人光顾地球的说法是捏造的。　1，3，4

9. [1]［高等教育应当提高我们的批判性思维能力，更加重视各类经验科学。］[2]［学习人文、自然科学、社会科学类的课程是有好处的。］因此，[3]［选修20世纪美国诗歌是个明智的选择。］

图式：

1

↓

2

↓

3

标准形式：

1. 高等教育应当提高我们的批判性思维能力，更加重视各类经验科学。
2. 学习人文、自然科学、社会科学类的课程是有好处的。 1
3. 选修 20 世纪美国诗歌是个明智的选择。 2

11. 郊游很不错，但[1][我们肯定已远离了文明社会]，因为[2][过去的 3 小时里我们只看见了那些背着大背包的人。][3][我们最好返回，免得在无名之地迷了路。]

图式：

2

↓

1

↓

3

标准形式：

2. 过去的 3 小时里我们只看见了那些背着大背包的人。
1. 我们肯定已远离了文明社会。 2
3. 我们最好返回，免得在无名之地迷了路。 1

13. 既然是[1][管家或法官实施了谋杀]，那显然[2][是法官干的。]因为[3][管家疯狂地爱着受害人]，所以[4][不可能是她杀的。]

图式：

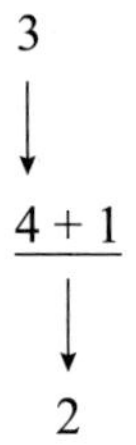

标准形式：

3. 管家疯狂地爱着受害人。

4. 不可能是她杀的。　3

1. 管家或法官实施了谋杀。

2. 是法官干的。　4，1

15. [1][如果侦探真是个种族主义者，那他根本就不应该被允许作证。]实际上[2][他是。][3][当被告人是有色人种时，白人种族主义者特别不可信。]所以，[4][这位侦探根本就不该被允许作证。]

图式：

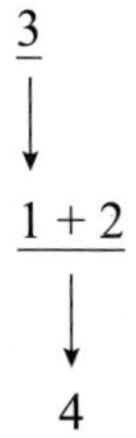

标准形式：

3. 当被告人是有色人种时，白人种族主义者特别不可信。

1. 如果侦探真是个种族主义者，那他根本就不应该被允许作证。　3

2. 他是。

4. 这位侦探根本就不该被允许作证。　1，2

17. [1][或者市场已经见底或者投资者还要经历难熬的几个月。][2][如果这是市场的低点，那么联邦储备委员会就不会再考虑降息]，但[3][联邦储备委员会主席的最新报告告诉我们，利率还将进一步降低。]所以，显然[4][市场还没有见底]，那么[5][投资者还要经历难熬的几个月。]

图式：

$$\begin{array}{c}\underline{2+3}\\\downarrow\\\underline{4+1}\\\downarrow\\5\end{array}$$

标准形式：

2. 如果这是市场的低点，那么联邦储备委员会就不会再考虑降息。
3. 联邦储备委员会主席的最新报告告诉我们，利率还将进一步降低。
4. 市场还没有见底。 2，3
1. 或者市场已经见底或者投资者还要经历难熬的几个月。
5. 投资者还要经历难熬的几个月。 1，4

19. 1［这种液体或者是酸性的或者是碱性的。］2［如果是酸性的，试纸将变红］，3［如果是碱性的，试纸将变蓝。］所以，4［试纸或者会变红或者会变蓝。］但 5［我是色盲］，这意味着 6［我说不出这种液体是酸性的还是碱性的。］

图式：

$$\begin{array}{c}\underline{1+2+3}\\\downarrow\\\underline{4+5}\\\downarrow\\6\end{array}$$

标准形式：

1. 这种液体或者是酸性的或者是碱性的。
2. 如果是酸性的，试纸将变红。
3. 如果是碱性的，试纸将变蓝。
4. 试纸或者会变红或者会变蓝。 1，2，3
5. 我是色盲。
6. 我说不出这种液体是酸性的还是碱性的。 4，5

第三章

一

1．无效的。我们的狗吉纳维芙可能由于其他原因而应受惩罚。

3．有效的。

5．无效的。“几乎所有”允许例外。飞鼠可能就是例外（实际上就是）。

7．有效的。

9．有效的。

11．有效的。前提为真，结论也为真。

13．有效的。

15．有效的。

17．无效的。有可能你不按医嘱服药。

19．这是可辩论的。如果宪法保护所有言论自由而不论其目的是什么，论证就是有效的。而如果言论被用来损害宪法所保护的其他权利，那么这种言论可能就不受宪法保护，论证就是无效的。

二

1．有效的。

3．非演绎成功的。尽管很有经验，她也可能考试考不好。

5．非演绎成功的。尽管前提不是一个特别强的论证，但前提也可能推出结论。

7．非演绎不成功的。

9．非演绎成功的。尽管前提不能保证结论，但如果前提中的统计断言为真，那么结论也很可能为真。

11．有可能是非演绎成功的。由于样本是动物园的大猩猩，很难说前提使一般性的结论具有成立的可能性。

13．非演绎不成功的。没有哪位后来成为参议员的前第一夫人能继续当上美国总统。所以，将来也不会有这样的人成为总统。

15．非演绎成功的。

17．非演绎不成功的。为了成为成功的，这个论证需要一个把前提中的事实断言与结论中断言的价值联系起来的前提。

19．非演绎成功的。在这个复杂论证中，大多数推论都是演绎有效的。然而，最后一个推论是非演绎成功的，并且这代表了整个论证。

三

1．关于好的文学作品性质的前题的真是有疑问的。

3．有一个相关情况未被考虑进去。数学教授比其他知识分子更有可能了解“哥德巴赫猜想”。

5．前提不相关。最好的辩手未必有好的组织能力。

7．前提不相关。

9．前提很可能是假的。

11．前提与结论不相关。

13．除非贝利体育馆是唯一可能的选择，否则从前提推不出结论。

15．前题不一定为真。

17．前提可能是假的。这里只提出了两种可能性，但还有其他可能性：国务卿有充分理由认为有安全条款，尽管实际上没有。如果是这样，这就不是故意的政治行为。论证的这种错误称为假二难。

19．前提与结论不相关。那些希望减少监狱人数的人有可能是想释放非暴力罪犯。

第四章

一

1．$(Q \cdot R) \supset (W \vee F)$

3．$E \supset (A \supset B)$

$\underline{\mathrm{E} \cdot \mathrm{A}}$

B

5．$(M \cdot C) \supset B$

$\underline{\sim \mathrm{B}}$

$\sim M \vee \sim C$

二

1．肯定前件式，有效。

3．否定前件式，无效。

5．肯定后件式，无效。

7．否定后件式，有效。

9. 肯定前件式，有效。

11. 肯定后件式，无效。

13. 假言三段论，有效。

15. 肯定前件式，有效。

17. 假言三段论，有效。

19. 附加式，有效。

21. 合成式，有效。

23. 构成式二难，有效。

25. 肯定后件式，无效。

三

1. 否定后件式，有效。

$$\begin{array}{l} \sim F \supset \sim G \\ \underline{G \qquad\qquad} \\ F \end{array}$$

3. 附加式，有效。

$$\begin{array}{l} \underline{S \qquad} \\ S \vee P \end{array}$$

5. 析取三段论，有效。

$$\begin{array}{l} G \vee C \\ \underline{\sim G \quad} \\ C \end{array}$$

7. 肯定前件式，有效。

$$\begin{array}{l} A \supset \sim P \\ \underline{A \qquad} \\ \sim P \end{array}$$

9. 析取三段论，有效。

$$\begin{array}{l} S \vee D \\ \underline{\sim D \quad} \\ S \end{array}$$

四

1. 1. $\sim H \supset (L \vee B)$
   2. $\sim H$
   3. $L \vee B$　　1,2 MP
   4. $\sim L$
   5. B　　3,4 DS

五

1. 1. $E \supset (A \supset B)$
   2. E
   3. A
   4. $A \supset B$　　1,2 MP
   5. B　　3,4 MP

3. 1. $S \supset P$
   2. $P \supset L$
   3. S
   4. P　　1,3 MP
   5. L　　2,4 MP

5. 1. $K \supset W$
2. $W \supset H$
3. $\sim H$
4. $\sim W$ 2,3 MT
5. $\sim K$ 1,4 MT

7. 1. $V \vee E$
2. $M \supset \sim V$
3. M
4. $\sim V$ 2,3 MP
5. E 1,4 DS
6. $E \supset \sim P$
7. $\sim P$ 5,6 MP

9. 1. $P \supset Q$
2. $P \vee R$
3. S
4. $\mathrm{S} \supset \sim Q$
5. $\sim Q$ 3,4 MP
6. $\sim P$ 1,5 MT
7. R 2,6 DS

六.

2.（2）和（4）。

七.

2. 1. $\sim E \supset L$
2. $\sim L \supset E$ 1 Trans

4. 1. $\sim (A \cdot D)$
2. $\sim A \vee \sim D$ 1 DM

6. 1. $\sim S \supset O$
2. $S \vee O$ 1 Imp

8. 1. $C \supset \sim H$
2. $\sim\sim H$
3. $\sim C$ 1,2 MT

10. 1. $\sim G \vee \sim P$
2. $\sim (G \cdot P)$ 1 DM

八

1\.

1.	$B \supset L$	
2.	$L \supset P$	
3.	$B \supset P$	1,2 HS
4.	$\sim P$	
5.	$\sim B$	3,4 MT
6.	$\sim B \supset I$	
7.	I	5,6 MP

3\.

1.	$F \supset (T \supset \sim L)$	
2.	L	
3.	$(F \cdot T) \supset \sim L$	1 Exp
4.	$\sim (F \cdot T)$	2,3 MT
5.	$\sim F \vee \sim T$	4 DM

5\.

1.	$L \supset (\sim P \supset \sim B)$	
2.	$L \cdot \sim P$	
3.	L	2 Simp
4.	$\sim P \supset \sim B$	1,3 MP
5.	$\sim P$	2 Simp
6.	$\sim B$	4,5 MP

7\.

1.	$G \supset (L \supset F)$	
2.	$G \cdot \sim F$	
3.	G	2 Simp
4.	$L \supset F$	1,3 MP
5.	$\sim F$	2 Simp
6.	$\sim L$	4,5 MT

9\.

1.	$(\sim P \vee Q) \supset \sim (R \cdot \sim S)$	
2.	R	
3.	$\sim P$	
4.	$\sim P \vee Q$	3 Add
5.	$\sim (R \cdot \sim S)$	1,4 MP
6.	$\sim R \vee S$	5 DM
7.	S	2,6 DS

11\.

1.	$Q \vee (R \cdot S)$	
2.	$\sim Q$	
3.	$S \supset (T \vee U)$	
4.	$R \cdot S$	1,2 DS
5.	S	4 Simp
6.	$T \vee U$	3,5 MP
7.	$\sim T \supset U$	6 Imp

13\.

1.	$\sim (\sim P \cdot \sim Q) \supset R$	
2.	P	
3.	$\sim\sim P$	2 DN
4.	$\sim\sim P \vee Q$	3 Add
5.	$\sim (\sim P \cdot \sim Q)$	4 DM
6.	R	1,5 MP

第五章

一

1.

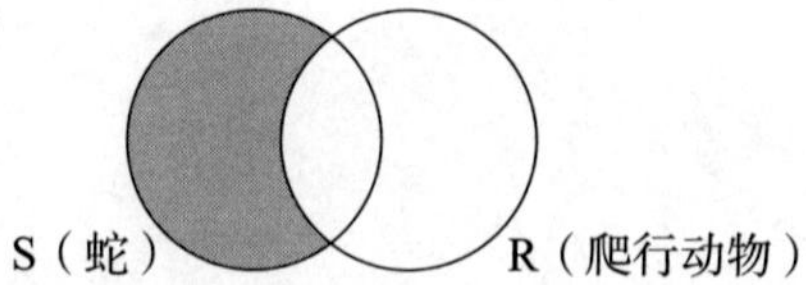

3.

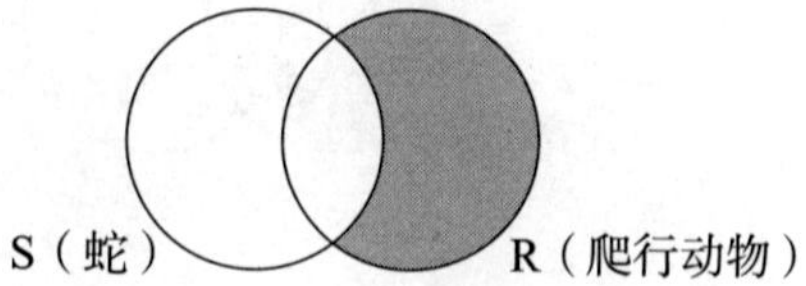

5.

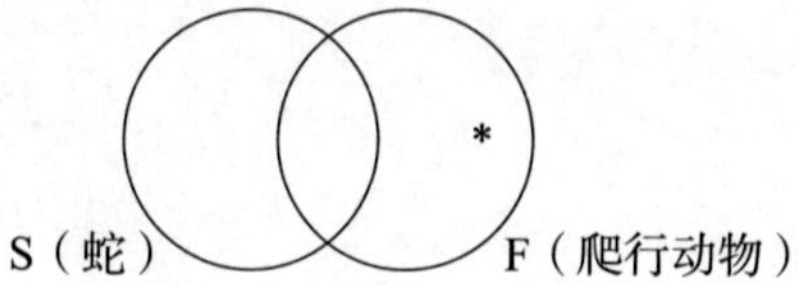

7.

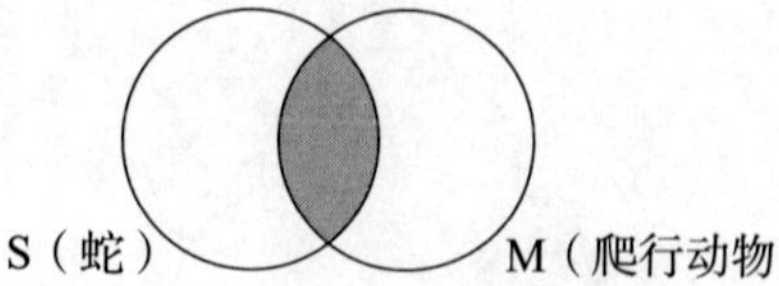

9.

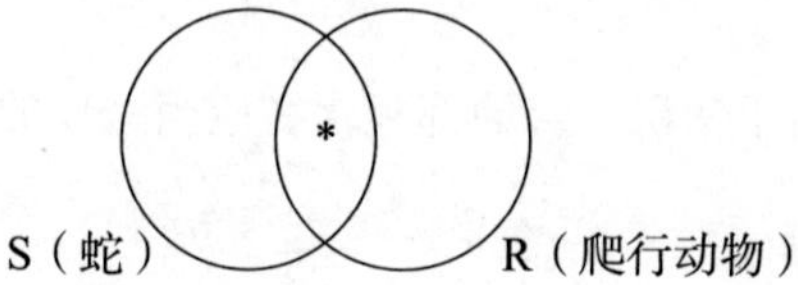

11.

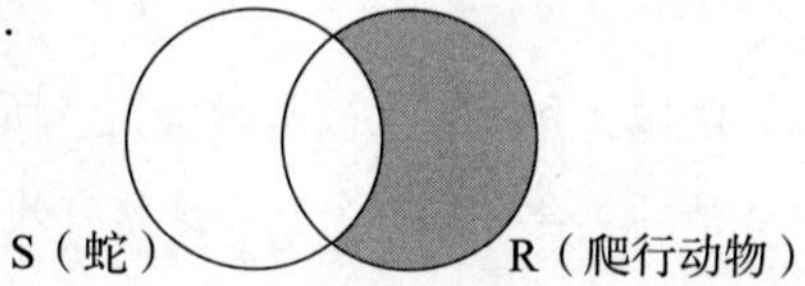

13.

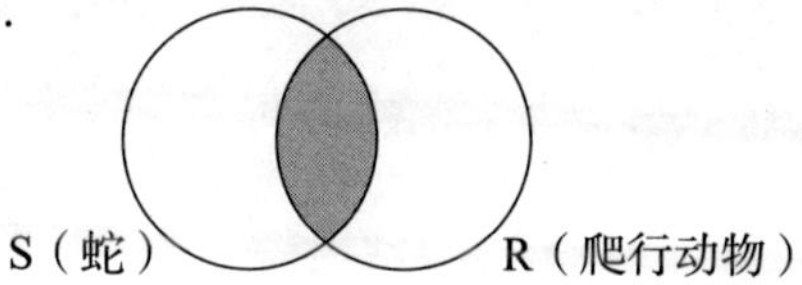

15.

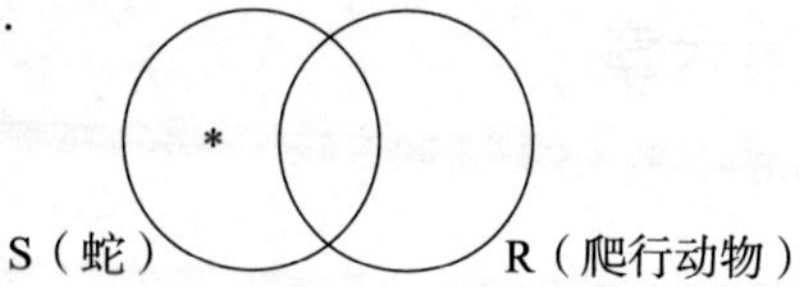

二

1\.

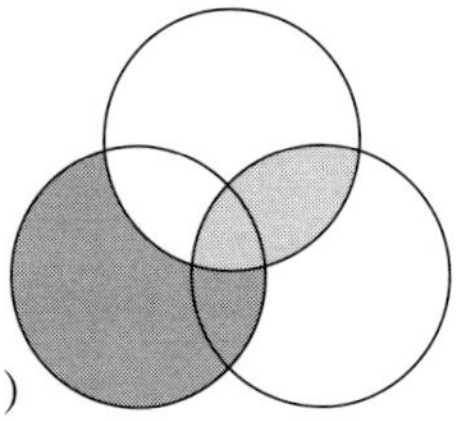

区域 3 和区域 6 被阴影覆盖，因此在计算机和思考者之间没有交叉。这个论证是有效的。

3\.

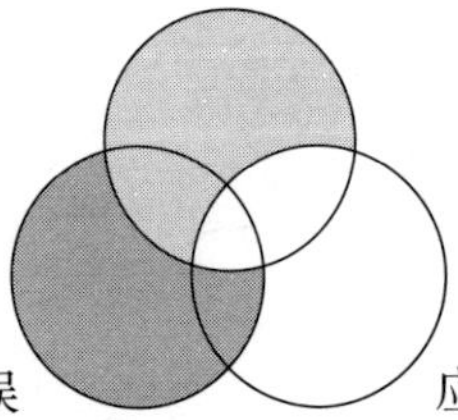

区域 2 和区域 5 被阴影覆盖，所有属于错误集合的都包含在应当避免的事情的集合中，这个三段论是有效的。

5．有效的。 7．有效的。 9．无效的。 11．有效的。

13．无效的。 15．有效的。 17．无效的。 19．有效的。

第六章

一

（一）

1．必要条件：b．如果 *B* 出现，*A* 也一定出现。

d．缺乏维生素会引起脱发。

3．充分且必要条件：h. 如果氢和氧在一个密闭的容器中以 2∶1 的比例混合，并且能量以电火花的形式导入系统，就产生了水。

5．背景条件：e. 阳光是谁都不会考虑的因素。

(二)

1. e. 近因或触发性条件。一片挡热板触发了一连串事件，产生了多米诺效应。

3. a. 一个必要条件。这个断言可能是假的，除非以某种特殊的方式理解“自由”。毕竟，在实行政治压制的社会也会有艺术繁荣。说某个事物是必要条件并不能使它真成为必要条件。

5. e. 冰可能是飞机坠毁的近因。也可以说机翼上的冰（加上当时的其他条件）是飞机坠毁的充分条件。

7. b. 细菌感染“是原因之一”经常被理解为充分条件（几个充分条件中的一个）。例如，病毒感染也是发烧的“原因之一”。（当然，严格地说，任何一种感染都只是一个因素，需要和其他因素结合起来构成一组因素，这一组因素是发烧的充分条件。）

9. f 和 g. 这是希特勒控制的一个条件，而从历史学家的角度看，这又是某些事件的背景条件。

11. b. 充分条件。地震也可能是由火山爆发或地面下陷引起的，所以地壳板块的运动不是一个必要条件。

13. f. 可控条件。这三个条件也是贡献性条件（h）。但忽略其可控的方面能说明为什么对此未予重视。

15. c. 充分且必要条件。如果没有动物进入或离开，整个群体处于稳定状态。所以，如果某种基因复制变得更常见或者更不常见，这种变化能归因于产生更多基因复制的变异或者携带这种基因的动物留下了更多这种基因的后代。

二

(一)

1. 事件 E：棍子看起来折弯了。

b. 当光线到达一个物体时，它被物体表面反射回来。

a. 光沿着直线传播。

d. 由水面以上的棍子部分反射的光沿直线传播。

e. 由水面以下的棍子部分反射的光以不同角度出现。

c．当光线从物体反射回来进入我们的眼睛时，我们就看见了物体。

f．从两个部分反射的光线以不同角度进入你的眼睛。

g．棍子看起来折弯了。

（二）

参考答案

火花塞潮湿。

a．所有内燃机都要有一个热源来点燃机腔内的燃料。

b．新设计的汽车是靠火花塞两极之间的电火花弧点燃燃料的。

c．潮湿的火花塞不能产生电火花弧。

d．我的汽车用的是内燃机。

e．我的汽车是新设计的。

f．我的火花塞是潮湿的。

所以，机腔内的燃料无法被点燃，于是我的汽车发动不了。

基于相同的模型可以构造类似的解释：

1．电池坏了。

2．燃油输送管堵了。

3．启动装置坏了。

还有其他可能的解释，视你的汽车与环境情况而定。

三

（一）

1．A 是原因。求同法。

3．B 是原因。求同求异并用法。

（二）

1．分析初始情况：

情形 1：闪光灯 A，电池 A—亮

情形 2：闪光灯 B，电池 B—不亮

你更换了电池：

情形 3：闪光灯 A，电池 B—不亮

情形 4：闪光灯 B，电池 A—亮

可见，在情形 2 和情形 3 中闪光灯不亮，而在这两种情形下用的都是电池 B。闪光灯 A 出现在情形 1 和情形 3 中，在情形 1 中亮而在情形 3 中不亮。用求同求异并用法推理，我们的结论是，电池 B 是坏的。

2. 分析初始情况：

情形 1：闪光灯 A，电池 A—亮

情形 2：闪光灯 B，电池 B—不亮

你更换了电池：

情形 3：闪光灯 A，电池 B—不亮

情形 4：闪光灯 B，电池 A—不亮

3. 分析初始情况：

情形 1：闪光灯 A，电池 A，灯泡 A—亮

情形 2：闪光灯 B，电池 B，灯泡 B—不亮

你更换了电池：

情形 3：闪光灯 A，电池 B，灯泡 A—不亮

情形 4：闪光灯 B，电池 A，灯泡 B—不亮

情形 5：闪光灯 A，电池 A，灯泡 B—不亮

将求同求异并用法运用于情形 1—5，我们推知电池 B 和灯泡 B 都有缺陷。

（不用术语来说明：你知道闪光灯 A 正常工作，所以它的电池和灯泡都正常。你把电池 B 放在闪光灯 A 中，闪光灯 A 停止工作，所以电池 B 是坏的。在把电池 A 装回闪光灯 A 后，你又把灯泡 B 装在闪光灯 A 上，闪光灯 A 停止工作，这说明灯泡 B 是有缺陷的。把这些结论放在一起，你的结论是，电池 B 和灯泡 B 都是坏的。）

四

（一）

1. 参考分析

咖啡或茶里所含的咖啡因不会是造成糖尿病风险降低的物质，因为饮用脱去咖啡因的咖啡或茶的人也有相同的效果。最可能的是咖啡和茶里都含的物质。

3. **参考分析**

帕斯卡（通过他的姐夫）运用了共变法来证实地球被“空气的海洋”包围着的假说。盘子上的气柱的重量随着高度的增加而减小。当空气逐渐稀薄，与气柱的压力保持平衡的水银逐渐下沉，因为没有那么大的重力对水银施加推力了。

（二）

参考分析

（1）律师可能希望起诉建筑工程师，因为他没有把房屋设计成由岩层支撑，起诉建筑承包商因为他没把支撑房屋的部分延伸到基岩。律师会论证说，正是设计和建造的瑕疵导致了房屋的坍塌。律师可能还想起诉保险公司，如果对方坚持房屋的坍塌是自然风险导致的并拒绝赔付。律师可能会论证说，下雨——即便是持续几天的大雨——是一个普通事件，并不是地震或海啸那样的异常现象。下雨是引发泥石流的原因及房屋坍塌的原因。

（2）（3）房屋的设计者和建筑者可能会论证说，房屋的设计不能、建造也不能对抗任何条件，异常的大雨引发了房屋坍塌。

（4）保险公司可能会同意设计者和建筑者的说法，认为房屋的设计和建造是正常的，只是由于相当于洪水事件的这场异常的持续的大雨摧毁了房屋。

第七章

一

1. **伯恩考夫人体解剖图册**

支持方类比的弱点：论证并没有基于为得到解剖用的尸体而实施的谋杀，它考虑的是为了钱而实施的谋杀。（此外，可能有人质疑“玷污的钱做不了好事”的断言。小偷用偷来的钱买药是不是比把钱烧掉要好？）

反对方类比的弱点：母亲的牺牲（类比所假定的）是自愿的，但那些被谋杀的人并不愿意死，也不希望自己的尸体为杀害他们的人研究所用。

3. 贫穷白人研究

支持方类比的弱点："贫穷白人"与被忽略、"被压制"的群体之间的相似点是很多的，比如，在历史书中很少被提到，对于不公正、贫穷和偏见的抗争，有着不同的文化包括艺术、音乐以及对文化总体的贡献等。但也有很强的不可类比点：白人，总体而言处于传统的历史的核心，成就和光荣几乎全都给了白人。

反对方类比的弱点：不错，我们把光荣和肯定主要给予了白人，但这不意味着贫穷白人获得了充分的肯定和赞扬。如果教育资源是充分的，哪个社会群体应予以优先地位的问题不会被提出来，"贫穷白人"与其他所有传统上处于不利地位的社会群体一样有对其社会认知的诉求。他们的历史和贡献也同样应当得到承认。

二

1. 德莱赛实验

评估论证的参考点：

相似点：实验条件，都是能体验到疼痛的动物，对眼睛的伤害。

实验中的动物是一只兔子（动物），被比较的对象是一个人（你），这对结论有影响吗？对于给动物造成的痛苦，我们应当赋予多大的重要性？

差异方面值得考虑的问题：（1）动物是否有不受无必要伤害的初始权利？（2）实验的目的是生产安全的化妆品，而不是（比如说）对人类有益的安全的药物，这会对结论产生影响吗？（3）潜在利益的大小有关系吗（比如，一个是消除鼻塞，一个是拯救生命）？

3. 美国医学会与死刑执行

评估论证的参考点：

道德问题。对于论证的一种解释：美国医学会说医生是致力于拯救生命的职业群体，而执行死刑是剥夺人的生命，所以让医生执行死刑是错误的。但是，流产也是剥夺人的生命，由于美国医学会禁止医生执行死刑，它也应当禁止医生做流产手术。

在这一解释下，初看起来类比是在执行死刑与流产手术之间进行的，该论证从一个隐含的假定即“流产是对一个无辜的人执行死刑”获得心理支持。（如果医生不能对有罪的人执行死刑，他当然也不能对无辜的人执行死刑。）然而，该论证的核心实际上依赖于胎儿与成年人之间的类比。隐含的断言是，既然医生杀死一个成年人是错误的，那么他们杀死胎儿也是错误的。

如果能说明一个成年人和人类的胎儿充分相似以保证两者应当受到同等对待，那这个论证就是有说服力的。但为什么两者被认为是相关性地相似的，这一点并不明确。实际上，两者的相似性是被乞题了（即两者的相似性是想当然的，而非被证明的）。

论证的第二种解释是将其理解为试图确立这样一个断言：医生不应当被允许执行死刑。在这种解释下，流产与死刑的类比就具有了相关性：流产是剥夺无辜者的生命，死刑是剥夺罪犯的生命；因此，既然医生被允许做流产手术，那么他们也应当被允许执行死刑。

这些可能的解释反映了作者的这一观点：美国医学会的立场是高度不协调的。第一种解释更符合当前社会环境和舆论。

5. 惠特曼学院的荣誉项目

评估论证的参考点：

道德问题。这个论证的断言是，由于桑德斯的平均绩点低于惠特曼学院荣誉项目的要求，所以她不应当被接受。（相同情况应以相同方式对待。）

这个论证是弱的。桑德斯的平均绩点只略低一点，并且这个成绩是在给分更严格、得 A 和 B 更少的学校取得的。所以，她的情况实际上与被惠特曼学院荣誉项目接受的学生是类似的，不接受她是不公平的。

三

1. 阿特金斯饮食法

评估论证的参考点：

事实类比论证。阿特金斯饮食法与吸烟的可类比性较弱。我们有充分证据表明吸烟引起肺癌、心脏病，但没有证据证明阿特金斯饮食法引发疾病。

3. **父母与健康管理**

评估论证的参考点：

道德类比论证。该论证可以重构为：(1) 明确给出的前提：国家通过禁止学生吸烟或持有枪支以及要求学校食堂采取使学生免于食物过敏的保护措施来合法地管理学生的健康需求。(2) 隐含的前提：阻止垃圾食品进入公立学校属于学生的健康需求。结论：所以，国家可以合法地禁止食堂里的垃圾食品。

由于几个比较点（即国家以什么方式采取行动保护学生的健康）是直接相关的，这个类比是强的。

5. **沙特阿拉伯与足球**

评估论证的参考点：

道德类比论证。该论证比较的是足球规则与辩论、讨论规则之间的相似性。沙特阿拉伯遵守其中一种规则（足球规则），且没有什么危害，所以它也应当遵守另一种规则（即是可以承受的）。

这是一个弱类比。足球规则是被任意规定的，是为了定义一个游戏。在与对手踢足球时，除了规则的一致性以外，并不需要太多其他的一致性。辩论和讨论的规则不仅复杂得多，而且处处依赖于社会和政治的价值观。正是这些基本价值观导致了分歧。而且，与足球比赛不同，哪一方赢得一场政治辩论常常会产生重大影响。

四

论证评估：

罗伯茨的类比论证没有承认要捕鱼的印第安人与想要流产的妇女之间的一个重要的不可类比之处：阻止一群印第安人捕鱼不会导致严重后果，但是阻止妇女流产就会使她有一个她要对其负责的孩子。而且，在罗伯茨的类比中，对生态的影响只涉及某一群印第安人而不是针对所有印第安人。

如果声称“手术拯救”只是针对流产而不是针对妇女和妇女的权利，类比就难以成立。“只有妇女才能享有流产的权利”，别的印第安人也能捕鱼，但除妇女外的别的人不可能怀孕。因此，限制流产的权利就是在限制妇女。

五

1. **高血压**

分析：

被模拟的问题是高血压的原因，模型是特定实验条件下的大猩猩得了高血压。食物中的高盐似乎是造成大猩猩得高血压的原因。即使承认大猩猩和人在很多方面彼此相似，大猩猩是否是人类高血压的理想动物模型仍然是有疑问的。两个物种可能在与血压相关的某些方面存在差异。例如，大猩猩主要吃素、运动量大且很少超重。

3. **精神疾病**

分析：

对于两种主要的精神疾病——精神分裂和抑郁狂躁型忧郁症——的结论是真的。例如，精神分裂可能表现为幻觉、幻听，没有情感反应或情感反应不当（听到朋友去世的消息笑起来），迫害幻想症（以为别人在讨论你或者密谋反对你）。

目前，精神疾病是通过行为观察和主诉来诊断的。但我们无法知道动物是否有幻觉。我们可能认为动物的某些行为表明其情绪低落，或者对某些动物（如灵长类）我们能判断其情感反应不当。但我们无从断定动物是否出现幻觉。总之，我们识别精神疾病的那些特征不能在动物身上发现，因而无法检验因果假设。

与之相对的是身体疾病的研究。我们可以在老鼠身上发现糖尿病并研究病变的机制。我们可以培育老鼠并跟踪其基因发展，可以给老鼠特殊食物并观察结果。我们无法从动物身上识别精神疾病，因而无法进行直接探究。

六

1. **攻击性行为**

分析：

被模拟的是（人类）攻击性行为的发展。模型是仓鼠的攻击性行为。根本问题是，仓鼠与人是否足够相似从而可以从动物模型概括出人的相关结论。未成年仓鼠的认知能力与人有很大差异，这意味着它们不可能受到影响人类攻击性的各种各样经历（学校、电视、家庭等）的影响。

3. **猪的器官**

分析：

一种可能的实验是按照基因"淘汰"老鼠的培育方式来尝试培育基因"淘汰"猪，目的在于使培育的猪身上缺乏那个被人体免疫系统识别为"非自体的"基因。没有这种蛋白的猪的器官不会被人的免疫系统接受。（至少不是被免疫系统这种特定的机制接受。这种系统是非常细致而难以被愚弄的。）

第八章

一

1. **不添加糖**

食品制造商在标签上写"不添加糖"其实是心虚的，他们的论证（省略三段论）利用了语词的含混性。标签实际上说的是"不加糖的食品比添加糖的食品更健康，这个产品是不加糖的，所以它更健康"。我们可以合理地相信人们通常把"糖"理解为包括甘蔗糖和甜菜糖，而这两种主要是蔗糖。在用主要含果糖的浓缩果汁做甜味剂的产品标签上写"不添加糖"是带有欺骗性的。尽管食品制造商确实没有在其产品里加蔗糖，但他们加了果糖。他们是在利用语词"糖"的含混性来误导消费者。

3. **成绩基准**

贾森·格林伍德的论证是不好的论证。他的问题——在决定分数时"除了你付出的努力之外还能有什么因素真正起作用？"——可以说是带预设的。他仅仅假定了结论（在决定该获得什么分数时，只有付出的努力有影响），而没有试图说服我们的确是这样。整个论证只不过是断定了分数应当只根据学生付出的努力来确定。

艾梅·拉·方丹的论证看起来是想断言努力学习应当保证得高分。但是他断定美国梦的核心观念是“如果一个人足够努力，那么他可以实现任何他所渴望的伟大理想”，是把“努力工作是获得成功的必要条件”混淆为“努力工作是获得成功的充分条件”了，尽管这段话并没有出现“必要条件”和“充分条件”这两个词。如果要给这种错误加个标签，可以称之为“混淆谬误”。

但是，拉·方丹的论证真的是要断言只要努力学习就应当保证得高分吗？并不清楚。第一句话好像是说相信“努力学习应当保证得高分”并不是不合理的。但最后一句话又说：“一个人在课程上倾注全力，如果他希望这些努力通过成绩反映出来，这并不是一件可耻的事。”“希望”得一个高分与“应当保证得高分”是不一样的。拉·方丹到底想说什么？不太清楚。

作为评论者，如果她说“努力学习的人可以合理地希望自己得高分”，那我们是可以接受的。但如果她想让我们相信“努力学习的人应当得高分”，那就还需要提供理由。美国梦要求努力工作，但努力工作并不保证梦想成真。

这两个论证都是不好的论证。但如果局限于给它们贴标签，就无法解释为什么它们是不好的论证。重要的是评估论证的价值。知道谬误类型是有帮助的，但不是问题的根本。并不是所有坏的论证都有一个与之匹配的谬误名称。

斯泰西·哈根针对格林伍德和拉·方丹所做的的反证是一个类比论证。哈根的论证可以理解为说明“考试时的表现而不是平时付出的努力应当是得高分的依据”的一个省略三段论。哈根认为，我们当然希望心脏外科医生和航空公司飞行员是技术高超的人，而不只是在学校努力学习的人。与这些职业类似，我们宁肯希望一个人在教育中的高水平表现，而不只是刻苦学习。反证是有效的，没有错误。

5. 触发警告

塞莱森斯基的论证：一个循环论证。

雷道夫的论证：嗤之以鼻谬误。

克莱姆森的论证：人身攻击谬误以及滑坡论证。

斯迈利的论证："你也一样"谬误。

二

（一）

1. 诉诸无知。
3. 诉诸流行的态度与感情。
5. 好的论证。
7. 诉诸无知。
9. 诉诸无知。
11. 赌徒谬误。

（二）

1. 不当预设。
3. 乞题、循环论证。
5. 滑坡谬误。
7. 不当预设。
9. 滑坡谬误。
11. 滑坡谬误。

（三）

1. 人身攻击。
3. 定义回避。
5. 稻草人。
7. 你也一样。
9. 稻草人。

（四）

1. 不当预设。
3. 诉诸不当权威。
5. 诉诸无知。
7. 人身攻击。
9. 虚假原因。
11. 好的论证。

第九章

一

1. 讨论应该用什么标准来确定谁是"具有知情同意能力"的人。

讨论材料：要具备合法的同意能力，一个人必须：（1）能够理解被提议的治疗的性质；（2）能够理解其中所包含的风险；（3）能够理解除被提议的治疗之外的其他选择及每一项选择的风险；（4）有能力进行理性的判断

（例如，没有患抑郁躁狂型忧郁症这种会影响一段重要时期判断的精神疾病，没有妄想症）；（5）能够在下决定时行使理性判断（例如，不酗酒，不吸毒，无精神错乱）；（6）是成年人（并且完全具备“成熟判断”的能力）。

这些考虑有不同的理解和侧重点。例如，人们也许知道，18 岁以下的人是不具备同意能力的，因为他们缺乏充分发育的智力。但可能也有其他人认为，18 岁以下的人彼此也是有差异的，在技术上，有些孩子可能有足够的智力和理解力做出同意。（通常的观点是，孩子们只能“主动同意”或同意将要对他们做什么。）

3. **要解决这个问题（品客是薯片吗？），需要对“薯片”进行定义吗？是否存在一些解决这个问题的非任意的方式？（例如，这对于将薯片作为纳税产品的原因审查有帮助吗？）**

否定的回答：这个问题不需要给“薯片”下定义。问题在于，是否应该向品客薯片征税。如果类似于品客薯片的其他产品都被征税，那么无论品客薯片是否被定义为薯片，它都应该被征税。

肯定的回答：需要给“薯片”下定义。品客薯片是一种独特的产品。如果薯片是被征税的对象，那么并不能由此推出品客薯片应该被征税。解决争论的方式就是去定义“什么可以称之为薯片”，然后考虑品客薯片是否符合这个标准定义。

5. **解释你将如何解决这个问题（定义一个新兴剧作家）。你将如何证明你提出的解决方案是合理的？**

（1）写剧本并且其剧本被表演的剧作家不得不被视为一位成功的剧作家。一位成功的剧作家是一位已有的剧作家，而不是一位正起步的剧作家。

（2）写剧本并且其剧本被表演的的剧作家已经证明他有能力写出别人认为值得表演的剧本。这样一个剧作家的天赋和才能还没有完全达到巅峰，所以这个剧作家正在逐渐兴起。

6. **客观合理**

如何定义“客观合理的恐惧”才能让这个定义在警察培训中可能是有

用的？如何才能将“客观合理”的恐惧与其他类型的恐惧区分开来？

“客观合理的恐惧”可能被定义为假如任何普通的、未经训练的人在相同处境中作为一名警察并掌握同样的有关事实都会感受到的那种恐惧。例如，警方狙击手向一名拿枪指着被劫持人质头部的劫持者射击将被认为是正当合理的。修饰语“客观”可能是多余的。往往是在法律案例中，使用冗余来防止误解。在这种情况下，修饰语暗含的是，任何人对威胁的感知都应该是可能的，而不仅仅是那些经验丰富、直觉敏锐或受过特殊训练的人。

8. **仇恨犯罪**

当犯罪本身（例如，物理攻击）完全相似时，“重要因素”和“主要的激发因素”之间的差别是否引起了非仇恨犯罪与仇恨犯罪之间的不同？举一个你认为是仇恨犯罪（依据上诉法院的定义）的例子，并将它与你认为不是仇恨犯罪的例子加以区别。

是的，因为仇恨犯罪背后隐藏的想法就是对被害人的态度（厌恶），这种厌恶的态度为犯罪提供了动机。例如，一个只为体验看到消防车到来的那种兴奋而烧毁房子的人并不是在犯仇恨罪，但是因为房子属于犹太人而烧毁它才是犯了仇恨罪。

如果行为人憎恶犹太人是众所周知的却仅仅为了娱乐而烧毁房子，而不知道房子的主人是犹太人，那又该怎么办呢？他的律师将不得不证明，尽管他的当事人是反犹主义的，但他的行为并不是由于他对犹太人的仇恨。他可能犯有纵火罪，但并不犯有仇恨罪。（这是一个重要的区别，因为如果纵火是仇恨犯罪，犯罪事实的发现可能会导致实质上更长的刑期。）

二

（一）

1. **同义词定义：**

一打：12 个	警察：公安人员	汽车：四轮机车
尽快：赶快	犬：狗	自行车：脚踏车
律师：讼师	OS：操作系统	小费：辛苦费
面包师的一打：13		

2. 属种定义：

三角形：由相交形成三个总和为 180 度角的三条直线构成的平面图形。

衬衫：一种为上半身而做的衣物。

狗：一种属于犬科类别的家畜。/ 一种经常被养作宠物的家畜。

交响音乐会：一种用弦、风和打击乐器演奏的管弦乐队所进行的音乐活动。

杂志：一种定期发行的出版物。

4. 举例定义：

家畜：奶牛，驴

饮料：茶，咖啡，威士忌酒，葡萄酒，水

定义："粗略的"意思是某些"潜在的"东西，比如"迪士尼入驻前，纽约的旧时代广场就是粗略的"。

英语句子：The cat is on the mat.（猫在垫子上。）

恶意软件：间谍软件，广告软件

5. 枚举定义：

英语元音：a，e，i，o，u

美国主要政党：共和党，民主党

同胞兄妹：兄弟，姐妹

（三）

1. 报告性定义，学科定义。电影产业是学科性或专业性的领域。定义中所给出的表达来源的解释是有帮助的，或许也是有趣的，但这个解释并没有使定义具有历史性。

3. 规定性定义，厘定性定义。《美国医学会杂志》解释的是，什么是它认为的被"代写作家"代笔的作品。另一家杂志可能使用一种不同的精确定义。

5. 规定性定义，厘定性定义。该杂志的编辑们想消除代笔作者，但是他们却通过规定他们所认为的可以称之为作者的人来达到此目的。一位作者对"研究"或"研究结果分析并文稿起草"和"核准文章定稿"做出了"实质性贡献"。如果对"研究"做出实质性贡献是可供选择的选项，那么编辑们似乎准备接受某个在原稿上一个字都没写的人成为作者。（对照以上问题 3 中《美国医学会杂志》解决问题的方式。）

7. 报告性定义，词典定义。"素食性"的定义告诉我们这个词是如何被那些谈论这类事件的人使用的。这个群体可能很小，但并不能改变这个定义是词法的事实，就像谈论诗歌的人数可能也很小。

9. 报告性定义，历史定义，学科定义。这个词被中世纪和文艺复兴时期的一批化学实验人员所使用。他们在一门学科（炼金术）领域中工作，所以这个定义可以被看作过去学科领域中有关这个词的使用报告。

11. 这是一个报告性定义。它是否被归类为词典性质的或学科性质的（计算机或计算机黑客）取决于我们是否认为这个词已经足以被看作一个普通的日常词汇，或者仍然属于计算机会话的专业领域。

13. 拉里·佩奇对于“牙刷测试”的定义是一个规定性定义，任意性定义。

（四）

1. 实指定义。你正在假设允许某人把他自己放在看北极星那个方向的位置。

3. 属种定义。属（办公室之外的地方）和种（非办公）。这个定义还提供了办公室之外的地方的例子（“库房”等），所以这部分可以说是一个通过举例的定义。

5. 属种定义。属是大炮组成的类，种是（炮管比迫击炮炮管长的）大炮组成的子类。可以增加定义的其余部分来定义一个更为具体的子类，而不是基于比较炮管长度的子类。

7. 枚举定义。这是一个通过确切指定什么才是有关语境中的按揭而生效的厘定性定义。这个定义不包括“按揭”的全部含义，就像在“未来按揭”这类表达中所使用的含义就没有被上述定义包含在内。

9. 属种定义。这个定义中的属是“声音的系统化组合”这个类，种是“在文化群体中有意义”的那些所构成的子类。

11. 同义词定义。

13. 属种定义。

15. 同义词定义。

（五）

1. 没有独立地定义“卖空”，属于循环定义。

3. 这个定义使用了晦涩的语言。

5. 这个定义使用了偶然特征。

7. 定义过窄。

9. 使用了隐喻性的语言。
11. 如果你碰巧知道一根马车前端的横木（whiffletree）是什么，这将有助于理解它与一根车前横木（singletree）是一样的。试想，对于世界上其他地方而言，这个定义是不成立的，因为它使用了晦涩的语言。
13. 大多数人不知道“chad”有“打孔碎屑”的意思，所以“hanging chad”（悬挂的打孔碎屑）的定义使用了晦涩的语言。“悬挂的碎屑”可以指一张纸打孔后残留的依附于这张纸的任何一点儿碎纸屑。所以只提“chad”的“选票”的意思，这个定义就太狭隘了。（当然，这仅仅是一个逻辑书上的练习，大多数人会找到适合理解有关总统选举部分的那个定义。）

（六）

1. **e-mail**：“电子邮件”的简称，指通过计算机网络发送和接收的书面通信。
3. **本土膳食主义者**：有这么一群人，他们执着于吃产自当地的食物而不是那些在更远的地方生产并运送到当地的食物。大多数本土膳食主义者有意减少运输食物所必需的化石燃料燃烧所产生的碳排放物。一些本土膳食主义者还强调当地食物具有更好的味道、新鲜度和营养价值的重要性。

第十一章

一

（一）

1. 在当时的环境下，“哞——”的声音很可能是真实的牛发出的。当然，也有可能是把牛的叫声录下来又播放的。（在阿加莎·克里斯蒂的小说里可能会发生这样的事，目的是让听到的人以为谷仓里有牛。）时代广场也可能有牛，但不如农场有牛的可能性大。在断定附近有牛之前，获取更多的证据是谨慎的做法。
3. 兰道尔只是近视，他并不盲。如果他告诉巴布从房子里跑出来的那个人穿的夹克衫与她前夫常穿的红夹克颜色一样，相信兰道尔是有道理的。眼睛近视的人也能看出外形和颜色。
5. 第二次喝到拿破仑金尊干邑白兰地时你能辨别出来，这是合理的，特别是当你第一次喝这种酒时印象深刻。人们的口味分辨能力是有差异的，但是，根据你对自己口味分辨能力的信任，你可能并不想下一个大赌注跟别人打赌你是对的。

7. “pygg”是中世纪时用于制作各种家用器皿如盘子、锅、罐子和壶的一种红色黏土的欧洲名称。这里给出的解释是一些研究猪形存钱罐历史的人的看法。（另一种观点是猪象征着繁荣，因此把存钱罐做成猪的形状有一定的意义。但所有这些都只是推测，没有任何证据支持。猪真的象征着繁荣吗？如果是，它又是怎么和存钱罐联系起来的呢？）猪形存钱罐起源的解释并没有达到如此的确定程度，以至质疑它会显得愚蠢。像猪形存钱罐这样的日常琐事，历史记录几乎提供不了什么信息。所以，那些认真追究其起源的人必须搜索细微的数据并将其拼凑在一起。

（二）

1. 新疗法

这段文字对细菌及其数量、功能与在医疗中潜在作用的描述都是基于现有最好的科学认识。粪便疗法已经成功运用，很可能在不久的将来就成为折磨人的肠功能失调病和肥胖症的治疗方法。

3. 死里逃生

这件事似乎不大可能，但有可靠的证人作证这是真实发生的。而且，我们知道有很多从相当高的空中落下来却最终生还的人的例子。

5. 辅助性交流

辅助性交流看起来不太像是真的。为了找出可信的断言所依赖的那种科学测试表明，这些现象不是发生在测试条件下的。有人可能争辩说，那些条件会使测试根本不可能进行，但是似乎不是这样的。而且，辅助性交流与常接触自闭症儿童的人的直接经验相悖，此外，以往的研究也已经证明了自闭症是大脑异常的一种情形。

二

1. 我们一度认为只有人才能完成的任务（以世界级的水平下棋、把一种语言的文本翻译成另一种语言）现在能通过操作电脑来完成。我们现在对大脑的了解比以前要多。了解的越多，我们就越倾向于相信人的行为背后起作用的是神经程序。但这是否意味着人的思想和情感“仅仅是”大脑程序？毕竟，长方形油画布上的画从某种角度被等同于乔治·华盛顿的肖像，但是换一个角度看，肖像要比画和油画布更丰富。

这个问题是阿兰·图灵提出的用来判断是否“机器能思考”的测试的一种形式。约翰·塞尔用著名的“中文屋”表达了反对意见。如果一个人藏在一个没有窗子的屋子里（或一个盒子中），我们向他发出指令要求他通过一个开口放卡片（输出），这些卡片上印有中国汉字，当卡片上有某个特定的不同的汉字时就把卡片扔进屋子（输入）。这个输出－输入转换给人造成的印象是，藏在屋子里的人懂汉语。但是，这个人只不过是在完成机械的操作，比如，“如果看见卡片上两个房顶下面有一条线就把卡片扔出来”。机器的思考并不比屋子里的人的汉语知识多。

3．当人的大脑半球受到的损害使其丧失智力反应能力（例如，识别人脸、按照指令行动、表达情感）时，人就死亡了。

这是关于死亡标准的陈述，该标准（实际上）将死亡定义为大脑高级功能的丧失。（目前接受的“脑死亡”定义是“大脑彻底死亡”，即没有任何脑活动。）对该标准通常的辩护是，它反映了我们说“某个人死了”的时候所表达的意思，即通常被视为一个人的那些能力的丧失。

三

（一）

1．星期一后面是星期二。［基于我们对一周里每一天的约定，该断言属于（1）分析地为真。当然，我们能想象不同的约定。］

3．水是最好的消渴剂。［该断言属于（3）非分析性的。该断言是关于有效性的，我们能提出支持或反对它的证据。］

5．氢原子的质量为1。［该断言属于（3）非分析性的。］

7．过去的都过去了。［该断言属于（1）分析地为真。有人可能说这句话表达了一个态度或建议。但这个句子的形式是重言式，这里我们只需考虑句子的形式。］

9．他妈妈的弟弟是家里唯一的孩子。［该断言属于（2）分析地为假。其内容自相矛盾。]

11. 10 − 4 = 5。[基于算术的规则和定义，该断言属于（2）分析地为假。]

13. 4 的平方根正在客厅里跳舞。[该断言属于（4）无法归类（概念上不一致）。4 的平方根不是能跳舞的东西，这句话既不能说它为真也不能说它为假。]

15. 灵魂的暗夜是在凌晨 3 点至 4 点之间。[该断言属于（3）非分析性的。尽管这句话是比喻的说法，但它的意思是说，抑郁的人在凌晨 3 点至 4 点之间感觉最差。所以这句话有可能是真的。]

（二）

1. 一个重言式：商业是商业。

3. 一个由于其中语词的意义而为真的句子：我姐姐是我的亲属。

5. 一个由于其中语词的意义而为假的句子：我姐姐不是我的亲属。

7. 一个由于错误地表示世界的某种状态而为假的句子：得克萨斯州是一个独立的国家。

术 语 表

被接受的信念（accepted belief）：不是基于论据的那些信念。

附加式（addition）：一种有效的论证形式，结论是一个析取句，前提是它的一个析取支。

人身攻击（against the person）：通过提供支持断言者或论证者个人品格方面的根据来拒绝该断言或论证的一种谬误。也称为 *ad hominem*。

歧义（ambiguity）：语词有几种可能的意义，但每一种意义都可能是精确的。

类比论证（analogical argument 或 argument by analogy）：因为两个不同的对象具有某些共同的特征，并且其中一个对象还有另外的特征，所以断言另一个对象可能也具有这个特征的论证。

类比（analogy）：让人注意到两个不同对象之间的特定相似性。

分析性陈述（analytic statement）：那些由于其形式或其中所包含的语词的意义而为真或为假的陈述。

前件（antecedent）：在条件句中，紧跟在"如果"后面的分句。

诉诸一般信念（appeal to general belief）：仅仅因为人们通常都相信一个断言就声称该断言是正确的一种谬误。也称为 *ad populum*。

诉诸无知（appeal to ignorance）：一种论证谬误，即因为一个断言未被证明为假，就论证说这个断言是真的。也称为 *ad ignorantiam*。

诉诸不当权威（appeal to inappropriate authority）：一个人把他的观点建立在不可靠来源的基础上的一种谬误。也称为 *ad verecundiam*。

诉诸流行的态度与感情（appeal to popular attitudes and emotions）：诉诸流

行的态度及与之联系着的感情而不是相关的理由和证据的一种谬误。也称为 *ad populum*。

论证（argument）：一个断言的集合，其中的一个断言为另一些断言所支持。

背景条件（background condition）：构成一个事件充分条件的某个因素，也称为持续存在的或事先存在的条件。

乞题（begging the question）：结论重述前提的谬误。也称为 *petitio principii*。

偏见（bias）：当一个人的利益使其无法在相关问题上保持客观时，一个断言的真假有利害关系。

盲试（blind experiment）：始终不让参与实验的实验者知道哪些动物是实验组的，哪些动物是控制组的，也叫面罩实验。

直言陈述（categorical statement）：表达两种或更多事物是如何互相联系的陈述。

直言三段论（categorical syllogism）：包含两个前提和一个结论的一种论证，其中的前提和结论都是直言陈述。

因果律（causal law）：对充分条件的事实概括。

循环推理（circular reasoning）：一个前提被用来支持一个结论，而该结论至少是隐含地诉诸于对前提的支持的一种谬误。

情境化的人身攻击（circumstantial *ad hominem*）：针对一个人在某特定情境下的可靠性而拒绝一个断言或论证的谬误。

复杂论证（complex argument）：至少有一个中间结论、包含两个以上推论的论证。

结论（conclusion）：论证中被理由支持的那个断言。

结论指示词（conclusion indicator）：用来指示所得出的结论的语词。

条件证明（conditional proof）：假设所要证明的条件句的前件，并推导出后件。

条件句（conditional 或 conditional sentence 或 hypothetical）：具有“如果……那么……”形式的语句。

合成式（conjunction）：一种有效的论证形式，结论是一个合取句，前提是它的合取支。

后件（consequent）：在条件句中，紧跟在“那么”后面的分句。

构成式二难（constructive dilemma）：一种有效的论证形式，从一对选项推出另一对选项，前提还包含将选项联系起来的条件句。

矛盾式（contradiction）：分析地为假的陈述。

贡献性因素（contributing factor）：充分地引发一个事件的一组因素中的每一个因素都可以称为贡献性因素。

覆盖律解释（covering-law explanation）：表明某个特定情况是总存在于两类事件之间联系的一个实例的因果解释。

演绎论证（deductive argument）：断言其前提用来确保结论成立的旨在有效的论证。

定义（definition）：对语词意义的一个解释。

定义回避（definitional dodge）：重新定义断言中的一个重要术语以避免承认一个会推翻断言的反例。

证明（demonstrate）：证成了的论证中的每一步推论。

二难（dilemma）：一个备选项集。

学科定义（disciplinary definition）：报告语词在某个特定学科或特殊领域中的用法的定义。这种定义解释了一个语词在那个学科范围内被接受的意义。

析取句（disjunctive sentence）：一个通过“或者……或者……”形式给出选项的句子。

析取三段论（disjunctive syllogism）：一种有效的论证形式，其中一个前提是析取句（“或者……或者……”形式的句子），另一个前提是前一个前提中第一个析取支的否定。

双盲测试（double-blind experiment）：一种类型的盲试，不让研究者知道他们正在实验的是安慰剂还是真正的产品。

省略三段论（enthymeme）：带有隐含（未陈述）的前提或结论的论证。

枚举定义（enumeration definition）：把语词所指的对象全部列出来的定义方法。

实验偏见（experimental bias）：实验者在实施实验时下意识地以不同的方式对待实验对象。

专家（expert）：一个人拥有的专业知识使别人在形成信念、做出断言时可以合理地信赖他。

谬误（fallacy）：推理中的任何错误都是谬误。

混淆谬误（fallacy of equivocation）：推理中把一个语词的两种不同的意义当作相同的一种谬误。

虚假原因（false cause）：因为一个事件发生在另一个事件之前，就得出结论说前者是后者的原因。也称为 *post hoc*。

假二难（false dilemma）：在论证中把实际上并非穷尽且互斥的选项当作穷尽且互斥的一种谬误。

最终结论（final conclusion）：论证的最终论点，它本身不再是任何其他结论的前提。

形式模型（formal model）：属于某个系统的一组概念和原则，用来建立对另一个系统的理解。

赌徒谬误（gambler's fallacy）：不考虑不变的统计可能性而认为某事“注定”要发生的一种谬误。

属种定义（genus and species definition）：先指出一个特征，根据该特征语词指称的对象属于一个类，然后指出另一个特征，根据该特征对象属于前一个类的一个子类的定义方法。

语法歧义（grammatically ambiguous）：如果（1）它的语法结构允许一种以上的理解方式，并且（2）从语境看不出要采纳哪一种理解，就出现了语法歧义。

被认可的断言（granted claim）：某个特定论证中一致同意的前提。

强权威专家（hard expert）：没受过很多专业训练的人必须完全服从的专家。

轻率概括（hasty generalization）：基于不充分的一组事件进行概括的谬误。

历史定义（historical definition）：报告语词在某个特定历史时期是如何使用的定义。

假言三段论（hypothetical syllogism）：一种有效的论证形式，两个前提和一个结论都是条件句，并且一个前提的前件又出现在另一个前提的后件上。

间接证明（indirect proof）：一种证明策略，假设一个断言能推导出一个荒谬的结论，因而证明该断言为假。

归纳概括（inductive generalization）：从一个群体的某个样本推出该群体所有成员或一定百分比成员的结论。

推论（inference）：一个论证中从前提到结论的过程。

推论指示词（inference indicator）：用来指示前提和结论的语词。

推论规则（inference rule）：使我们有效地从一个步骤移动到下一个步骤的规则。

初始条件（initial condition）：事件发生于其中的场合情况，也称为实验变量。

中间结论（intermediate conclusion）：在论证中被一个或若干断言支持，同时又为后续推理链的结论提供支持的断言。

无效论证（invalid argument）：前提为真不能保证结论为真的论证。

求同求异并用法（joint method of agreement and difference）：密尔实验方法的一种。将事件（E）发生的若干情境与事件没发生的若干情境加以比较，如果某个因素是在所有事件发生的情境都存在、在所有事件没发生的情境都不存在的唯一因素，那么它就是事件的原因。

词典定义（lexical definition）：报告语词的日常用法的定义。这种定义解释了一个语词在日常或通常情况下的意义。

极限情况（limiting case）：出现在类比中，两种情况除了所占据的空间不同以外，在其他所有方面实际上都相同。

不当预设（loaded question）：试图回答一个包含着未经证明的假定问题的谬误。

主论证（main argument）：由最终结论与直接支持它的前提一起构成的论证。

实体模型（material model）：一个物理系统被用来表征另一个物理系统的各个部分。

求同法（method of agreement）：密尔实验方法的一种。对解释事件（E）发生的若干情境加以比较，如果存在着某个因素是这些情境中唯一相同（一致）的，那么这个因素或许被认为是事件可能的原因。

共变法（method of concomitant variation）：密尔实验方法的一种。在于改变一个因素并确定待解释事件的某些因素是否发生相应的变化。如果两种因素一起改变，就提供了认为这两种因素之间有因果联系的理由。

求异法（method of difference）：密尔实验方法的一种。对解释事件（E）发生的情境与高度相似但事件却没有发生的情境加以比较。

模型（model）：类比的一种类型，即用我们熟悉和了解的一个系统去表示我们不那么了解的一个系统。

肯定前件式（modus ponens）：一种有效的论证形式，从一个条件句和它的前件一起推出了后件。

否定后件式（modus tollens）：一种有效的论证形式，从一个条件句和它的后件的否定一起推出了前件的否定。

必要条件（necessary condition）：如果缺乏一个因素某个事件就不会发生，则该因素就是这个事件发生的必要条件。

负类比（negative analogy）：对象之间不同的方面。

非演绎论证（nondeductive argument）：断言前提用来为结论提供某种较高程度的可能性的论证。

实指定义（ostensive definition）：指向被定义语词正确地指称的一个对象的定义方法。

似真论证（plausibility argument）：一种非演绎论证，在给定的前提下，前提成立的可能性比不成立的可能性大。

嗤之以鼻（pooh-pooh）：轻蔑地撇开这个论证，认为它不值得认真考虑。

正类比（positive analogy）：对象之间相似的方面。

厘定性定义（precising definition）：限制一个语词的日常意义的规定性定义，以使其在某个语境下更为精确。

前提（premise）：被提出来作为结论理由的断言。

前提指示词（premise indicator）：用来指示所给出的前提的语词。

分情况证明（proof by cases）：通过假设每个析取支推导出论证结论的一种证明策略。

近因（proximate cause）：一个事件的触发性因素。

指称歧义（referential ambiguity）：当一个人的指称假定失败、指称性表达式能被解释为指向多个事物时就出现了指称歧义。

报告性定义（reportive definition）：目的在于解释语词实际上是如何使用的定义。

自明的（必然）真理（self-evident/necessary truth）：对任何一个有着清晰思考的人来说，其真实性都是明明白白的断言；一种必然为真的断言。

论证的句子形式（sentential form of the argument）：用字母替换了包含在论证的复合句中的那些分句所得到的论证表示形式。

句子变元（sentential variable）：论证的句子形式中代表句子的字母。

简单论证（simple argument）：不带中间结论、只包含一个推论的论证。

分解式（simplification）：一种有效的论证形式，前提是一个合取句，结论是这个合取句的一个合取支。

滑坡（slippery slope）：如果一个序列上相邻的点之间没有多少差异或没有实质性差异，就认为这个序列上甚至相距很远的点之间也不存在重要差异的一种谬误。

弱权威专家（soft expert）：在某些事情上的观点比其他人更站得住脚、考虑得更细致的人。

可靠的论证（sound argument）：一个所有前提都为真的有效论证。

标准形式（standard form）：将前提一个接着一个地列出来，在下面画一条横线，然后写出结论。

统计三段论（statistical syllogism）：从断定某群体中一定比例的成员具有（或不具有）某种性质的一个前提以及断定某个体是该群体一分子的另一个前提推出该个体具有（或不具有）这种性质的结论。

规定性定义（stipulative definition）：以某种方式使用一个语词的决定，赋予该语词一个特定的意义。

稻草人（straw man）：曲解对手的断言或论证，使之变得容易批评或者使之显得如此不合理，根本就无须批评的一种谬误。

子论证（subargument）：一个中间结论连同支持它的前提一起构成的论证。

充分条件（sufficient condition）：如果每当一个因素出现，一个事件就会发生，则该因素就是这个事件发生的充分条件：只要有 *A* 就有 *B*。

三段论（syllogism）：带有两个前提的论证。

同义词定义（synonym definition）：提供一个与被定义的语词意义相同（或大致相同）的语词或词组的定义方法。

重言式（tautology）：分析地为真的陈述。

含混（vagueness）：术语缺乏精确性。

有效论证（valid argument）：不存在任何可能的情况使其前提为真而同时结论为假的论证。

文恩图（Venn diagram）：一种评估直言推理有效性的图示方法。

你也一样（you too）：人身攻击谬误的一种类型。指出批评者的虚伪，尽管这与最初断言的真实性或确切性无关。也称为 *tu quoque*。